LUSE SHIPIN GAILUN

绿色食品概论

王文焕 李崇高 主编

化学工业出版社
·北京·

本书是“高职高专‘十一五’规划教材★食品类系列”之一。本书注重绿色食品知识的基础性、系统性、针对性和实用性，突出新的理论、新的观念以及绿色食品发展的新趋势。从绿色食品标志管理，绿色食品标准，绿色食品产业体系建设，绿色食品产地选择和环境质量评价，绿色食品生产，绿色食品加工、包装、贮运，绿色食品的认证，绿色食品的销售与贸易和有机食品的认证与管理等方面较详尽、系统地介绍了绿色食品的基础知识，为学习其他相关课程及进行绿色食品生产、检测、管理奠定基础。

本教材适用于高职高专食品类、种植类、养殖类等专业，也可作为从事绿色食品生产的技术人员、管理人员的参考用书。

图书在版编目（CIP）数据

绿色食品概论/王文焕，李崇高主编．—北京：化学工业出版社，2008.8（2024.5重印）
高职高专“十一五”规划教材★食品类系列
ISBN 978-7-122-03458-8

Ⅰ．绿…　Ⅱ．①王…②李…　Ⅲ．绿色食品-高等学校：技术学院-教材　Ⅳ．S-01

中国版本图书馆 CIP 数据核字（2008）第 117923 号

责任编辑：李植峰　梁静丽　郎红旗　　　文字编辑：郭庆睿
责任校对：郑　捷　　　装帧设计：尹琳琳

出版发行：化学工业出版社（北京市东城区青年湖南街 13 号　邮政编码 100011）
印　　装：三河市延风印装有限公司
787mm×1092mm　1/16　印张 15¼　字数 377 千字　2024 年 5 月北京第 1 版第 15 次印刷

购书咨询：010-64518888　　　售后服务：010-64518899
网　　址：http://www.cip.com.cn
凡购买本书，如有缺损质量问题，本社销售中心负责调换。

定　　价：48.00 元

高职高专食品类“十一五”规划教材 建设委员会成员名单

高职高专食品类“十一五”规划教材 编审委员会成员名单

高职高专食品类“十一五”规划教材
建设单位

（按汉语拼音排列）

宝鸡职业技术学院
北京电子科技职业学院
北京农业职业学院
滨州市技术学院
滨州职业学院
长春职业技术学院
常熟理工学院
重庆工贸职业技术学院
重庆三峡职业学院
东营职业学院
福建华南女子职业学院
广东农工商职业技术学院
广东轻工职业技术学院
广西农业职业技术学院
广西职业技术学院
广州城市职业学院
海南职业技术学院
河北交通职业技术学院
河南工贸职业学院
河南农业职业学院
河南商业高等专科学校
河南质量工程职业学院
黑龙江农业职业技术学院
黑龙江畜牧兽医职业学院
呼和浩特职业学院
湖北大学知行学院
湖北轻工职业技术学院
湖州职业技术学院
黄河水利职业技术学院
济宁职业技术学院
嘉兴职业技术学院
江苏财经职业技术学院
江苏农林职业技术学院
江苏食品职业技术学院
江苏畜牧兽医职业技术学院
江西工业贸易职业技术学院
焦作大学
荆楚理工学院
景德镇高等专科学校
开封大学
漯河医学高等专科学校
漯河职业技术学院
南阳理工学院
内江职业技术学院
内蒙古大学
内蒙古化工职业学院
内蒙古农业大学职业技术学院
内蒙古商贸职业学院
宁德职业技术学院
平顶山工业职业技术学院
濮阳职业技术学院
日照职业技术学院
山东商务职业学院
商丘职业技术学院
深圳职业技术学院
沈阳师范大学
双汇实业集团有限责任公司
苏州农业职业技术学院
天津职业大学
武汉生物工程学院
襄樊职业技术学院
信阳农业高等专科学校
杨凌职业技术学院
永城职业学院
漳州职业技术学院
浙江经贸职业技术学院
郑州牧业工程高等专科学校
郑州轻工职业学院
中国神马集团
中州大学

《绿色食品概论》编写人员

主　　编　王文焕　（黑龙江畜牧兽医职业学院）

　　　　　　李崇高　（广州城市职业学院）

副 主 编　陶令霞　（濮阳职业技术学院）

　　　　　　孔繁正　（广东农工商职业技术学院）

编写人员　（按姓名汉语拼音排列）

　　　　　　孔繁正　（广东农工商职业技术学院）

　　　　　　李崇高　（广州城市职业学院）

　　　　　　陶令霞　（濮阳职业技术学院）

　　　　　　王爱武　（商丘职业技术学院）

　　　　　　王文焕　（黑龙江畜牧兽医职业学院）

　　　　　　易庆平　（嘉兴职业技术学院）

　　　　　　张　慧　（黑龙江畜牧兽医职业学院）

　　　　　　张建芳　（河北交通职业技术学院）

　　　　　　张志轩　（濮阳职业技术学院）

序

作为高等教育发展中的一个类型，近年来我国的高职高专教育蓬勃发展，“十五”期间是其跨越式发展阶段，高职高专教育的规模空前壮大，专业建设、改革和发展思路进一步明晰，教育研究和教学实践都取得了丰硕成果。各级教育主管部门、高职高专院校以及各类出版社对高职高专教材建设给予了较大的支持和投入，出版了一些特色教材，但由于整个高职高专教育改革尚处于探索阶段，故而“十五”期间出版的一些教材难免存在一定程度的不足。课程改革和教材建设的相对滞后也导致目前的人才培养效果与市场需求之间还存在着一定的偏差。为适应高职高专教学的发展，在总结“十五”期间高职高专教学改革成果的基础上，组织编写一批突出高职高专教育特色，以培养适应行业需要的高级技能型人才为目标的高质量的教材不仅十分必要，而且十分迫切。

教育部《关于全面提高高等职业教育教学质量的若干意见》（教高［2006］16号）中提出将重点建设好3000种左右国家规划教材，号召教师与行业企业共同开发紧密结合生产实际的实训教材。“十一五”期间，教育部将深化教学内容和课程体系改革、全面提高高等职业教育教学质量作为工作重点，从培养目标、专业改革与建设、人才培养模式、实训基地建设、教学团队建设、教学质量保障体系、领导管理规范化等多方面对高等职业教育提出新的要求。这对于教材建设既是机遇，又是挑战，每一个与高职高专教育相关的部门和个人都有责任、有义务为高职高专教材建设做出贡献。

化学工业出版社为中央级综合科技出版社，是国家规划教材的重要出版基地，为中国高等教育的发展做出了积极贡献，被新闻出版总署领导评价为“导向正确、管理规范、特色鲜明、效益良好的模范出版社”，最近荣获中国出版政府奖——先进出版单位奖。依照教育部的部署和要求，2006年化学工业出版社在“教育部高等学校高职高专食品类专业教学指导委员会”的指导下，邀请开设食品类专业的60余家高职高专骨干院校和食品相关行业企业作为教材建设单位，共同研讨开发食品类高职高专“十一五”规划教材，成立了“高职高专食品类‘十一五’规划教材建设委员会”和“高职高专食品类‘十一五’规划教材编审委员会”，拟在“十一五”期间组织相关院校的一线教师和相关企业的技术人员，在深入调研、整体规划的基础上，编写出版一套食品类相关专业基础课、专业课及专业相关外延课程教材——“高职高专‘十一五’规划教材★食品类系列”。该批教材将涵盖各类高职高专院校的食品加工、食品营养与检测和食品生物技术等专业开设的课程，从而形成优化配套的高职高专教材体系。目前，该套教材的首批编写计划已顺利实施，首批60余本教材将于2008年陆续出版。

该套教材的建设贯彻了以应用性职业岗位需求为中心，以素质教育、创新教育为基础，以学生能力培养为本位的教育理念；教材编写中突出了理论知识“必需”、“够用”、“管用”的原则；体现了以职业需求为导向的原则；坚持了以职业能力培养为主线的原则；体现了以常规技术为基础、关键技术为重点、先进技术为导向的与时俱进的原则。整套教材具有较好的系统性和规划性。此套教材汇集众多食品类高职高专院校教师的教学经验和教改成果，又得到了相关行业企业专家的指导和积极参与，相信它的出版不仅能较好地满足高职高专食品类专业的教学需求，而且对促进高职高专课程建设与改革、提高教学质量也将起到积极的推动作用。希望每一位与高职高专食品类专业教育相关的教师和行业技术人员，都能关注、参与此套教材的建设，并提出宝贵的意见和建议。毕竟，为高职高专食品类专业教育服务，共同开发、建设出一套优质教材是我们应尽的责任和义务。

贡汉坤

前　言

当今，为人类提供营养的食物已成为全球广泛关注的重大课题。各方面研究表明，食品污染是所有污染中对人类健康危害最大、最直接的因素。如何保护环境，保证人类健康，生产安全食品，实现可持续发展已成为人类追求的共同目标。绿色食品是朝阳产业，在全球绿色经济浪潮的冲击下，绿色企业已成为21世纪企业存在和发展的主导模式，增加绿色投资，采用绿色技术，进行绿色管理，开发绿色产品，开展绿色营销，构建企业可持续发展的新模式，是我国企业参与国际国内市场竞争，纵横国际市场的先决条件，也是我国新农村经济建设发展的增长点。高度重视和加大绿色投资力度，将获得理想的社会效益和生态效益，也能从中找到社会效益与经济效益的最佳结合点。

本书注重绿色食品知识的基础性、系统性、针对性和实用性，突出新的理论、新的观念以及绿色食品发展的新趋势。从绿色食品概述，绿色食品标志管理，绿色食品标准，绿色食品产业体系建设，绿色食品产地选择和环境质量评价，绿色食品生产，绿色食品加工、包装、贮运，绿色食品的认证，绿色食品的销售与贸易及有机食品的认证与管理十个方面较详尽、系统地介绍了绿色食品的基础知识，为学习其他相关课程及进行绿色食品生产、检测、管理奠定基础。

本书第一章由李崇高编写，第二章、第三章由陶令霞编写，第四章由张建芳编写，第五章由张志轩编写，第六章由王爱武编写，第七章由王文焕编写，第八章由易庆平编写，第九章由孔繁正编写，第十章由张慧编写。全书由王文焕统稿。

本书可作为高职高专食品类、种植类、养殖类等相关专业的教学用书，也可作为相关行业的培训教材，还可供从事绿色食品生产、加工、经营管理的技术人员参考。

由于编者水平有限，加之时间匆忙，收集资料有限，疏漏和不足之处在所难免，敬请广大读者和专家批评指正。

编者

2008年4月

目　录

第一章　绿色食品概述

学习目标

1. 重点掌握绿色食品的概念。
2. 了解绿色食品产生的国内外背景。
3. 了解中国绿色食品发展的现状和发展前景。
4. 了解绿色食品的开发管理体系。
5. 了解绿色食品的工程及其建设。

第一节　绿色食品概念与特征

一、绿色食品的有关概念

1. 绿色食品

绿色食品是指遵循可持续发展原则，按照特定生产方式生产，经专门机构认定，许可使用绿色食品标志商标的无污染的安全、优质、营养类食品。简单说：即是无污染的安全、优质、营养类食品。

按此定义，绿色食品是对无污染食品的一种形象化的表述。绿色象征生命和活力，自然资源和生态环境是绿色食品生产的基本条件，由于与环境、健康和安全相关的事物通常冠以“绿色”，为了突出这类食品出自良好的生态环境，对环境保护的有利性和产品自身的无污染与安全性，因此命名为绿色食品。因此绿色食品并非“绿颜色”、“绿色蔬菜”、“绿色产业”，而是主要与生命、资源、环境相关。

2. AA 级绿色食品

AA 级绿色食品是指在生态环境质量符合规定标准的产地，生产过程中不使用任何有害化学合成物质，按特定的生产操作规程生产、加工，产品质量及包装经检测、检查符合特定标准，并经专门机构认定，许可使用 AA 级绿色食品标志的产品。

3. A 级绿色食品

A 级绿色食品是指在生态环境质量符合规定标准的产地，生产过程中允许限量使用限定的化学合成物质，按特定的生产操作规程生产、加工，产品质量及包装经检测、检查符合特定标准，并经专门机构认定，许可使用 A 级绿色食品标志的产品。

二、绿色食品的特征

1. 强调产品出自最佳生态环境

绿色食品生产从原料产地的生态环境入手，通过对原料产地及其周围的生态环境因子严格监测，判定其是否具备生产绿色食品的基础条件。

2. 对产品实行全程质量控制

绿色食品生产实施“从土地到餐桌”全程质量控制。通过产前环节的环境监测和原料检测；产中环节的具体生产、加工操作规程的落实，以及产后环节产品质量、卫生指标、包装、保鲜、运输、贮藏、销售控制，确保绿色食品的整体产品质量，并提高整个生产过程的标准化水平和技术含量，而不是简单地对最终产品的有害成分和卫生指标进行测定。

3. 对产品依法实行标志管理

绿色食品标志是一个质量证明商标，属知识产权范畴，受《中华人民共和国商标法》（以下简称《商标法》）保护，并按照《商标法》、《集体商标、证明商标注册和管理条例》和《农业部绿色食品标志管理办法》开展监督管理工作。它是一种技术手段和法律手段有机结合的组织和管理行为。通过质量证明商标受《商标法》保护、政府授权专门机构，对产品实行统一规范的标志管理，将生产者的行为纳入技术和法律监控轨道，将消费者的利益纳入法律保护范围。

绿色食品概念的底蕴很深，一是表述了绿色食品产品的基本特性；二是蕴含了绿色食品特定的生产方式、独特的管理模式和全新的消费观念；三是开发绿色食品是一项造福子孙后代的伟大事业。

三、绿色食品与有机食品、无公害农产品的比较

由于食品的安全性和环境保护受到全社会的普遍关注，消费安全、健康、无污染的食品成为世界各国消费的主导潮流，为了满足人们的绿色消费需求，许多国家先后开发了生态食品、有机食品、自然食品等安全优质食品，在我国主要开发有无公害农产品、绿色食品、有机食品三大类。

1. 有机食品

有机农业是在作物种植、畜禽养殖与农产品加工过程中，不使用人工合成的农药、化肥、生长调节剂、饲料添加剂等化学物质及基因工程生物及其产物，而是遵循自然规律和生态学原理，协调种植业与养殖业的平衡，采取系列可持续发展的农业技术，维持持续稳定的农业生产过程。

有机食品来自于有机农业生产体系，根据国际有机农业生产要求和相应的标准生产加工的，并经独立的有机农产品认证机构认证的一切农副产品，包括农作物、蔬菜、水果、天然产品、食用菌、畜禽产品、水产品、蜂产品、乳制品、调味品、饮料、酒类、中药材、花卉、林木、肥料、生物农药、饲料、添加剂、纺织品、化妆品、土特产品、包装品等初级、高级农产品及其加工产品。

原国家环境保护总局有机食品发展中心（OFDC）是我国专门从事有机食品检查、认证的机构。有机产品证书有效期为一年。有机食品标志（图 1-1）采用人手和叶片为创意元素。其一是一只手向上持着一片绿叶，寓意人类对自然和生命的渴望；其二是两只手一上一下握在一起，将绿叶拟人化为自然的手，寓意人与自然需要和谐美好的生存关系。

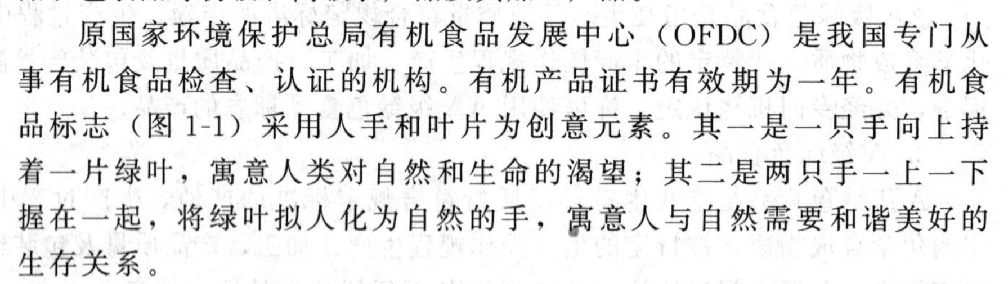

图 1-1　有机食品标志图案

2. 绿色食品

绿色食品是遵循可持续发展原则，按照特定生产方式生产，经专门机构认定，许可使用绿色食品标志的无污染的安全、优质、营养类食品。我国的绿色食品分为 A 级和 AA 级两种。其中 A 级绿色食品生产中允许限量使用化学合成生产资料；AA 级绿色食品则较为严格地要求在生产过程中不使用化学合成的肥料、农药、兽药、饲料添加剂、食品添加剂和其他有害于环境和健康的物质。

绿色食品标志图见第二章第一节相关部分。

3. 无公害农产品

图 1-2 无公害农产品标志图案

无公害农产品是指产地环境、生产过程和产品质量均符合国家有关标准和规范的要求，经认证合格获得认证证书，并允许使用无公害农产品标志的未经加工或者初加工的农产品。无公害农产品标志图案（图 1-2）主要由麦穗、对勾和无公害农产品字样组成，麦穗代表农产品，对勾表示合格，金色寓意成熟和丰收，绿色象征环保和安全。

无公害农产品开发的目的是将食品中的有毒、有害物质含量控制在安全允许的范围内，从源头上解决农产品的质量问题，以保障人民大众身体健康。无公害食品的发起和实施主要由农业部农产品质量安全中心和各省级农业行政主管部门实施认证。无公害食品证书有效期为三年，无公害农产品标志是由农业部和国家认证认可监督管理委员会（以下简称国家认监委）联合指定并发布的。

4. 绿色食品与有机食品、无公害农产品的区别

(1) 管理机构不同　绿色食品开发最早由农业部农垦司发起，后由中国绿色食品发展中心管理，在全国大部分省市设立分中心。

无公害农产品在农业系统内开发管理，最早从 20 世纪 80 年代起就开展了无公害蔬菜生产，2001 年 4 月启动“无公害食品行动计划”，率先在北京、天津、上海和深圳四个城市进行试点，2002 年 7 月开始在全国范围内全面推进“无公害食品行动计划”的实施。农业部设立“农业部农产品质量安全中心”，具体负责无公害农产品认证工作，下设种植业产品、畜牧业产品和渔业产品三个认证分中心，作为业务分支机构，分别依托农业部优质农产品开发服务中心、全国畜牧兽医总站和中国水产科学研究院组建，并承担具体认证工作。

中国有机食品归原国家环保总局管理，在南京环境科学研究所设有机食品发展中心，并在部分省市设立分中心，基本上按照国外有机食品生产、经营和管理的要求运作，主要侧重于有机食品的研究、开发、检查、认证和国际交流。2004 年经国家认监委和原国家环境保护总局共同研究决定，原国家环保总局开展的有机食品认证认可管理工作交由国家认监委管理。

(2) 出发点不同　有机食品强调来自有机农业生产体系的产品，发展有机食品的目的是改造、保护环境；而绿色食品是利用没有污染的生态环境。

(3) 生产、加工要求上不同　有机食品生产过程强调以生态学原理建立多种种、养结合的完整体系，禁止使用人工合成的农用化学品；而 A 级绿色食品和无公害食品允许使用高效低毒的化学农药和化肥，不拒绝基因工程方法和产品。有机食品在土地生产转型上有严格规定，从生产其他食品到生产有机食品需要 2～3 年的转换期；而生产绿色食品和无公害食品则没有转换期的要求。

(4) 执行标准不同　有机食品执行国际通行食品标准，在《国际食品法典》中对有机食品的生产、加工、贸易有明确规定，此规定是国际食品贸易仲裁的依据；而绿色食品和无公害食品则是执行我国制定的相关食品标准，此标准不作为国际贸易仲裁的依据。

5. 绿色食品与有机食品、无公害农产品的共同点

绿色食品、有机食品、无公害农产品的主要目标、生产方式、独立认证和标志管理是相同的，它们的主要目标都是保护生态环境和人体健康；生产方式是从产地环境条件、生产过程控制、最终产品的质量、产后包装、加工及运输到销售都有其相应的标准，产品采用标准化生产；产品必须通过独立的产品认证机构的认证；都采用标志管理，绿色食品、无公害食品、有机食品都有特殊的标志，其中绿色食品把标志作为商标注册获得了证明商标。证明商标与一般商标不同，其特殊性在于所有权和使用权是分离的，拥有证明商标所有权的第三方

公证权威机构，不能在自己经营的商品或服务上使用该证明商标，而一般商标则可以在自己经营的商品或服务上使用自己的注册商标。拥有一般商标所有权的生产或经营企业可以申请并使用证明商标。

有机食品、绿色食品、无公害食品都是与食品安全和生态环境相关的概念，但在安全等级上有所不同。通俗比喻，有机食品、绿色食品、无公害食品这三大类食品就像一个金字塔，底部是无公害食品，中间是绿色食品，顶部是有机食品。它们都有各自的技术标准及对生态环境的要求，越往上对生态环境质量的要求越高，技术标准也越严，产品数量也越少。

四、绿色食品必须具备的条件

1. 产品或产品原料产地必须符合绿色食品生态环境质量标准

农业初级产品或食品的主要原料，其生长区域内要求没有工业企业的直接污染，水域上游、上风口没有污染源对区域构成污染威胁。该区域内的大气、土壤、水质均符合绿色食品生态环境标准，并有一套保证措施，确保该区域在今后的生产过程中环境质量不下降。

2. 农作物种植、畜禽饲养、水产养殖及食品加工必须符合绿色食品生产操作规程

农药、肥料、兽药、食品添加剂等生产资料的使用必须符合《绿色食品　农药使用准则》、《绿色食品　肥料使用准则》、《绿色食品　食品添加剂使用准则》、《绿色食品　兽药使用准则》。

3. 产品必须符合绿色食品产品标准

凡冠以“绿色食品”的最终产品必须由中国绿色食品发展中心指定的食品监测部门依据绿色食品标准检测合格。绿色食品产品标准是参照国家、行业有关标准制定的，通常高于或等同现行标准，有些还增加了检测项目。

4. 产品的包装、贮运必须符合绿色食品包装贮运标准

产品的外包装除必须符合国家绿色食品标签通用标准外，还必须符合绿色食品包装和标签标准。绿色食品标准分为A级和AA级两种。

第二节　绿色食品产生的背景

一、绿色食品产生的国际背景

在20世纪，世界各国特别是发达国家生产力以空前的速度发展，人类创造了前所未有的物质财富，极大地提高了人类的物质生活水平，推动了人类文明进步。但是，随着科学技术的进步和生活水平的提高，在现代工业和农业发展过程中，人类不合理的经济活动造成了生态环境的破坏和污染。

1. 生态系统的破坏对农业生产和人类食物安全构成威胁

目前生态系统受到严重破坏，温室效应、臭氧层破坏、气候异常、酸雨危害、热带雨林减少、珍稀野生动植物濒临灭绝、土地沙漠化、有害毒物及废弃物的扩散污染等，对农业生产和人类食物安全构成了威胁。据联合国粮农组织（FAO）估计，热带雨林每年以1140万公顷（$1.14\times10^7 hm^2$）的速度减少，有10万种生物物种在地球上消失。物种的灭绝直接导致农业生物遗传资源减少，潜在植物食物资源和病虫控制因子减少，生态系统稳定性降低，对自然灾害缓冲能力降低。

2. 生存环境的严重污染对食物安全、人体健康和人类生存直接构成威胁

由于环境污染越来越严重，大气污染加重、海洋环境恶化、水污染加剧、有毒化学品和危险废物猛增、环境公害损失巨大，公害事件不断发生，对食物安全、人体健康和人类生存

构成了直接的威胁。早在1961年，美国密歇根州的东兰辛市用DDT农药消灭榆树上的害虫，虫子吃了树叶后，DDT农药富集在虫子体内，第二年春天，知更鸟飞来吃虫而中毒死亡，使东兰辛市的春天只有花香而没有鸟语。为此，美国的一位生物学家蕾切尔·卡逊女士在她的《寂静的春天》一书中，首次揭示了化学农药的严重危害，引起了美国各界和全世界的关注。又如20世纪60年代，日本熊本县的水俣市，因含汞的工业废水直接排放到水俣湾，汞在鱼体内富集。居民食用带毒的鱼后中毒，其患者口齿不清、步态不稳、面部痴呆，进而耳聋眼瞎、全身麻木、经神失常、身体弯曲，最后高声号叫着惨死。同期，日本富山县神通川流域，由于沿河两岸的铅锌冶炼厂大量排放含镉的工业废水，污染了农田灌溉水和饮用水，居民食用含镉稻米和饮用含镉的水而发生镉积累性中毒，患者全身发生神经痛和骨痛，骨骼软化萎缩，自然骨折，直至饮食不进，在痛苦中死去。

3. 世界保护环境、提高食品安全性、保障自身健康的呼声越来越高

环境问题造成食品污染而危害人们身体健康的公害事件在发达国家经常发生，并由此产生“不安全感”，从局部地区的区域性环境问题发展到全球性的环境问题，引起了众多国家和民众的关注和不安，“只有一个地球”、“还我蓝天”等呼声在世界各地此起彼伏。环境污染对食物安全性的威胁及对人类身体健康的危害日渐被人们所重视，发达国家民众的环境意识迅速增强，保护环境、提高食品的安全性、保障自身健康已成为头等大事。回归大自然，消费无污染的食品，已经成为人类的共同需求。因此，生产无污染的农畜水产品及其加工品的浪潮就应运而生。1972年，由5个国家的代表在法国发起成立了有机农业运动国际联盟(IFOAM)，该组织倡导和推广有机农业技术，发展无公害的农业生产，提倡在食品原料生产、加工等各个环节树立“食品安全”的思想，由此，在全球引起了一场新的农业革命，许多国家先后生产开发有机食品、生态食品、自然食品等无污染的安全食品。

4. 世界农业面临一系列严重问题

世界农业的发展不仅将遇到人口增加、经济增长的新需求和新挑战，也受到国际市场与农产品贸易的深刻影响。随着世界主要农产品进出口贸易额不断增长，贸易量不断扩大，世界农业的国际化正在加快。土地、水、环境等因素对农业可持续发展的制约将更加严峻。20世纪以来世界人口高速增长的趋势将依然延续，农业的人口压力进一步增加，尽管世界粮食生产能力普遍提高，但世界粮食安全问题依然严峻；世界耕地资源的数量正在减少，后备耕地资源有限，耕地质量受到严重退化的威胁；世界水资源供需矛盾日益尖锐；温室效应、大气污染及全球水污染问题十分突出。与此同时，对食品安全的高度重视，促使人们理智、慎重地使用化学合成物质，环境污染对食品安全性的威胁及对人类身体健康的危害逐渐被人们所重视。保护环境，提高食品安全，保障自身健康已成为人民生活中的头等大事。

二、绿色食品产生的国内背景

1. 资源与生态环境的不断恶化催生了绿色食品

我国环境问题的日趋严重和人们生活水平的不断提高推动了绿色食品的生产和发展。我国是发展中国家，人口众多，吃饭、喝水、穿衣是头等大事。我国的基本国情是：要以占世界6.8%的耕地，生产占世界20%的粮食，养活占世界22%的人口。我国的自然资源总量虽大，但相对量小，人均占有资源少。

(1) 资源与生态环境不断恶化　目前，我国的资源与环境方面存在耕地数量减少、质量下降、水土流失严重、沙漠化面积扩大、草原退化严重、环境污染日益严重等问题。我国人口每年以1000万的速度增长，而耕地每年减少50万公顷（$5\times10^5 hm^2$），人均占有耕地不足0.08公顷（hm^2），仅为世界人均水平的1/3；草场、森林、水资源的人均占有量远低于

世界平均水平。此外，农业每年缺水 5000 亿立方米（$5\times10^{11}m^3$），受旱面积 2000 万公顷（$2\times10^7hm^2$），有 8000 万农村人口饮水困难。长期以来，由于对资源的不合理开发利用，导致生态环境不断恶化。目前，全国水土流失而导致每年泥沙流失量达 50 亿吨，耕地有机质和肥力下降；土地沙化、沙漠化面积 15330 万公顷（$1.533\times10^8hm^2$），草原严重退化面积 7300 万公顷（$7.3\times10^7hm^2$）。我国人口剧增，资源短缺，生态环境的恶化制约了农业生产的可持续发展。

（2）环境污染严重　在 20 世纪 50～80 年代的 30 年间，我国共施用六六六 400 万吨、DDT 50 万吨，受农药污染面积 1000 万公顷（$1\times10^7hm^2$）。对全国 16 个省市的 1914 批粮食调查的结果显示，六六六超标率达 16.5%，DDT 超标率达 2.8%。1980 年调查，受农药污染的粮食达 2975 万吨，因污染而减产粮食 1165 万吨。1992 年全国使用农药、化肥的折纯量分别达 22 万吨和 2930 万吨。环境和农产品的污染严重威胁着人们的身体健康。

（3）“三废”的污染　随着工业的快速发展，工业“三废”大量排放，我国遭受工业“三废”污染的耕地面积达 1000 万公顷（$1\times10^7hm^2$），有 2400km 河段鱼虾绝迹，每年超过食品卫生标准的农畜产品达 1535 万吨，农业经济损失达 310 亿元，日趋严重的工业污染更加严重威胁着人们的身体健康。为了保护生态环境，保护食品安全，维护人民身体健康，国家农业部于 1989 年提出了要发展无污染的食品，并根据国际绿色潮流，将无污染的食品定名为“绿色食品”。

2. 对食物安全、人类健康的需要加速了绿色食品的发展

（1）绿色食品是人类生活和环境的需要　进入 20 世纪 90 年代，我国城乡人民在基本解决温饱问题的基础上，开始转向对食品的安全、食物的质量要求上：一是品质要求高，要求品种优良、营养丰富、风味和口感好；二是对加工质量要求高，拒绝滥用食品添加剂、防腐剂、抗氧化剂、人工合成色素的食品；三是卫生要求高，关注食品是否有农药残留、重金属污染、细菌超标；四是包装要求高，要求包装新颖、美观以及材质是否对食品有污染。

绿色食品受到消费者青睐并成为食品消费领域新热点。发达国家市场调查表明，美国有 54%的消费者愿意购买无污染的果蔬，哪怕付出较高的代价；英国有 66%的消费者表示愿付高价购买无污染的果蔬。由于市场需求强劲，生态农业和绿色食品极大地影响了政府行为和消费者的消费观念。

随着生活水平的提高，我国居民的自我保护意识增强，消费观念也发生变化。人们越来越担心由于环境污染而引发的食品污染。因而开发无污染、营养丰富的绿色食品，不但能够改变农业和食品工业的传统格局，而且能够提高人类的健康水平，利国利民，造福子孙后代。

开发绿色食品又可以唤起人们对生态环境的关注，发展绿色食品工程必然带来生态条件的变化，限制工业污染，限制农药、化肥的使用，减少对环境的人为污染，实现农业经济效益、生态效益的良性循环。农业是国民经济自然再生产与经济再生产结合在一起的基础产业部门，立足资源与环境的永续利用，走优质化的绿色食品生产之路，既是生态农业的本质特征，又是当前我国农业发展的总趋势。

（2）绿色食品符合人类追求安全、营养、健康的需要　随着全球环境的持续恶化，人们对生态环境恶化、环境污染通过生物链的传递造成的食品污染问题越来越担心，同时也越来越引起人们的关注。近年来，面对国际上疯牛病、禽流感等事件的相继发生，国内福寿螺、红心鸭蛋、多宝鱼事件的出现，消费者一再发出“明天我们吃什么”的疑问。那些不利于人体健康且对环境产生负面影响的食品正在迅速失去消费者的认可，一些没有取得环保认证的

食品，市场空间迅速丧失，而绿色食品获得了消费者的普遍青睐，购买和使用绿色食品已成为风靡全球的一种消费时尚。据有关资料显示，77%的美国人认为企业的绿色形象会影响他们的购买欲，94%的德国人愿意购买绿色产品，67%的中国消费者在超级市场购物时会考虑环保认证。

3. 国际市场的需求加快了绿色食品的发展

（1）绿色食品的开发是世界经济发展的方向　从关贸总协定（GATT）到世界贸易组织（WTO），世界贸易从经济总体上向着绿色贸易和绿色经济的方向发展。绿色贸易和绿色经济是以可持续发展观为指向的，即是针对工业化造成的人与自然关系的严重失衡以及当代人与后代人的利益而寻求的经济与人口、资源的良性循环，重建人与自然的和谐关系。WTO从建立初期就将《关于建立世界贸易组织的马拉喀什协议》作为重要的指导原则写入前言。该前言指出，贸易的目的应当包括提高人类生活水平和根据可持续发展的目标最佳地利用世界资源两个方面，并重视抑制贸易中不利于环境的消极方面，以贸易组织来促进环境保护。

（2）WTO的绿色检验制度严格化　随着全球范围内绿色消费意识和绿色消费方式的兴起，WTO也实行了日益严格而复杂的环境标准、环境检疫和环境管制，要求商品的生产、运输、贮存甚至销售整个过程都必须符合国际统一或国际公认的环保标准。西方各国政府和企业在外贸领域继而在整个贸易和经济领域限制、禁止对环境有消极影响的产品及其制造生产方式。与贸易和经济的绿色化相适应，我们一方面要遵守国际社会制定的与贸易、经济交织在一起的环境保护规则，另一方面为实现我国贸易和经济的全球化，使我国跻身于激烈的国际竞争之中，在严格遵守“商品生产绿色化”的原则下，就必须大力发展绿色食品。

（3）发展绿色食品可以有效避开绿色贸易壁垒　在传统关税壁垒不断削减的同时，国际贸易中的绿色壁垒却越来越多，主要包括绿色技术标准、环境标志、动物福利等。具体到食品方面的绿色壁垒主要表现为农药残留超标或添加不符合标准的添加剂等。如日本2006年5月29日起实施的“肯定列表制度”，其最大特点是对农药、兽药和添加剂等有害物质的残留采取了近乎苛刻的限制要求。该制度实施半年来，我国对日出口的农产品和使用这些农产品为原料的食品数量大幅下降，企业、农户蒙受较大损失。同时，日本市场部分农产品出现缺货，价格走高，进口商有转向其他国家购买产品的趋势。我国食品企业只有大力发展绿色食品，符合进口国的卫生检验检疫标准，才有可能避开绿色贸易壁垒，减少损失，获取更大的利益。

（4）绿色食品将成为我国食品企业参与国内外市场竞争的核心竞争力　绿色产业是朝阳产业，必将成为21世纪世界经济的支柱产业。在全球绿色经济浪潮的冲击下，绿色企业已成为21世纪企业存在和发展的主导模式，增加绿色投资、采用绿色技术、进行绿色管理、开发绿色产品、开展绿色营销、构建企业可持续发展的新模式是我国企业参与国际国内市场竞争，纵横国际市场的先决条件。高度重视和加大绿色投资力度，将获得理想的社会效益和生态效益，也能从中找到社会生态与经济生态效益的最佳结合点。全球越来越多的消费者希望购买绿色食品，尤其是发达国家对绿色食品的进口量日益增加，刺激了其他国家绿色食品产业的发展。我国已加入WTO，应积极迎接挑战，主动适应国际市场的需求，大力发展绿色食品，以推动我国农业快速发展和深化改革。

三、绿色食品在我国产生的客观必然性

1. 开发绿色食品是我国的基本国情的需要

具体表现在以下几个方面。一是我国政府把资源和环境保护、人民健康水平的提高作为一项基本国策来抓，开发绿色食品正是使经济建设、环境保护协调发展的有力举措，也是落

实我国基本国策的具体体现。二是实现国民经济和社会长期发展的需要。第一步战略目标是解决温饱问题，第二步是实现小康生活水平。温饱是指吃饱穿暖，而小康水平主要是指提高生活质量，提高消费档次。生活质量中最主要的一个方面是食品质量。因此，开发绿色食品就成为解决环境污染和提高城乡人民生活质量的“突破口”。三是我国由于工业化程度和农业现代化水平比发达国家低，生态环境整体受污染的程度要比发达国家低，尤其是在我国的一些边远地区，因而开发绿色食品有相对的环境优势。四是我国传统农业有几千年发展的历史，在长期的农业生产实践中，我国人民积累了一套优秀的传统农业技术，与一些发达国家相比，我国在开发无污染食品上具有相对的技术优势。

2. 开发绿色食品是市场经济的产物

社会主义市场经济体制下，必须走一体化发展的道路，提高技术水平和产品附加值。市场经济是竞争经济，产品竞争的背后是质量竞争，企业要想在激烈竞争的市场上取胜，必须提高产品的质量。市场经济是开放的经济，在开放的市场上，广大消费者在购买商品时有高度的选择权，人们毫无疑问地会选择那些价廉物美的产品。绿色食品的推出，突破了原来单一运用行政手段控制产品质量的方式，采用技术和管理的方式，实施全程质量控制，并将农工商、产加销紧密地结合起来，建立起了一种适应市场经济体制的新的食物生产方式，深受广大农户和食品生产企业的欢迎。在市场上，绿色食品以其鲜明的形象、过硬的质量和合理的价格深受广大消费者的青睐。

3. 开发绿色食品是我国扩大对外开放的结果

我国加入WTO后，对我国农产品出口提出了新的挑战。专家分析，绿色食品产业的竞争将成为农业竞争的焦点。目前世界上大多数国家都非常重视进口食品的安全性，对药物残留等检测指标的限制十分严格，检验手段已经从单纯检测产品发展到验收生产基地。而随着消费水平的不断提高，人们的饮食观念正在发生变化，已从填饱肚子过渡到重视营养和健康，绿色食品逐渐备受青睐。它以其无污染、安全、优质、营养日益显示强大的生命力，被世人誉为“21世纪的主导食品”，“餐桌上的新革命”。专家分析，绿色食品产业孕育着巨大的市场潜力。据了解，发达国家绿色食品业的产值已相当于种植业产值的3～5倍。美国通过开发绿色食品，不但赚了大量外汇，而且在平衡石油等的进口逆差方面发挥了重要作用。荷兰以绿色食品为龙头的家用副产品加工业，在其国民经济中居于举足轻重的地位。我国江苏省徐州以绿色食品为主的食品业创造的年利润占其整个工业利润的65%。由此可见，在未来的贸易格局中，谁拥有“绿色”，谁就掌握了占有市场的主导权。

4. 开发绿色食品是打破绿色壁垒、扩大出口的结果

WTO制定《技术贸易壁垒协议》后，国际贸易中的生态环境保护意识日益增强，在国际贸易领域中，随着关税壁垒的不断削弱，以生态环境保护要求作为贸易非关税壁垒也称绿色壁垒（Green barrier）的作用逐渐加强，越来越多的国家进出口农产品时以生态食品或绿色食品作为标准。近年来，发达国家对我国出口农产品的品质、卫生、安全等要求越来越严格，技术性贸易壁垒越筑越高。从某种意义上讲，技术壁垒实际上是一种环境壁垒，是一种新的贸易保护方式。我国长期以来依靠化肥、农药的常规农业生产方式已带来了严重的负面影响，给我国农牧产品对外贸易和进入国际市场造成很大压力。

发达国家进口关税的降低，对“入世”后的中国农业出口来说是一大“利好”，但是国际上更严格的食品卫生标准和技术标准，即所谓“绿色壁垒”，一度使中国农业出口受挫。2002年初，中国出口到发达国家的农产品，因农、兽药残留和重金属含量“超标”而遭拒收、扣留、中止合同或停止进口的事件，大大超过历史同期。2001年欧盟开始增加中国茶

叶的检测项目，从原来6种残余农药检测增加到62种，这使得中国2001年对欧盟的茶叶出口减少了37%。联合国的统计表明，中国约有包括农产品在内的74亿美元出口商品因“绿色壁垒”而受阻。

中国农产品要想顺利进入发达国家市场，除质量要达到国际通用的食品卫生标准外，还要满足发达国家各自制定的更为苛刻的技术标准。绿色食品满足了这些标准，所以发展绿色食品是规避“绿色壁垒”的有效途径。

5. 开发绿色食品是社会文明进步的体现

人们在经历种种自然灾害的威胁后，逐步认识到人类本身就是大自然的一个组成部分，人类只有和自然保持和谐关系，才能健康生存，社会文明才能进步。消费观念的变化是社会文明进步的一个重要因素，而食品消费观念的变化集中反映了饮食文化的进步。20世纪80年代，在食品消费领域，人们从过度消费热量食品开始转变为关注食品的营养、安全及食品消费对环境、资源的影响，并关注后代人的利益。这种消费观念的转变又引发了传统食物生产方式的转变，也就是向可持续生产方式的转变，即在确保资源和环境持续利用的基础上发展食物生产。由此可见，绿色食品的产生是人们由传统的生产和消费观念转向科学、文明、理性的发展观念的必然结果。

综上所述，绿色食品在中国产生具有坚实的社会基础，是我国经济和社会现代化进程中的一种必然选择，也将对未来我国经济和社会发展产生深刻的影响。

四、发展绿色食品的意义

1. 发展绿色食品有利于资源节约和环境保护

中国作为一个发展中国家，不能再沿袭以牺牲环境和损耗资源为代价来发展经济的老路，而必须把经济和社会发展建立在资源和环境可持续利用的基础之上，特别是要建立和发展确保农业和食品工业可持续发展的生产方式。因此，绿色食品基地环境技术条件要求我们在选定绿色食品基地时，首先是将具有良好生态环境的地方选为绿色食品基地，同时对基地的生态环境加以建设和保护；其次是对那些暂不具备绿色食品生产条件的地方加以改造、整治和建设，使其逐步达到绿色食品基地的环境技术条件。

现代农业以及城市发展进步一方面为社会创造了巨大的财富，另一方面也带来严重的环境污染。据统计，我国重金属污染土地已占耕地总面积的1/5，每年仅重金属而造成的直接经济损失就超过300亿元。我国遭受农药污染的农田面积达933万公顷（$9.33\times10^6 hm^2$），农药年使用量已达25万吨，32.8%的蔬菜种植户在菜叶上使用过有机磷类高毒农药。此外，养殖过程中食物污染也比较突出，一些生产者为了增加产量，获取更高收益，竟然在猪、鸡、甲鱼、鳗鱼等动物饲料中添加过量激素、抗生素、兴奋剂等药物，使动物食品的卫生质量留下先天隐患。发展绿色农业，生产绿色食品，能够避免常规农业（石油农业）对农产品及环境造成的污染。在绿色产品生产过程中，由于杜绝一切污染物进入绿色食品基地，禁止使用激素类化学生长剂，限制农药、化肥的使用，推广使用有机肥和现代生物技术，因此能够促进生态环境改善，符合国家关于污染控制与生态保护并重的环保战略，可以使农业摆脱常规农业的各种弊端，实现可持续发展。与此同时，绿色食品与非绿色食品相比价格平均要高出15%，最高的甚至可以达到70%，而且多数名优绿色食品都是供不应求。因此，发展绿色食品不仅符合我国农业生产的高产、优质发展方向，而且也是市场发展的必然要求，具有良好的社会效益、环境效益和巨大的经济效益。

2. 发展绿色食品有利于防止环境与食品的污染

绿色食品的生产过程是无公害的生产过程。通过系统的绿色食品技术的实施，环境的监测与控制，实现了绿色食品生产过程对环境的无公害，保护和改善了产地生态环境，保证了农业生产的生态可持续性。绿色食品生产技术的运用、监控也保证了绿色食品产品的无公害性和食用的安全性。这是绿色食品生产从“土地到餐桌”全程质量监控的必然结果。因此，绿色食品生产是防止环境与食品污染的有效措施。

3. 发展绿色食品可应对国际竞争，促进外向型农业的发展

WTO在要求全面降低关税和取消非关税壁垒的同时，正在筑高食物安全性的“绿色壁垒”。如果不迅速提高农产品及其食品的安全性，我国的农产品就会在国际市场上丧失竞争力，同时国外的农产品就会长驱直入，对我国的农业产生强大的冲击。发展绿色食品是打通食物安全性的绿色壁垒，建设国际市场绿色通道的战略措施，绿色食品标志将是未来国际国内市场农产品和食品贸易的优先通行证。

4. 发展绿色食品有利于农村结构调整和加快新农村经济发展

实施农业结构的战略性调整，首要的是全面优化和提高农产品质量，而绿色食品具有安全、优质、营养的特征，极大地提高了农产品的市场竞争力，是当前农业增效和农民增收的重要途径。因而发展绿色食品是实施农业结构战略性调整的具体行动和重大措施，可通过发展绿色食品带动农业产业结构的调整，改善农业经济结构。

农业产业化的基础是产品。没有产品，农业产业化就是一句空话；没有名牌产品，农业产业化就不能快速发展。农业产业化企业开发绿色食品，不仅有利于提高产品质量，而且可提高企业产品的名牌效应，提高市场竞争力，树立企业良好形象，从而提高企业的经济效益。通过培植龙头型产业化企业成为绿色食品企业，来带动基地和农业生产的发展，推进农业产业化的进程，提高农业整体经济效益。

第三节　绿色食品的发展历程和发展趋势

一、中国绿色食品的发展历程和现状

1990年5月15日，我国正式宣布开始发展绿色食品，经过十几年的努力，中国绿色食品事业快速发展，创立了较完善的绿色食品生产体系和管理体系，并系统组织绿色食品工程建设实施，正稳步向社会化、产业化、市场化、国际化方向推进。

1. 中国绿色食品的发展历程

绿色食品主要经历了三个重要阶段：思想萌芽阶段、基础奠定阶段、加速发展阶段。

(1) 思想萌芽阶段（20世纪初～1990年）　该阶段主要是受西方绿色食品发展的影响。绿色食品的起源可追溯到20世纪初，1908年美国威斯康星大学的F. H. King（金）教授出版了《四千年农民》(Farmers of Forty Centuries) 一书，描述了中国2000多年传统农业施用人畜粪肥、秸秆、河泥等有机肥料的经验。1915年，英国的微生物学家A. Howard（霍华德）研究证实了施用有机质肥料可以创造良好的真菌活动土壤环境，而过度使用化肥抑制了真菌活动，并于1941年出版了《农业圣约》(An Agricultural Testament) 一书。1924年，德国成立了世界第一个有机绿色农业组织——Demeter。1938年，美国的J. I. Rodale（罗代尔）开办了有机农场，并于1942年出版了《有机园艺和农业》(Organic Gardening and Farming) 一书。1972年有机农业运动国际联盟（The International Federation of Organic Agricultural Movement，IFOAM）在德国成立，在组织生产、监测无污染、无公害的生态食品等方面掀起了席卷各工业发达国家的绿色风云。这些关于绿色食品的思想逐渐传入我国，特别是随着我国经济的发展以及环境问题、资源问题、食品安全问题的产生，对我国

绿色食品的发展起到了促进作用，为今后绿色食品的发展在思想上奠定了基础。

（2）奠定基础阶段（1990～1993 年） 在国外提倡发展有机食品大潮的推动下，1990 年 5 月 15 日中国正式宣布开始发展绿色食品，使中国的生产方式和消费方式的观念发生了重大的变化。1992 年 11 月 5 日，人事部批准成立中国绿色食品发展中心，并逐步与国际接轨。1993 年，中国绿色食品发展中心代表我国政府正式加入了有机农业运动国际联盟，并相继规定了绿色食品的内涵。1991 年我国获得绿色食品标志的产品为 125 个，1993 年增加到 353 个。仅 1993 年，绿色食品销售额就高达 40 亿元人民币，其中 30 亿元为出口创汇收入。在这一阶段中，中国绿色食品事业获得了蓬勃发展，并产生了显著的经济效益、生态效益和社会效益。

（3）加快发展阶段（1994 年至今） 中国绿色食品发展中心成立以来，受到各级政府重视，也得到国际组织（IFOAM）的支持。在 30 多个省、自治区、直辖市和计划单列市建立了绿色食品办公室。在全国范围内委托了八个食品监测机构及省级环保监测机构形成监测网，在近 300 个企业累计开发、生产近 600 个绿色食品。在全国建立了 28 个以农业高科技为先导，集农业生产、资源合理利用和生态环境保护于一体的绿色食品科研、生产基地，并积极开发生物农药、生物肥料、生物保鲜等绿色食品生产的资料，以科研、生产、监测、认证、贮运、销售为一体的绿色食品生产体系正逐步形成。据统计，1998 年到 2002 年，我国绿色食品产品年平均增长 29%。2002 年到 2004 年增长幅度加大，为 56%。到 2005 年底，全国有效使用绿色食品标志企业总数达到 3695 家，产品总数为 9728 个，产品实物总量为 6.3×10^7t，年销售总额为 1030 亿元，出口达到 16.2 亿美元。自 1994 年以来，我国绿色食品工程发展迅速，取得了举世瞩目的成绩。

2. 中国绿色食品的发展现状

自 1990 年实施绿色食品工程以来，我国绿色食品事业取得了巨大的成绩。

（1）初步形成了绿色食品管理和技术监督网络 1992 年，中国绿色食品发展中心正式成立，中国绿色食品发展中心已在全国 30 多个省、市、自治区委托设置了 38 个绿色食品管理机构，并先后在市、地、县分别设立了绿色食品的管理和工作机构。绿色食品管理和技术监督网络已经形成，为系统地、全方位地推进绿色食品事业的发展提供了强有力的组织保障。

（2）制定并颁布推行了一整套绿色食品全程质量控制措施与标准 先后制定了绿色食品产地环境标准；绿色食品环境监测标准；绿色食品生产操作规程；生产绿色食品的农药使用准则；生产绿色食品肥料使用准则和绿色食品的产品标准等一整套的标准体系，形成了绿色食品生产、开发全过程的质量控制保障系统，为实现人民生活水平向小康过渡提供了强有力的食品安全保障，保证绿色食品事业的健康发展。

（3）审查认证了大量的绿色食品产品 截至 2006 年 12 月 10 日，全国有效使用绿色食品标志企业总数达到 4615 家，产品总数达到 12868 个；产品实物总量超过 7200 万吨，产品年销售额突破 1500 亿元，出口额近 20 亿美元；产地环境监测面积 1000 万公顷（$1\times10^7 hm^2$）；产品质量抽检合格率达 97.9%，企业年检率达 95%。

（4）绿色食品已走向世界 自 1993 年中国绿色发展中心加入了有机农业运动国际联盟（IFOAM），积极参与各项活动，建立了多方面联系，我国与国外 500 多个企业及有关机构开展了多种形式的经济技术交流与合作，中国绿色食品总公司获得了进出口经营权，为绿色食品进入国际市场、参与国际市场的竞争开辟了道路。

二、绿色食品发展的趋势

绿色食品发展的趋势是朝着产业化、国际化、生产科技化、品种多样化、销售专业化、包装精美化方向发展。

1. 产业化

我国绿色食品开发虽然时间不长，但在研究了绿色食品产业化发展途径后，取得了长足发展。提出了“以市场引导产业、以标准规范产业、以标志管理产业”的绿色食品良性发展机制，并以现有的产业化模式，如以某一产业为龙头的带动型模式，以某一个或某几个优势产业为主导的主导型模式，以市场为导向的导向型模式等进一步完善，并根据绿色食品的发展需要，探索出新的产业化模式，有效实现绿色食品产业一体化经营。

今后发展绿色食品，既要依靠中国农业和农村经济发展创造的环境和条件，又要立足“三农”，围绕农业和农村经济的中心工作，做好“四个结合”。一是与农业结构调整相结合，使发展绿色食品成为引导和促进农业结构调整的一项有效措施。要重点结合优势农产品区域产业带和“优粮工程”建设，积极组织绿色食品规模开发，抓好大型标准化基地建设，加快产品认证步伐，扩大总量规模。二是与农业产业化发展相结合，使发展绿色食品成为龙头企业增强市场竞争力的一条重要途径。龙头企业，特别是国家级农业产业化重点龙头企业，代表了中国农业企业的最高水平；绿色食品具有市场竞争优势，代表了中国安全优质农产品品牌形象。产业化龙头企业与认证农产品品牌有机结合，融为一体，相互促进，共同发展，将带动中国农产品市场竞争力全面提升。三是与农民增收相结合，使发展绿色食品成为农民收入的一个重要“增长点”。要通过宣传和普及农产品质量安全知识，培育认证农产品消费市场，做好厂商合作、产销衔接，利用优质优价的市场机制，调动农户发展绿色食品生产的积极性，促进农民增收。四是与农产品出口相结合，使发展绿色食品成为扩大农产品出口的一个有力手段。要密切跟踪国外农产品质量安全技术标准和认证制度，开展国际认证合作，突破贸易技术壁垒，使绿色食品在农产品出口中发挥更加重要的作用。

同时，应突出重点区域，优势农产品产业带、农业标准化建设示范区要成为绿色食品开发的区域重点；突出重点企业，继续引导大型企业、农业产业化龙头企业、知名品牌企业和出口企业发展绿色食品；突出重点产品，继续扩大各地名特优产品、精深加工产品、出口产品的发展规模。

2. 国际化

绿色食品的兴起是市场的需求，是市场经济的产物。市场经济是开放经济，必然要面对世界、走向世界，在世界市场竞争中求得发展。我国绿色食品要得到快速、健康发展，必须面向世界市场、与国际接轨。1993 年，中国绿色食品发展中心代表我国政府加入了有机农业国际联盟（IFOAM），奠定了我国绿色食品与国际相关行业交流合作的基础。应继续在质量标准、技术规范、认证管理、贸易准则等方面加强国际合作与交流。

应通过以下主要措施，加快推进国际化战略，促进绿色食品出口贸易。一是及时跟踪发达国家农产品质量安全标准，提高国际采标率，抓紧补充、修订和完善绿色食品标准，有效突破技术性贸易壁垒，进一步为扩大出口创造条件。二是在绿色食品标志商标赴日本和我国香港注册的基础上，继续向绿色食品的其他主要目标市场延伸，保护出口企业合法权益。三是继续与日本、美国、欧盟等国家和地区有影响的认证机构开展认证合作，促进绿色食品企业扩大产品出口。完善境外农产品认证及管理办法，以解决国内大型食品加工企业原料供应为重点，继续做好跨国认证工作。四是按照“中心推介、企业运作、统一形象、扩大出口”的原则，积极组织绿色食品企业出国开展形式多样的产品促销和商贸洽谈活动，不断提高绿色食品品牌的国际影响力和竞争力，拓展国际贸易渠道。五是系统收集国外农产品质量安全领域的法律、政策、技术、管理、市场等方面的信息，加强理论研究。

3. 品种多样化

目前，我国已开发的绿色食品产品数量占我国食品总数的比例很小，可见绿色食品还有极大的发展空间。各省、市、自治区尤其是资源优势较强的地区，应不断挖掘开发潜力，在确保产品质量的前提下，根据市场需求，不断优化产品结构，大力开发多品种的绿色食品。

4. 生产科技化

科技是绿色食品生产、加工效果和质量的保障。绿色食品科技主要包括农业技术、食品工业技术、商品技术等诸多方面。我国绿色食品应在生产、加工、贮运等诸环节中，尽可能采用现代化科技手段，并把绿色食品生产相关的科研成果尽快转化为生产力，增加绿色食品的科技含量，提高其附加值。

5. 品牌精品化

产品的包装效果直接影响到消费者及外商对该产品的兴趣，进而决定了产品的销售量。绿色食品生产企业应注重其产品的包装效果，在突出产品的特点，让消费者非常容易地了解该产品的同时，把包装设计得美观、精致，精心塑造绿色食品鲜明独特的市场形象，使我国的绿色食品向精装化方向发展，提高其在国际市场的竞争能力。

通过整体推进品牌战略计划，进一步树立绿色食品事业的社会公益形象和市场品牌形象，扩大品牌效应，提高品牌价值。重点是抓好两个方面：一方面，通过新闻媒体、绿色食品信息网、绿色食品发展论坛、中国国际农产品交易会等渠道和平台，深入开展绿色食品宣传工作，提高绿色食品品牌的社会知名度；另一方面，加强市场培育，引导和支持商业企业，特别是大型主流商业连锁经营企业建立绿色食品专店、专区或专柜，增强市场拉动力，促进绿色食品贸易流通。

6. 销售专业化

在全国大中城市建立食品销售网，发展绿色食品专卖店、连锁店、销售专柜等，对其进行集中销售。这不仅可以方便消费者集中购买到所需的各种绿色食品，而且还可以增加消费者对绿色食品的信任感，防止购到假货，维护消费者的权益。

在不断完善制度建设、确保认证“有效性、公正性、规范性”的前提下，把加强监管摆在更加突出的位置，促进绿色食品健康地加快发展。监管工作的重点是质量管理和规范标准；基本手段是企业年检、质量抽检、产品公告和信息发布；目标是提高监管透明度，强化企业标准化生产和规范化管理的意识，维护绿色食品品牌的市场形象，增强社会信任度。

第四节 绿色食品开发管理体系

一、绿色食品开发管理体系的组成

绿色食品的开发管理体系主要包括四个基本部分：严密的质量标准体系、全程质量控制措施、规范化的管理方式、网络化的组织系统。

1. 严密的质量标准体系

绿色食品严密的质量标准体系由绿色食品产地环境质量标准、生产技术标准、产品标准、产品包装标准和贮藏、运输标准构成了一个完整的绿色食品质量标准体系。绿色食品产地环境质量标准包括产地的大气、土壤、水的生态因子符合标准。绿色食品生产技术标准包括种植、养殖和加工环节需遵循的技术规范。绿色食品产品标准包括绿色食品最终产品质量卫生指标。绿色食品产品包装标准包括包装材料、包装标识。绿色食品的产品标准是参照国家、部门、行业有关标准并综合各部门、各学科专家的意见而制定的，普遍高于现行国家标准，部分与国际标准化组织的推荐标准直接接轨。从综合质量标准来看，绿色食品整体质量代表了中国食品质量的最高水平；绿色食品产品包装标准对包装材料的选择、设计等方面均有了明确规范的要求。

2. 全程质量控制措施

绿色食品生产实施“从土地到餐桌”全程质量控制，以保证产品的整体质量。在产前通过产地环境质量监测和评价确定是否有污染；在生产中通过检查确定是否按照生产技术标准生产；在产后对最终产品进行监测。这种“从土地到餐桌”的全程质量控制模式具有非常重要的推广意义，它不仅改变了仅以最终产品检验结果来评定产品的传统观念，而且改变了产中的技术投入为产前、产中、产后同时投入。

全程质量控制技术措施的核心是将中国传统农业的优秀农艺技术与现代高新技术有机地结合起来，制定具体的生产和加工操作规程，指导、推广到每个农户和企业，落实到生产、加工、包装、贮存、运输、销售各个环节，改变以最终产品的检验结果为评定产品质量优劣的传统观念，这是以质量控制为核心的全新质量观。

3. 规范化的管理方式

绿色食品实行统一、规范的标志管理，即通过对合乎特定标准的产品发放特定的标志，用以证明产品的特定身份以及与一般同类产品的区别。

通过实施绿色食品标志管理，绿色食品认定过程是质量认证行为，认定后是商标管理行为，实际上是质量认证和商标管理相结合。它的作用是有效规范企业生产流通行为，保护消费者权益，促进企业争创名牌、开拓市场。

绿色食品标志作为质量认证商标在国家工商行政管理局进行注册，开创了我国质量证明商标管理工作的先例，绿色食品标志管理将质量和商标管理紧密结合，使绿色食品认定既具备产品质量认证的严格性和权威性，又具备了商标使用的法律地位。实施绿色食品标志管理不仅可以有效地规范企业的生产和流通行为，树立保护知识产权的意识，而且有利于维护广大消费者的权益；不仅可以有效促进企业创名牌、开拓市场，而且有利于绿色食品产业发展。

4. 网络化的组织系统

为了将分散的农户和企业组织发动起来进入绿色食品的管理和开发行列，中国绿色食品发展中心构建了三个组织管理系统，并形成了高效的网络：一是在全国各地成立了绿色食品的委托分支管理机构，协助和配合中国绿色食品发展中心开展绿色食品宣传、发动、指导、管理、服务工作；二是通过全国各地农业技术推广部门将绿色食品生产操作规程落实到每个农户、农场，以保证绿色食品生产技术普及、推广和应用，推动绿色食品开发向基地化、区域化发展；三是委托全国各地农业环保机构和区域性食品检测机构负责绿色食品的产地质量和食品质量检测。这个独立于管理系统之外的质量监督保障网络不仅证明了绿色食品生产体系的公正性，而且增加绿色食品生产体系的科学性。

二、绿色食品开发管理体系的特征

与现代农业和食品业生产体系相比，绿色食品开发管理体系具有以下特征。

① 在发展的目标上，绿色食品生产在追求高产量、高效益的同时，融进了环境和资源保护意识、质量控制意识、知识产权保护意识，不仅要实现高产、优质、高效的结合，而且要追求经济效益、生态效益和社会效益的统一。

② 在技术路线上，强调谨慎地选择、组合传统技术和现代技术，尤其是我国传统农业的优秀农艺技术和当今高新技术，以适宜的技术，配合一体化的管理，合理配置生产要素，获取综合效益。

③ 在生产方式上，通过制定标准，推广生产操作规程，配合技术措施，辅之以科学管理，将农业生产过程的诸环节紧密融为一体，实现产加销、农工商的有机结合，提高农业生产过程的技术含量和农业生态经济的效率及效益。

④ 在产品质量控制的方式上，首先强调“产品出自最佳生态环境”，并将环境和资源保护意识自觉融入了生产者的经济行为之中。另外，通过满足消费者对食品提出的高要求，促使生产者改变传统的生产方式和方法，最终形成对产品实行“从土地到餐桌”全程质量控制的观念和模式。

⑤ 在管理的方式上，通过对产品实行统一、规范的标志管理，实行质量认证和商标管理的结合，从而使生产主体在市场经济环境下明确自身的组织行为和生产行为规范。

⑥ 在组织方式上，通过绿色食品标志管理和推广全程质量控制技术措施，将分散的农户有组织地纳入绿色食品产业一体化发展的进程，将分散的产品有组织地推向了国内外市场，从而通过技术和管理相结合的一个无形中介组织创造出中国绿色食品产业的形象和体系。

第五节 绿色食品工程建设

一、绿色食品工程的概念与特点

由于绿色食品的独特性及其生产体系和管理体系的复杂性、综合性，因此，客观上需要将绿色食品的发展作为一项系统工程来实现。

1. 绿色食品工程的概念

绿色食品工程是以全程质量控制为核心，将农学、生态学、环境科学、营养学、卫生学等多学科的原理运用到食品的生产、加工、贮运、销售以及相关的教育、科研等环节，从而形成一个完整的无公害、无污染的优质食品产、供、销及管理系统，逐步实现经济、社会、生态、科技协调发展的系统工程。

绿色食品工程的基本指导思想是全程质量控制。宏观指导思想是以技术和管理为核心的全程质量控制。

2. 绿色食品工程的主要特点

绿色食品有自己的特点，不同于一般食品，绿色食品工程必须结合中国的国情和绿色食品特点开展其工程建设。绿色食品工程有以下特点。

(1) 有组织性　它是由中国绿色食品发展中心有组织地发动和引导的，针对环境和资源问题，通过政府授权的专门机构来承担标志管理、质量认证、标准制定、协调服务等职能，为绿色食品工程建设全方位展开提供了组织保障。

(2) 严密性　就产品开发而言，绿色食品生产从良好的生态环境入手，选好原料生产基地，在生产过程中注重农业生产的产前、产中、产后环节技术和管理，将技术和管理措施落实到每个企业、农户和产品中，确保最终产品的无污染、优质、安全质量特征。

就工程体系而言，按照“从土地到餐桌”全程质量控制模式，绿色食品既包括严密的质量标准体系及质量控制技术措施、科学规范的管理手段，还包括生产资料的供应、产品开发、市场营销、科研推广、人才培训、信息服务等体系。

（3）渐进性　绿色食品工程建设大体经历了“打好基础、稳步推进、加速发展”三个阶段，建立和完善了“六个体系”，推动了绿色食品工程向产业化方向发展。

（4）协调性　绿色食品工程诞生之后就紧密地与国家和地方的产业政策配合进行，与实施《九十年代中国食品结构改革与发展纲要》相配合，与发展高产、优质、高效农业配合；与《中国21世纪议程》配合，与扶贫脱贫工程配合，与实施“名牌战略”配合，与“菜篮子”、“米袋子”工程建设配合。正是由于具有这些特点，才使绿色食品工程建设得到了政府的支持，广大农民和企业广泛参与，广大消费者积极推进而取得明显成效。

二、绿色食品工程建设

绿色食品工程注重生产基地、环境监测、市场运行、科学教育等各个系统之间的结构和联系，通过标志管理等方法，使其形成一个完整的有机整体。绿色食品工程包括以下系统：生产加工系统、质量保障系统、食品营销系统、服务系统、管理系统。

绿色食品工程是以市场为导向，以无污染的原料基地为基础，以环境监测、食品检测为保证，以教育培训、宣传为推广手段，依靠先进的科学技术，带动农业生态条件的优化、耕作技术的改进，推动农业现代化进程，逐步实现经济效益、社会效益、生态效益的良性循环。

绿色食品工程的实施，从经济角度看，是一项无污染食品产供销一体化工程；从生态观念看，是一项保护资源和环境的持续发展工程；从技术路线看，是一项将传统农业优秀农艺技术与现代高新技术有机组合的工程；从社会效应看，也是一项通过改善和提高生态环境和食品质量，增进人民身体健康的健康工程；从国际交流与合作来看，为绿色食品走向世界，参与国际市场的竞争开辟了道路。

三、绿色食品工程的发展模式

经过十多年的探索和创新，中国绿色食品事业借鉴国际相关行业通行做法，结合国情，创建了具有鲜明特色的发展模式。

1. 运行模式

绿色食品创立了“以技术标准为基础、质量认证为形式、商标管理为手段”的运行模式，实行质量认证制度与证明商标管理制度相结合。绿色食品标准参照联合国粮农组织（FAO）与世界卫生组织（WHO）的国际食品法典委员会（CAC）标准以及欧盟、美国、日本等发达国家和地区标准制定，整体上达到国际先进水平。绿色食品认证按照国际标准化组织（ISO）和我国相关部门制定的基本规则和规范来开展，具备科学性、公正性和权威性。绿色食品标志为质量证明商标，依据我国《商标法》、《集体商标、证明商标注册和管理办法》和《农业部绿色食品标志管理办法》等法律法规来监督和管理，以维护绿色食品的品牌信誉，保护广大消费者的合法权益。

2. 技术路线

绿色食品按照“从土地到餐桌”全程质量控制的技术路线，创建了“两端监测、过程控制、质量认证、标识管理”的质量安全保障制度。重点监控四个环节：一是产地环境的监控，由环境监测机构依据环境质量标准对产品及原料产地环境实施监测和评价；二是生产过程的管理，要求农户和企业严格按照生产操作规程和技术标准组织生产；三是产品质量的检测，由产品检测机构依据产品质量标准对产品实施检测；四是包装标识的规范，要求产品包装标识符合相关设计规范。

3. 发展机制

绿色食品满足食品质量安全更高层次需求，绿色食品的生产既是一项增进消费者身体健康、保护生态环境、具有鲜明社会公益性特点的事业，又能够有效地提高生产者的经济效益，因而应采取政府推动与市场运作相结合的发展机制。政府推动，主要体现在制定技术标准、政策、法规及规划，组织实施质量管理和市场监督等方面；市场运作，是指利用优质优价市场机制的作用，引导企业和农户发展绿色食品。

4. 组织形式

绿色食品推行“以品牌为纽带、龙头企业为主体、基地建设为依托、农户参与为基础”的产业一体化组织形式。这样既有利于落实标准化生产，保障原料和产品质量，实行产品质量安全可追溯制度，又有利于打造绿色食品整体品牌形象，提高产品的市场竞争力，实现品牌价值，推动农业产业化和“订单农业”的发展，促进企业增效、农民增收。

四、绿色食品工程的创新点

绿色食品事业创立的发展模式，不仅是我国安全优质农产品生产、加工、流通组织方式的创新，而且也是食品安全保障制度和健康消费方式的创新。这两个既具有中国特色和时代特征的“创新”，奠定了绿色食品的制度优势、品牌优势和产品优势，全面提升了绿色食品事业发展的核心竞争力。

1. 提出了环保、安全的鲜明概念

绿色食品事业创立之初，正是我国城乡人民生活在解决温饱问题之后向更高水平迈进，农业向“高产、优质、高效”方向发展，国际社会倡导走可持续发展道路之时。这项事业蕴含的保护环境、保障食品安全、可持续发展的理念，是建立科学的生产方式和倡导健康的消费方式的一个富有现实意义和前瞻影响的大胆创新。

2. 确立了“从土地到餐桌”全程质量控制的技术路线

将国外首次提出的“从土地到餐桌”全程质量控制新观念贯穿到食品生产、加工、贮运、销售等环节。在市场经济条件下，改变了计划经济时代单一运用行政手段控制产品质量安全的做法，即由被动式监管转向主动式引导。开发绿色食品，从保护和改善生态环境入手，在种植、养殖、加工过程中执行规定的技术标准和操作规程，限制或禁止使用有毒有害、高残留农业投入品，从而保证了最终产品的安全。

3. 建立了一套具有国际先进水平的技术标准体系

制定了一套具有国内外先进水平的绿色食品标准，并通过标志管理的形式在全国范围内实施推广，规范了生产者行为，促进了科学技术的应用和普及，提高了劳动者的整体素质，推动了科学技术的进步。技术标准体系包括产地环境质量技术条件、生产过程投入品使用准则、产品质量标准以及包装标识标准。绿色食品标准参照相关国际组织和部分发达国家标准，并结合我国农业生产力发展水平制定，不仅操作性强，而且能够有效地突破农产品国际贸易领域中的技术壁垒，保证绿色食品产品顺利地进入国际市场。目前，农业部已累计发布各类绿色食品行业标准 72 项。

4. 创建了农产品质量安全认证制度

绿色食品率先将质量认证作为一项重要的技术手段，运用于农产品质量安全管理工作中，构建了一套较为完善、规范的认证管理制度，不仅有效地保证了绿色食品产品质量安全水平，而且有力地促使生产企业建立起了可靠的产品质量安全保障体系，从而也树立起了广大消费者对绿色食品的安全消费信心。

5. 开创了我国质量证明商标的先河

1996 年，绿色食品标志在国家工商行政管理局成功注册，正式成为我国第一例质量证明商标。绿色食品标志商标，已由事业开创之初保护知识产权和监督管理的一种基本手段，发展到在国内外有较高知名度和影响力，在广大消费者心目中有较高认知度和可信度的品牌，现正在成为代表我国农产品精品形象的国家品牌。此外，为了保护自主知识产权，促进绿色食品出口贸易发展，我国绿色食品标志商标已在日本成功注册，并在欧盟、美国、俄罗斯、澳大利亚等国家和地区提出了注册申请。

6. 创新了符合国情和事业特点的工作运行机制

绿色食品事业依托我国农业系统，创造性地采取委托管理方式，建立起了一个由中国绿色食品发展中心和各级绿色食品管理机构为主体、环境监测和产品检测机构为支撑、社会专家为补充的工作体系，形成了共同推动事业发展、工作各有侧重的体制安排和运行机制。目前，中国绿色食品发展中心委托的地方绿色食品管理机构有42个，其中省级35个，地市级7个；各省委托的地市管理机构180个、县级管理机构840个。全国各级管理机构现有人员约2400人。全国共有绿色食品环境定点监测机构71家，产品定点检测机构38家。绿色食品专家队伍由覆盖全国各地、分布70多个专业的439名专家组成。

思考题

1. 名词解释：绿色食品、绿色食品工程、绿色食品的特征。
2. 简述绿色食品的开发管理体系。
3. 简述绿色食品工程的创新点，联系自己实际，如何在今后的学习和工作中不断创新。

第二章 绿色食品标志管理

学习目标

1. 重点掌握绿色食品标志及其含义。
2. 了解绿色食品标志管理的目的和作用。
3. 了解绿色食品标志管理的原则。
4. 掌握绿色食品标志管理的内容。

第一节 概 述

一、绿色食品标志及其含义

绿色食品标志是中国绿色食品发展中心在国家工商行政管理局商标局注册的产品质量证明商标，用以证明绿色食品无污染、安全、优质的品质特征。它包括绿色食品标志图形、中文“绿色食品”、英文“Green food”及中英文与图形组合共四种形式（图 2-1）。绿色食品标志图形（图 2-2）由三部分构成，即上方的太阳、下方的叶片和中心的蓓蕾。其颜色以绿、白两色为主：A 级绿色食品标志的字体为白色，底色为绿色；AA 级绿色食品标志与字体为绿色，底色为白色。目前国内绿色食品大都为 A 级，图案及字体都为绿底反白颜色。

图 2-1 绿色食品标志的四种形式

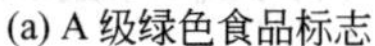
(a) A 级绿色食品标志

(b) AA 级绿色食品标志

图 2-2 绿色食品标志图案

绿色食品标志的含义是：图案上方的太阳、下方的叶片和中心的蓓蕾象征自然生态；颜色为绿色，象征着生命、农业、环保；图形为正圆形，意为保护、安全。整个图形寓意明媚阳光下的和谐生机，告诉人们绿色食品是出自纯净、良好生态环境的安全、无污染食品，能给人们带来蓬勃的生命力。绿色食品标志还提醒人们要保护环境和防止污染，通过改善人与环境的关系，创造人与自然新的和谐。

识别绿色食品应通过“四位一体”的外包装。“四位一体”是指：图形商标、文字商标、绿色食品标志许可使用编号和绿色食品防伪标，应同时使用在一个包装产品上（图 2-3）。此外标签上还标注有以下几方面的内容：食品名称；配料表；精含量及固形物含量；制造者、销售者的名称和地址；日期标志（生产日期、保质期）和贮藏指南；质量（品质等级）；产品标准号；特殊标注内容。

LB-18-0208010371 A 经中国绿色食品发展中心许可使用绿色食品标志

图 2-3 绿色食品标志的四位一体

绿色产品使用标志下方的字母和阿拉伯数字（即编号）代表着绿色食品的种类、原产地、制造方法等特定含义（图 2-3）。2002 年中国绿色食品发展中心研究决定实行新的绿色食品产品编号。新编号的形式及代码含义如下。

LB-	××-	××	××	××	××××	A（AA）
绿标	产品类别	认证年份	认证月份	省份（国别）	产品序号	产品级别

即其编号一般都由 12 位数组成，最前面的“LB”为“绿色标志”的汉语拼音缩写，接下来的两位数字是按食品类别的分类编号，后面的 10 位数字都代表不同含义。以图 2-3 绿色食品标志中的编号 LB-18-020801371A 为例，“0208”是该产品经中国绿色食品发展中心认定的年份和月份，“01”代表省份北京，“0371”是该产品被认定时的序号，最后一位“A”则指该绿色食品为“A”级。

二、绿色食品标志的性质

绿色食品商标标志是中国绿色食品发展中心 1996 年 11 月 7 日在国家工商行政管理总局商标局注册的我国第一例质量证明商标。

一般来说，证明商标是指对某种商品或者服务具有检测和监督能力的组织所控制，而由以外的人使用在商品和服务上，用以证明该商品或服务的原产地、原料、制造方法、质量、精确度或其他特定品质的商品商标或服务商标。

绿色食品商标是证明商标，用以证明遵循可持续发展原则，按照特定方式生产，经专门机构认定的无污染、安全、优质、营养类食品及与此类食品相关的事物。

绿色食品商标和其他商标一样，绿色食品标志具有商标所有的通性：专用性、限定性和保护地域性，受法律保护。

① 绿色食品商标专用性。只有中国绿色食品发展中心许可，企业界才能在自己的产品上使用绿色食品商标标志。

② 绿色食品商标的限定性。a. 是只有绿色食品商标注册的四种商标形式受法律保护；b. 是只能在注册的九大类（标志图形只能用于五、二十九、三十、三十一、三十二、三十三共六大类商品）商品上使用。

③ 绿色食品商标的地域性。在中华人民共和国、日本等已注册的国家和地区受到保护。

除此之外，绿色食品商标还具有时效性，有效期为三年，有效期满须申请续展注册。绿色食品商标的注册人“中国绿色食品发展中心”，只有商标的许可权和转让权，没有商标使用权。

三、绿色食品标志的使用范围

绿色食品标志在产品上的使用范围限于国家工商行政管理总局认定的《绿色食品标志商品涵盖范围》。不过随着绿色食品事业的不断发展，绿色食品的开发领域逐步拓宽，不仅会有更多的食品类产品被划入绿色食品标志的涵盖范围，同时，为体现绿色食品全程质量控制的思想，一些用于食品类的生产资料，如肥料、农药、食品添加剂以及商店、餐厅也将划入绿色食品的专用范围而被许可申请使用绿色食品标志。

1991 年 5 月 24 日，国家工商行政管理总局商标局批准的农业部绿色食品标志商品涵盖范围为：中国商标分类法划分的第二十九、三十、三十一、三十二、三十三类食品具备条件的均可申请使用绿色食品的标志。如第二十九类的肉、家禽、水产品、乳及乳制品、食用油脂等；第三十类的食盐、酱油、醋、米、面粉及其他谷物类制品、豆制品、调味用香料等；第三十一类的新鲜蔬菜、水果、干果、种籽、活生物等；第三十二类的啤酒、矿泉水、水果饮料及果汁、固体饮料等；第三十三类的含酒精饮料。

目前，中国绿色食品发展中心已向国家商标局提出正式拓宽注册范围的申请。绿色食品标志已注册在以食品为主的共九大类食品上，并扩展到肥料等绿色食品相关类产品上。具体的注册号为第 892107 号至第 892139 号，标准涵盖商品为《商标注册用商品和服务国际分类》第一、二、三、五、二十九、三十、三十一、三十二、三十三类共九大类以食品为主的商品。具体介绍如下。

① 国家商标分类第一类主要商品为肥料。

② 国家商标分类第二类主要商品为食品着色剂。

③ 国家商标分类第三类主要商品为香料。

④ 国家商标分类第五类主要商品为婴儿食品。

⑤ 国家商标分类第二十九类主要商品为肉、非活的家禽、野味、肉汁、水产品（鱼等）、罐头食品、腌渍、干制及煮熟的水果和蔬菜、果冻、果酱、蛋品、乳及乳制品、食用油脂、色拉、食用果胶、加工过的坚果、菌类干制品、食物蛋白。

⑥ 国家商标分类第三十类主要商品为咖啡、咖啡代用品、可可、茶及茶叶代用品、糖、糖果、南糖、蜂蜜、糖浆及非医用营养食品、面包、糕点、代乳制品、方便食品、米、面粉(包括五谷杂粮)、面条及米面制品、膨化食品、豆制品、食用淀粉及其制品、饮用水、冰制品、食盐、酱油、醋、芥末、味精、沙司、酱等调味品、酵母、食用香精、香料、搅稠奶油的制剂、家用嫩肉剂。

⑦ 国家商标分类第三十一类主要商品为未加工的林业产品、未加工谷物及农产品（不包括蔬菜、种籽）、花卉、园艺产品、草木、活生物、未加工的水果及新鲜蔬菜、种籽、动物饲料（包括非医用饲料添加剂及催肥剂）、麦芽、动物栖息用品。

⑧ 国家商标分类第三十二类主要商品为啤酒、不含酒精饮料、糖浆及其他供饮料用的制剂。

⑨ 国家商标分类第三十三类主要商品为含酒精的饮料（除啤酒外）。

据不完全统计，迄今为止，绿色食品证明商标现已在九类 1000 多种食品上核准注册，共有 33 件证明商标。

概况地说，可以申请使用绿色食品标志的产品一般是食品，比如粮油、水产、果品、饮料、茶叶、畜禽蛋奶产品等。具体是：①按国家商标类别划分的第五、二十九、三十、三十一、三十二、三十三类中的大多数产品均可申请认证；②新近开发的一些新产品，只要经卫生部以“食”字或“健”字登记的，均可申报绿色食品标志；③经卫生部公告的既是食品又是药品的品种，如紫苏、菊花、白果、陈皮、红花等，也可申报绿色食品标志。

但以下类别则不能申请使用绿色食品标志。

①按照绿色食品标准，暂不受理蕨菜、油炸方便面、叶菜类酱菜（盐渍品）、火腿肠及作用机理不甚清楚的产品（如减肥茶）的申报；②绿色食品拒绝转基因技术，由转基因原料生产（饲养）加工的任何产品均不受理；③药品、香烟不可申报绿色食品标志。

另外，生产资料也可申请使用绿色食品标志，主要是指在生产绿色食品过程中的物质投入品，比如农药、肥料、兽药、水产养殖用药、食品添加剂等，即按国家商标类别划分的第一、二、三类中的产品也可申请认证。

具备一定生产规模、生产设施条件及技术保证措施的食品生产企业和生产区域还可以申报绿色食品基地。

第二节　绿色食品标志管理的目的和作用

一、绿色食品标志管理的概念和特点

1. 概念

绿色食品标志管理，即依据绿色食品标志证明商标特定的法律属性，通过该标志商标的使用许可，衡量企业的生产过程及其产品的质量是否符合特定的绿色食品标准，并监督符合标准的企业严格执行绿色食品生产操作规程、正确使用绿色食品标志的过程。

2. 特点

绿色食品标志管理有两大特点：一是依据标准认定；二是依据法律管理。所谓依据标准认定即把可能影响最终产品质量的生产全过程（从土地到餐桌）逐环节地制定出严格的量化标准，并按国际通行的质量认证程序检查其是否达标，确保认定本身的科学性、权威性和公正性。所谓依法管理，即依据国家《商标法》、《反不正当竞争法》、《广告法》、《产品质量法》等法规，切实规范生产者和经营者的行为，打击市场假冒伪劣现象，维护生产者、经营者、消费者的合法权益。

此外，绿色食品标志管理还有以下特性。

（1）绿色食品标志管理是一种质量管理　绿色食品标志管理是针对绿色食品工程的特征而采取的一种管理手段，其对象是全部的绿色食品和绿色食品生产企业；其目的是为绿色食品的生产者确定一个特定的生产环境，包括生产规范等，以及为绿色食品流通创造一个良好的市场环境，包括法律规则等；其结果是维护了这类特殊商品的生产、流通、消费秩序，保证了绿色食品应有的质量。

因此，绿色食品标志管理，实际上是针对绿色食品的质量管理。

（2）绿色食品标志管理是一种认证性质的管理　认证主要来自买方对卖方产品质量放心的客观需要。1991年5月，我国国务院发布的《中华人民共和国产品质量认证管理条例》，对产品质量认证的概念作了如下表述："产品质量认证是根据产品标准和相应技术要求，经认证机构确认，并通过颁发认证证书和认证标志来证明某一产品符合相对标准和相应技术要求的活动"。

由于绿色食品标志管理的对象是绿色食品，绿色食品认定和标志许可使用的依据是绿色食品标准，绿色食品标志管理的机构——中国绿色食品发展中心是独立处于绿色食品生产企业和采购企业之外的第三方公正地位，绿色食品标志管理的方式是认定合格的绿色食品——颁发绿色食品证书和绿色食品标志，并予以登记注册和公告，所以说绿色食品标志管理是一

种质量认证性质的管理。

（3）绿色食品标志管理是一种质量证明商标的管理 绿色食品标志是经中国绿色食品发展中心在国家工商行政管理总局商标局注册的质量证明商标，专门证明绿色食品产品是无污染、安全、优质、营养的食品。为保证证明商标的依法合理使用，绿色食品标志注册人没有使用权，只有转让权和许可权。因此说绿色食品标志管理本身也是一种质量证明商标的管理。

二、绿色食品标志管理的目的

绿色食品标志管理的最终目的是充分保证绿色食品质量的可靠，保障绿色食品事业的健康发展。鉴于绿色食品标志管理兼有产品质量管理、产品质量合格认证、产品质量证明商标的特点，因此，实践中起作用与这三个层面上的目的是略有区别的。对绿色食品的质量而言，由于当今食品生产不仅加工的深度日益复杂，而且随着经济不断发展，社会分工愈来愈细，致使原来生产一个食品的不同工序，逐渐分化为不同的部门或工厂，甚至由跨行业、跨地域的不同利益群体共同完成，从而使传统的仅靠终产品抽检的质量控制方法难以适应质量保证的要求，尤其是绿色食品产前的生态环境、产中的操作规程和产后的包装、贮运等环节。对绿色食品的质量认证而言，处于第三方公正地位的认证者给被认证者颁发绿色食品标志，证明认证者完成了认证过程，以及被认证的产品合乎认证标准，同时也是对自己认证水平权威性的一种承诺。对绿色食品质量证明商标而言，是有商标的持有人帮助消费者将绿色食品与普通食品作了形象上的区分，同时以法律的形式向消费者保证绿色食品具备无污染、安全、优质、营养等品质，既取得了消费者的信赖，又是对消费者的消费行为进行引导。

为确保绿色食品事业的健康发展，促进生态环境的保护与改善，保证绿色食品标志的严肃性与公正性，维护绿色食品信誉及消费者利益，1993 年 1 月 11 日，农业部特制定《绿色食品标志管理办法》。

三、绿色食品标志管理的作用

从标志这一形式的基本特点出发，实施标志管理最显而易见的作用是标志本身的标记或区别作用。即通过绿色食品标志把绿色食品和普通食品区别开来。然而，仅借此采取标志管理是远远不够的。从绿色食品既涉及国内外，又影响全民族这个大背景上观察，实施绿色食品标志管理，至少有以下几个作用。

1. 通过标志管理，广泛传播绿色食品概念

整个图标标识勾勒出一幅勃勃生机和充满希望的画面：生态环境得以很好的保护，生命得以持续繁衍。这个标志把绿色食品的概念图解得形象生动，从而使第一次看到它的人便能正确理解绿色食品的含义。

2. 通过标志管理，实施品牌战略

目前，我国工业发展已经进入了国际竞争的时代，发展民族工业的关键是必须增强我国工业企业和产业的国际竞争力。国际竞争告诉我们：品牌成为产品竞争力的综合表现，名牌直接代表了特定产品的质量性能和信誉等综合特质。同时，品牌竞争力同时也是企业综合实力的表现。另外，品牌不仅反映了特定产品当前的竞争力状况，而且，体现了很强的累积效应，它可以体现历史上沉淀下来的竞争优势。品牌就像一面军旗，所到之处，标志着它所代表的产品在国际市场上所占有的阵地。

3. 通过标志管理，连接生产管理和监督者的责任

每一个生产者都要对自己所生产的产品质量负责，对一个使用绿色标志的企业而言，它在保证其产品符合基本要求的同时，还要对消费者和认证者承担双重的责任。要保证达到绿

色食品的特定要求，就意味着企业要付出更多的劳动，生产中要做出相应的安排，要把这份责任播种在每一个生产者的心中。因此，标志也成为提醒每个生产者规范自己生产行为的警钟，这是因为标志代表的是市场上的利益和消费者的价值尺度。

另外，生产企业使用了这枚标志的同时，也就等于向标志的所有者和消费者作出了一种质量方面的承诺，这种承诺的分量也许和整个企业的生命是相等的。因此，它必须自觉接受有关方面的管理和监督。标志的所有者在许可企业使用标志的同时，也同时拥有了在一定条件下撤销许可的权力，并有责任对使用者进行管理和监督，而管理和监督的依据，正是基于这枚标志的权力关系。消费者在接受了标有这枚标志的商品时，自然成了接受企业质量承诺的对象，也有责任对企业实行监督。

标志的所有者在许可企业使用这枚标志的过程中，是否坚持标准，是否公正公平，以及在许可企业使用标志之后，是否管理有力，也要受国际有关部门和广大消费者的监督，这种监督的依据，也不能脱离标志的权力关系。

因此，标志既是生产、管理、监督三方发生联系的纽带，也是衡量三方责任的尺度，又是处理责任者的有力手段。

4. 通过标志管理，促进绿色食品和国际惯例接轨

以开发无污染食品手段，促进全球生态环境保护和人类的健康和文明的活动，已不仅仅局限于某个国家，而是在全世界范围内已形成一种运动，且运动的组织者正在不断会和各个局部领域的实践经验，以期总结出具有普遍意义的规律，更好地指导整个运动快速健康发展。然而，目前各国同类食品预备支持的理论学说的差异使各自在对这类食品的命名上不尽一致，认证标准和贸易条件也存在差异，较大程度地影响了相互的交流。尽管国际有机农业运动联盟在此问题上已作了相当的努力，至今仍未从根本上获得问题的圆满解决。

我国的绿色食品开始于20世纪90年代初，更多地注重和中国的具体国情相结合，因此在许多方面不是照搬外国的做法，而是更多地保留了自己的特点。

5. 通过标志管理，体现绿色食品的效益

通过绿色食品标志管理，给企业带来的效益是显而易见的。一个直接的因素是使用标志产品价格的攀升，另一个间接因素是使用标志产品的销量增大。市场的调节需要过程，这个过程的调节又受许多因素的影响和限制，并不像化学反应那般立竿见影。对使用绿色食品标志之后的产品涨价，消费者易于接受的原因是接受了这个标志所证明的商品的品质价值，但接受的程度与否，取决于标志在人们心中的信任度。同样的道理，尽管绿色食品价格不变，但由于市场上存在假冒伪劣产品，消费者追踪购买带有绿色食品标志的产品，便多了一份安全感，相当于享受了保障。产品的销量大了，效益自然增加。

6. 通过标志管理，保护消费者的利益

购买者面对商品的大千世界，有个消费选择的过程。随着科学技术的高度发展，使得现代产品的结构越来越复杂，仅靠购买者的优先知识和条件，很难判断产品是否符合标准。尤其是与消费者身心健康直接相关的食品，在利益因素的驱动下，一些食品广告往往自诩某产品具有如何神奇的保健功能和辅助治疗疾病的效果等，令购买者茫然不知所措。

绿色食品通过实施标志管理，使每个进入市场的产品都醒目地按一定规范使用绿色食品标志，并采取了相应的防假措施，从而使消费能够方便地选择和采购，而不至于因误购不符合标准的劣质产品受骗上当，导致身心受到损害，生命安全受到威胁。当然，标志的导购效果必须依赖于购买者和消费者对国家质量认证制度及证明商标注册制度的认识和理解，因此，对管理部门而言，一方面要认真把握绿色食品质量；另一方面还需大力宣传绿色食品

知识。

第三节　绿色食品标志管理的原则

一、绿色食品标志管理的基本原则

绿色食品是改革开放和市场经济的产物，必须按市场规律办事。中国绿色食品中心根据“谁有条件和积极性就委托谁”的原则，在全国30个省、市、自治区委托了绿色食品标志特定机构，管理绿色食品标志，并形成一支网络化的管理队伍。这些委托管理机构形成了区域性的分中心，对区域绿色食品发展起到重要作用，不论所在单位是行政性的还是事业性的，均不受干扰，直接对委托人负责，对法律负责。

各级绿色食品标志监督管理机构和人员介绍如下。

1. 中国绿色食品发展中心

中国绿色食品发展中心是经中华人民共和国人事部批准的、全权负责组织实施全国绿色食品工程的机构，绿色食品标志由中国绿色食品发展中心注册。

中国绿色食品发展中心是代表国家管理绿色食品事业发展的唯一权力机构，并依照“绿色食品标志管理办法”对标志的申请、资格审查、标志颁发及使用等进行全面管理。

2. 各省（市、区）绿色食品委托管理机构

各省（市）绿色食品办公室（简称绿办）是受中国绿色食品发展中心委托的管理部门，履行由中国绿色食品发展中心划定的职责，在各地政府的领导和支持下，负责本辖区内绿色食品商标标志的管理工作，直接为绿色食品企业服务。

3. 定点的绿色食品环境监测及食品监测机构

根据证明商标管理办法，中国绿色食品发展中心在全国范围内设立的食品监测网，及各地绿办委托的环保机构形成的监测网，对绿色食品生态环境及产品质量进行技术性监督管理。

受中国绿色食品发展中心委托，这些定点的环境、食品监测机构作为独立于中国绿色食品发展中心之外处于第三方公正地位的权威技术机构，负责绿色食品的环境质量监测、评价工作和产品质量监测工作。

4. 绿色食品标志专职管理人员

中国绿色食品发展中心和绿色食品委托管理机构均配备绿色食品标志专职管理人员。中国绿色食品发展中心对标志专职管理人员进行统一培训、考核，对符合条件者颁发标志专职管理人员资格证书。

二、绿色食品标志管理原则的优点

本着“谁有条件和积极性就委托谁”的原则，委托各地相应的机构管理绿色食品标志，不仅体现了因地制宜、因人制宜、因时制宜的求实态度，而且对绿色食品事业长期健康、稳定发展十分有益。其优点如下。

1. 变行政管理为法律管理

实施标志委托管理，被委托机构获得相应管理职能的同时，也承担了维护标志法律地位的严肃义务。因为此时的标志管理，实际是一种证明商标的管理，此时的被委托机构，形同商标注册人在地域上的延伸，被委托机构和绿色食品企业的关系犹如商标注册人和被使用许可人的关系，一切管理措施都得以《中华人民共和国商标法》为依据。也就是说其管理行为已超越了行政管理的范围，被法律化、格式化了。这对于一个关系人民健康的崭新事业而

言，意义极其深远。

2. 充分体现自愿原则

因为所有的委托都是在自愿的基础上进行的，所以被委托机构的积极性和主动性成为事业发展的先天优势。对各被委托机构而言，投身绿色食品事业是“我要干”而不是“要我干”。另一方面，委托是在有条件和有选择的前提下进行的，从而在主观积极性的基础上又考虑了客观条件，尽可能做到内因与外因的有机结合。

3. 引入竞争机制

实施标志的委托管理，本身即意味着打破了“岗位终身制”。每一个被委托机构都可能因丧失了其工作条件或责任心而随时失去被委托的地位，每一个不在委托之列的机构都存在竞争获得委托的机会。因而，委托管理制引入了竞争机制，而竞争则可以带来生机，加速发展。

4. 体现绿色食品的社会化特点

实施标志的委托管理，打破了行业界限和部门垄断，符合绿色食品质量控制从土地到餐桌一条龙的产业化特点，也体现了绿色食品“大家的事业大家办”的社会化特点，不仅有利于吸收各行业人士的关心和支持，而且有利于绿色食品在相关各行业的发展。从质量认证的角度看，实施委托管理的方式，符合认证、检查、监督相分离的原则，更充分地体现了绿色食品认证的科学性和公正性。

目前，中国绿色食品发展中心已在全国 30 多个省、市、自治区委托了绿色食品标志管理机构，形成了一支网络化的管理队伍。这些委托管理机构形成了区域性的分中心，对区域绿色食品发展起到重要作用；从宏观角度看，是事业网络中必不可少的结点，承担着宣传发动、检查指导、信息传递等重要任务，对事业的兴衰成败起着非常重要的作用。这支队伍具有自己鲜明的特色：事业心强，有活力，不论所在单位是行政性的还是事业性的，均不受干扰，直接对委托人负责，对法律负责。

第四节　绿色食品标志管理的内容

绿色食品标志是一种质量证明商标。使用时必须遵守《中华人民共和国商标法》的规定，一切假冒、伪造或使用与该标志近似的标志，均属违法行为，各级工商行政部门均有权依据有关法律和条例予以处罚。绿色食品标志的管理分为法律管理、行政管理、消费者监督管理。

标志管理工作，是绿色食品的基础性工作。做好标志管理工作，能促进绿色食品树立起鲜明的市场形象，而标志的市场信誉，既是消费者重要的价值取向因素，又是生产者开发绿色食品的动力因素。因此通过标志管理，能引导企业开发绿色食品；通过标志管理，能规范绿色食品企业的生产行为；通过标志管理，能纯化绿色食品市场环境，进而达到发展绿色食品事业的最终目的。

绿色食品标志工作的内容，从大类上可划分成以下几个部分。

一、标志商标的注册

早在 1990 年，绿色食品工程启动之初，中国绿色食品发展中心就借鉴国际羊毛局的经验，推出一个由太阳、植物叶片和蓓蕾组成的圆形标志来标识绿色食品与普通食品的不同，继而将此标志作为商标注册，奠定了标志本身的法律地位。1993 年，国家工商行政管理总局发布《集体商标、证明商标注册管理办法》后，绿色食品标志成为中国第一例证明商标。

为什么一定要把标志注册为商标？因为绿色食品是市场经济的产物，它必然要进入国内、国际两个市场。随着市场国际化进度的加快，我国已成为全球竞争的主要市场，市场竞争就是商品的竞争，而商品的竞争往往表现为品牌的竞争、商标的竞争。其实品牌和商标并不是完全相同的概念，品牌和名牌只不过是大众的通俗说法，通常表达的是地域概念，而商标却是具有法律地位的概念，而且是一个国际化概念。对消费者而言，商标（尤其是证明商标）是产品品质和价值的保证；对企业而言，商标是推销产品和服务，掌握市场的商战利器，使企业创造利润、持续发展的动力；对国家而言，商标，特别是驰名商标的多少，在一定程度上反映出这个国家的经济实力和技术水平，体现出这个国家的综合实力。对绿色食品事业而言，绿色食品标志商标是管理和发展事业的法律基础。

绿色食品商标的注册内容包括四个方面。

① 绿色食品注册商标分别为四种形式。绿色食品标志图形；中文“绿色食品”四字；英文“Green food”；上述中英文与标志图形的组合形式。

② 商标注册类别。核定使用商品类别为第一、二、三、五、二十九、三十、三十一、三十二、三十三类共九大类。其中标志图形注册核定使用别为第五、二十九、三十、三十一、三十二、三十三类共六大类。

③ 商标注册证号。第 892107 号至第 892139 号，共 33 件。

④ 商标注册人。中国绿色食品发展中心。

二、注册商标标志的委托管理

以商标标志委托管理的方式，组织全国的绿色食品管理队伍，是绿色食品事业的一大特点。绿色食品是改革开放和市场经济的产物，必须按市场规律办事。从市场宏观形势看，绿色食品的国际市场比国内市场成熟，国内沿海开放地区的市场需求比中西部欠发达地区的需求大；从消费人群结构分析，绿色食品消费者明显偏于高收入阶层和高知识阶层；从生产地的生态环境条件和开发产品的迫切性而言，北方地区优于南方地区等。绿色食品的管理形式必须服从于工作内容。

中国绿色食品发展中心是代表国家管理绿色食品事业发展的唯一权力机构，依照《绿色食品标志管理办法》对标志的申请、资格审查、标志颁发及使用等进行全面管理。本着“谁有条件和积极性就委托谁”的原则，中国绿色食品发展中心委托各地相应的机构管理绿色食品标志，不仅体现了因地制宜、因人制宜、因时制宜的实事求是的态度，而且对绿色食品事业长期健康、稳定发展十分有益。

三、绿色食品标志申报

按照《绿色食品标志管理办法》规定，凡具有绿色食品生产条件的单位和个人，如申请使用绿色食品标志者，均可成为绿色食品标志使用权的申请人。

1. 申请使用绿色食品标志的程序

① 申请人填写《绿色食品标志使用申请书》一式两份，报所在省（自治区、直辖市、计划单列市）绿色食品委托管理机构。

② 各委托管理机构标志专职管理人员赴企业进行实地考察。考察合格者由定点环境监测中心对该项产品或原料的产地进行环境监测与评价。

③ 绿色食品标志专职管理人员结合考察情况及环境评价结果对申请材料进行初审，并将初审合格的材料报中国绿色食品发展中心。

④ 中国绿色食品发展中心对申报材料进行审核，合格的通知绿色食品委托管理机构对申报产品进行抽检，并由定点的食品监测机构依据绿色食品标准进行检测。

⑤ 中国绿色食品发展中心对检测合格的产品进行终审。

⑥ 终审合格的申请人与中国绿色食品发展中心签订“绿色食品标志使用合同”。不合格者，当年不再受理其申请。

⑦ 中国绿色食品发展中心对申报合格的产品进行编号，并颁发绿色食品标志使用证书。

⑧ 申请人对环境监测结果或产品抽检结果有异议，可向中国绿色食品发展中心提出仲裁检测申请。中国绿色食品发展中心委托二家或二家以上的定点监测机构对其重新检测，并依据有关规定作出裁决。

2. 申报工作中的几个问题

① 绿色食品申报表的农药、肥料使用情况表必须由种植单位或当地技术推广单位的主要技术负责人填写、签字，并加盖种植单位或技术推广单位公章，必须如实填写当年农药、肥料的使用情况，如所用农药、肥料品种为非常用品种或当地配制、生产的品种，应附该产品的使用说明书。

② 种植规程的编制应体现绿色食品生产的特点，贯彻《生产绿色食品的农药使用准则》和《生产绿色食品的肥料使用准则》，病虫草鼠害的防治应以生物、物理、机械防治为主，施肥以有机肥为基础，内容包括立地条件（环境质量、肥力水平）、品种与茬口、育苗与移栽、种植密度、田间管理（包括肥、水等）、病虫草鼠害的防治、收获等。规程内容应与申请表中的农药、肥料使用情况一致，并正式打印文本，加盖种植单位或技术推广单位公章。

③ 绿色食品标志使用满三年后，第一次续报，若企业申报规模无变化，可不进行环境监测，若规模扩大，在扩展的范围内补点监测。续报时，企业要交回前一周期的标志使用证书。到期未续报的企业，视为自动放弃标志使用权，由中国绿色食品发展中心委托省绿办收回证书，公告于众，并限定企业在 6 个月内将带有绿色食品标志的包装物及相关物品全部清理。

四、绿色食品标志使用管理

绿色食品的质量保证，涉及国家利益，也涉及消费者的利益，全社会都应该从这个利益出发，加强对绿色食品的质量及标志正确使用的监督管理。

绿色食品标志使用管理，是一个动态的监管过程。因此和其他证明商标不同，绿色食品标志不仅是对认证许可企业或产品的最终质量证明，还是对其生产体系、管理体系、服务体系的生态及质量全程序控制证明，具有周期性和时效性。

根据《中华人民共和国商标法》、《绿色食品标志管理办法》等相关法律规定，各企业在使用绿色食品标志时应注意以下几点。

① 绿色食品标志必须使用在经中国绿色食品发展中心许可的产品上。绿色食品标志只能用于按《绿色食品标志管理办法》规定的程序，逐级审查，检验并经中心颁发使用证书的产品或产品有关事宜上，即使与已使用标志产品出自同一生态环境或同一生产过程，用户也不得自行认定其能够使用绿色食品标志。

绿色食品商标标志在中国、日本、香港等已注册的国家和地区受相关法律保护。绿色食品生产企业在出口产品上使用绿色食品商标须经中国绿色食品发展中心同意，并执行《绿色食品出口产品管理暂行办法》。

企业取得绿色食品标志后，不能擅自扩大标志使用的范围。以下几点均属违规行为。

a. 取得绿色食品标志使用权的企业在未获标企业产品上使用绿色食品商标。

如某饮料生产企业产品有苹果汁、桃汁、橙汁等，其中仅苹果汁获得了绿色食品标志使用权，而企业在桃汁、橙汁的包装上也使用绿色食品标志。

b. 取得绿色食品标志使用权的企业在获标产品的系列产品（未获标）上使用绿色食品标志。

如某茶厂云雾绿茶获得标志使用权后，在其系列产品但未申报绿标的银毫绿茶上使用绿色食品标志。

c. 取得绿色食品标志使用权的企业在其合资或联营的企业产品上使用绿色食品商标标志。

如山东省某奶粉厂生产的 A 牌奶粉获得标志使用权后，擅自在其河南省联营企业生产的 B 牌奶粉上使用绿色食品标志。

d. 取得绿色食品标志使用权的企业在兼并的企业（未经中国绿色食品发展中心认证）生产的同类产品上使用绿色食品商标。

e. 经销单位用自己单位的名称（作为生产者）销售取得绿色食品标志使用权的产品，并在该产品上使用绿色食品商标。

f. 取得绿色食品标志使用权的企业未经中国绿色食品发展中心许可（书面同意），私发附属证书或将绿色食品标志及其编号转让给其他单位或个人。

② 获得绿色食品标志使用权后，半年内必须使用绿色食品标志。绿色食品标志是中国绿色食品发展中心在国家工商行政管理总局商标局注册的质量证明商标。作为商标的一种，该标志具有商标的普遍特点，只有使用才会产生价值。若取得标志使用权后长期不使用绿色食品标志，还会妨碍中绿中心的管理工作。因而，企业应尽快使用绿色食品标志。

③ 绿色食品标志在产品包装上使用时，须严格按照《中国绿色食品商标标志设计使用规范手册》的规范要求正确设计，并经中国绿色食品发展中心审定。必须做到标志图形、“绿色食品”文字、编号及防伪标签的“四位一体”。

④ 许可使用绿色食品标志的产品，在产品促销广告时，必须使用绿色食品标志。在名片、台历、灯箱、运输车和办公楼上或电视广告中使用绿色食品标志时，也必须符合《中国绿色食品商标标志设计使用规范手册》要求。

⑤ 使用绿色食品标志的单位和个人须严格履行“绿色食品标志使用协议”。并按期交纳标志使用费，对于未如期交纳费用的企业，中国绿色食品发展中心有权取消其标志使用权，并公告于众。

⑥ 获得绿色食品标志使用权的企业不得擅自改变生产条件、产品标准及工艺。在改变其生产条件、工艺、产品标准及注册商标前，须报经中国绿色食品发展中心批准。另外，企业名称、法人代表等变更须及时报发展中心备案。

⑦ 获得绿色食品标志使用权的企业应积极参加各级绿色食品管理部门的绿色食品知识、技术及相关业务的培训。

⑧ 获得绿色食品标志使用权的企业应按照中国绿色食品发展中心要求，定期提供有关获得标志使用权的产品的当年产量，原料供应情况，肥料、农药的使用种类、方法、用量，添加剂使用情况，产品价格，防伪标签使用情况等内容。不得弄虚作假。

⑨ 由于不可抗拒的因素暂时丧失绿色食品生产条件，生产者应在一个月内报告省、中国绿色食品发展中心两级绿色食品管理机构，暂时终止使用绿色食品标志，待条件恢复后，经中国绿色食品发展中心审核批准，方可恢复使用。

⑩ 绿色食品标志编号的使用权以核准使用的产品为限。未经中国绿色食品发展中心批准，不得将绿色食品标志及其编号转让给其他单位或个人。

⑪ 绿色食品标志使用权自批准之日起三年有效。要求继续使用绿色食品标志的，需在

有效期满前九十天内重新申报。未重新申报的，视为自动放弃其使用权。绿色食品商标在AA级绿色食品产品上，有效使用期为一年（农作物为一个生长周期）。绿色食品生产基地标志使用期限为六年。在使用期内均需向中国绿色食品发展中心交纳标志使用费。

⑫ 使用绿色食品标志的单位和个人，在有效的使用期限内，应接受中国绿色食品发展中心指定的环保、食品监测部门对其使用标志的产品及生态环境进行抽检，抽检不合格的，撤销标志使用权，在本使用期限内，不再受理其申请。

⑬ 对侵犯标志商标专用权的，被侵权人可以根据《中华人民共和国商标法》向侵权人所在地的县级以上工商行政管理部门要求处理，也可以直接向人民法院起诉。

⑭ 凡违反《绿色食品标志管理办法》规定的，由农业部撤销其绿色食品标志使用权，收回绿色食品标志使用证书及编号，造成损失的，责令其赔偿损失。

⑮ 自动放弃绿色食品标志使用权或使用权被撤销的，由中国绿色食品发展中心公告于众。

五、绿色食品标志监督管理

绿色食品是20世纪90年代初提出的一种新的食品科学发展观念，经历了启动、加速、全面推进三个发展阶段，现在已成功引导了无公害食品、有机食品安全生产的发展方向，顺应了市场消费需求，并将逐步成为打造农业精品品牌，带动农产品市场竞争力全面提升的主力军。同时绿色食品在其发展过程中，形成了标志管理的独特体系和模式。

绿色食品标志是连接绿色食品管理者、生产者、消费者的桥梁。绿色食品管理机构对申报的企业或产品进行全方位的考察，并履行相关的规定程序，才能证明生产者产品的质量品质，这种行为不是单方面的经济行为，而是一种社会性的公益行为。所以绿色食品标志所有者及管理人员许可在使用绿色食品标志过程中，对于其认证产品及环境评价的标准、结果必须公示，接受社会监督，以督促绿色食品标志管理者坚持标准，公正、公平。生产企业使用了绿色食品标志，就等于向绿色食品管理者、生产者作出了质量、安全及环境生态保护的承诺，因此必须接受社会尤其是绿色食品管理者、消费者的监督。对于消费者来说，在日常生活中要多了解绿色食品及食品安全的相关知识，用生态消费新观念指导消费，不食用违反科学生态观的假冒伪劣食品。这样，一方面可以保护自己的权益不致受到伤害，另一方面，也是对绿色食品标志产品的监督、支持和保护。绿色食品管理者和政府职能部门及新闻媒体的联合执法及宣传合作也是绿色食品标志监督管理的重要内容。

具体来说，绿色食品监督管理包含以下几方面内容。

1. 年审制

中国绿色食品发展中心对绿色食品标志进行统一的监督管理，并根据使用单位的生产条件、产品质量状况、标志使用情况、合同的履行情况、环境及产品的抽检（复检）结果及消费者的反映对绿色食品标志使用证书实行年审。年审不合格者，取消产品的标志使用权，并公告于众，由各省绿色食品标志专职管理人员负责收回证书，并上报中心。

2. 抽检

中国绿色食品发展中心根据使用单位的年审情况，于每年初下达抽检任务，指定定点的环境监测机构、食品监测机构对使用标志的产品及其产地生态环境质量进行抽检。抽检不合格者，取消其标志使用权，并公告于众。

3. 标志专职管理人员的监督

绿色食品标志专职管理人员对所辖区内的绿色食品生产企业每年至少进行一次监督考察，并将情况汇报中心。

4. 消费者监督

标志使用单位应接受全部消费者的监督。中国绿色食品发展中心对消费者发现不合标准的绿色食品将责成生产企业进行经济赔偿，中心将对举报者予以奖励，对产品质量不合格的单位进行查处。

对下列侵犯绿色食品标志商标专用权的行为，中国绿色食品发展中心、绿色食品委托管理机构可以根据自己的意愿请求工商行政管理机关查处，也可直接向人民法院起诉，被许可使用绿色食品标志的企业也可参与上述请求。

① 未经中国绿色食品发展中心许可，在中心注册的九大类商品或类似商品上使用与绿色食品标志相同或者近似的商标；

② 销售明知是假冒绿色食品标志的商品的；

③ 伪造、擅自制造绿色食品标志或销售伪造、擅自制造的绿色食品标志的；

④ 给绿色食品标志专用权造成其他损害的。

六、绿色食品标志法制管理

绿色食品是我国社会由计划经济向社会主义市场经济转型期应运而生的。因此，绿色食品的每一步发展，都不可避免地带有时代的特征。与建设法治国家的步伐相适应，绿色食品的发展离不开法规的引导与约束，因此，法制化管理从绿色食品发展初始，就是绿色食品标志管理的核心。绿色食品标志属知识产权范畴。中国绿色食品发展中心及各地委托管理机构和获得绿色食品标志使用权的企业，必须执行《中华人民共和国商标法》、《集体商标、证明商标注册和管理办法》、《中华人民共和国产品质量法》、《中华人民共和国反不正当竞争法》、《关于依法使用、保护“绿色食品”商标标志的通知》（工商标字［1992］第77号）、《加强对以“绿色食品”冠名单位实行登记注册的监督管理》（工商标字［1996］第82号）、《全国人民代表大会常务委员会关于惩治假冒注册商标犯罪的补充规定》、《消费者权益保护法》等相关法律法规，维护各方面的合法权益，维护绿色食品标志的整体形象。与此相适应，农业部、中国绿色食品发展中心依据国家法律法规，制定了《绿色食品标志管理办法》、《绿色食品标志商标使用证管理办法》、《绿色食品标志管理公告、通报实施办法》、《中国绿色食品商标标志设计使用规范手册》、《绿色食品标志监督管理员注册管理办法》、《绿色食品生产资料认定推荐管理办法》、《绿色食品年度抽检工作管理办法》等一系列管理办法，对绿色食品生产环境、产品质量也制定了相应的标准。通过这些法律法规的贯彻实施，使绿色食品的管理以绿色食品标志的管理为其法律体现形式，保证了绿色食品在地域性、行业性差异客观存在的前提下质量特征的一致性，维护了绿色食品标志商标的权威性。

思　考　题

1. 简述绿色食品标志及其含义。
2. 怎样识别绿色食品？
3. 简述绿色食品标志管理的概念及特点。
4. 简述绿色食品标志管理的目的和作用。
5. 简述绿色食品标志管理原则。
6. 叙述绿色食品标志管理的内容。

第三章　绿色食品标准

学习目标

1. 掌握绿色食品标准的概念和构成。
2. 了解绿色食品标准的作用。
3. 了解绿色食品标准的制定原则。
4. 了解绿色食品标准及标准体系的特点。
5. 熟悉绿色食品标准的适用性（包括绿色食品产地环境质量标准、绿色食品生产技术标准、绿色食品最终产品标准、绿色食品包装与标签标准）。

标准是为了在一定范围内获得最佳秩序，经协商一致制定并由公认机构批准，共同使用的或重复使用的一种规范性文件。标准是一种特殊的文件，通过标准对重复性事物做出统一规定，借以规范人们的工作、生活、生产行为。就生产而言，任何产品都是按照一定的标准生产的，任何技术都是依据一定的标准操作的。市场经济的本质是竞争，竞争的核心是质量，质量的关键在于能否满足用户的需求。标准是质量的“规矩”，因此说“没有标准就没有质量”；换言之，“质量是执行标准的结果”。如生产绿色食品蔬菜，怎样使千家万户在千差万别的土壤和变化的气候条件下生产活动达到统一呢？唯一的办法是通过制订、发布和实施标准。绿色食品标准是绿色食品认证和管理的依据和基础，是整个绿色食品事业的重要技术支撑，是长期从事绿色食品工作的经验总结和智慧结晶。

我国标准分为国家标准、行业标准、地方标准和企业标准共四级。国家标准高于行业标准，在国家标准公布之后，相关的行业标准即行废止。在公布国家标准或行业标准之后，相关的地方标准即行废止。国家鼓励企业制定严于国家标准、行业标准或地方标准要求的企业标准，在企业内部适用。绿色食品标准属国家行业标准。

第一节　绿色食品标准的概念、构成及作用

一、绿色食品标准的概念

绿色食品标准是应用科学技术原理，结合绿色食品生产实践，在绿色食品生产中必须遵守、绿色食品质量认证时必须依据的技术性文件。绿色食品标准是国家行业标准，对经过认证的绿色食品生产企业来说，是强制性标准，必须严格执行。

二、绿色食品标准的构成

绿色食品标准以“从土地到餐桌”全程质量控制为核心，包括产地环境质量标准、生产技术标准、最终产品标准、包装与标签标准、贮藏运输标准以及其他相关标准六个部分。

1. 绿色食品产地环境质量标准

制定这项标准的目的：一是强调绿色食品必须产自良好的生态环境地域，以保证绿色食品最终产品的无污染、安全性；二是促进对绿色食品产地环境的保护和改善。

绿色食品产地环境质量标准规定了产地的空气质量标准、农田灌溉水质标准、渔业水质标准、畜禽养殖用水标准和环境土壤质量标准的各项指标以及浓度限值、监测和评价方法，提出了绿色食品产地土壤肥力分级和土壤质量综合评价方法。对于一个给定的污染物在全国范围内其标准是统一的，必要时可增设项目，适用于生产绿色食品（AA级和A级）的农田、菜地、果园、牧场、养殖场和加工厂。

这项标准包括《绿色食品产地环境技术条件》和《绿色食品产地环境质量现状评价技术导则》，要求绿色食品初级产品和加工产品主要原料的产地，其生长区域内没有工业企业的直接污染，水域上游和上风口没有污染源对该地区域直接构成污染威胁，从而使产地区域内大气、土壤、水体等生态因子符合绿色食品产地生态环境质量标准，并有一套保证措施，确保该区域在今后的生产过程中环境质量不下降。

2. 绿色食品生产技术标准

绿色食品生产技术标准指绿色食品种植、养殖和食品加工各个环节必须遵循的技术规范。该标准的核心内容是：在总结各地作物种植、畜禽饲养、水产养殖和食品加工等生产技术和经验的基础上，按照绿色食品生产资料使用准则要求，指导绿色食品生产者进行生产和加工活动。

绿色食品生产过程的控制是绿色食品质量控制的关键环节。绿色食品生产技术标准是绿色食品标准体系的核心，它包括绿色食品生产资料使用准则和绿色食品生产技术操作规程两部分。

绿色食品生产资料使用准则是对生产绿色食品过程中物质投入的一个原则性规定，它包括生产绿色食品的农药、肥料、食品添加剂、饲料添加剂、兽药和水产养殖药的使用准则，对允许、限制和禁止使用的生产资料及其使用方法、使用剂量、使用次数和休药期等作出了明确规定。

绿色食品生产技术操作规程是以上述准则为依据，按作物种类、畜牧种类和不同农业区域的生产特性分别制定的，用于指导绿色食品生产活动，规范绿色食品生产技术的技术规定，包括农产品种植、畜禽饲养、水产养殖和食品加工等技术操作规程。

3. 绿色食品最终产品标准

指最终产品必须由定点的食品监测机构依据绿色食品产品标准检测合格。绿色食品最终产品标准是以国家标准为基础，参照国际标准和国外先进技术制定的，其突出特点是产品的卫生指标高于国家现行标准。

该标准是衡量绿色食品最终产品质量的指标尺度。它虽然与普通食品的国家标准一样，规定了食品的外观品质、营养品质和卫生品质等内容，但其卫生品质要求高于国家现行标准，主要表现在对农药残留和重金属的检测项目种类多、指标严。而且，使用的主要原料必须是来自绿色食品产地的、按绿色食品生产技术操作规程生产出来的产品。绿色食品最终产品标准反映了绿色食品生产、管理和质量控制的先进水平，突出了绿色食品产品无污染、安全的卫生品质。

4. 绿色食品包装与标签标准

该标准规定了进行绿色食品产品包装时应遵循的原则，包装材料选用的范围、种类，包装上的标识内容等。要求产品包装从原料、产品制造、使用、回收和废弃的整个过程都应有利于食品安全和环境保护，包括包装材料的安全、牢固性，节省资源、能源，减少或避免废弃物产生，易回收循环利用，可降解等具体要求和内容。

绿色食品产品标签，除要求符合国家《食品标签通用标准》外，还要求符合《中国绿色食品商标标志设计使用规范手册》(以下简称《手册》)规定，该《手册》对绿色食品的标准图形、标准字形、图形和字体的规范组合、标准色、广告用语以及在产品包装标签上的规范应用均作了具体规定。

此项标准的目的是防止产品遭受污染、资源过度浪费，并促进产品销售，保护广大消费者的利益，同时有利于树立绿色食品产品整体形象。

5. 绿色食品贮藏运输标准

该标准对绿色食品贮运的条件、方法、时间作出规定，以保证绿色食品在贮运过程中不遭受污染、不改变品质，并有利于环保、节能。

6. 绿色食品其他相关标准

包括绿色食品生产资料认定标准、绿色食品生产基地认定标准等，这些标准都是促进绿色食品质量控制管理的辅助标准。

以上六项标准对绿色食品产前、产中和产后全过程质量控制技术和指标作了全面的规定，构成了绿色食品一个科学、完整的质量标准体系(图 3-1)。这样既保证了绿色食品无污染、安全、优质、营养的品质，又保护了产地环境，并使资源得到合理利用，以实现绿色食品的可持续生产。

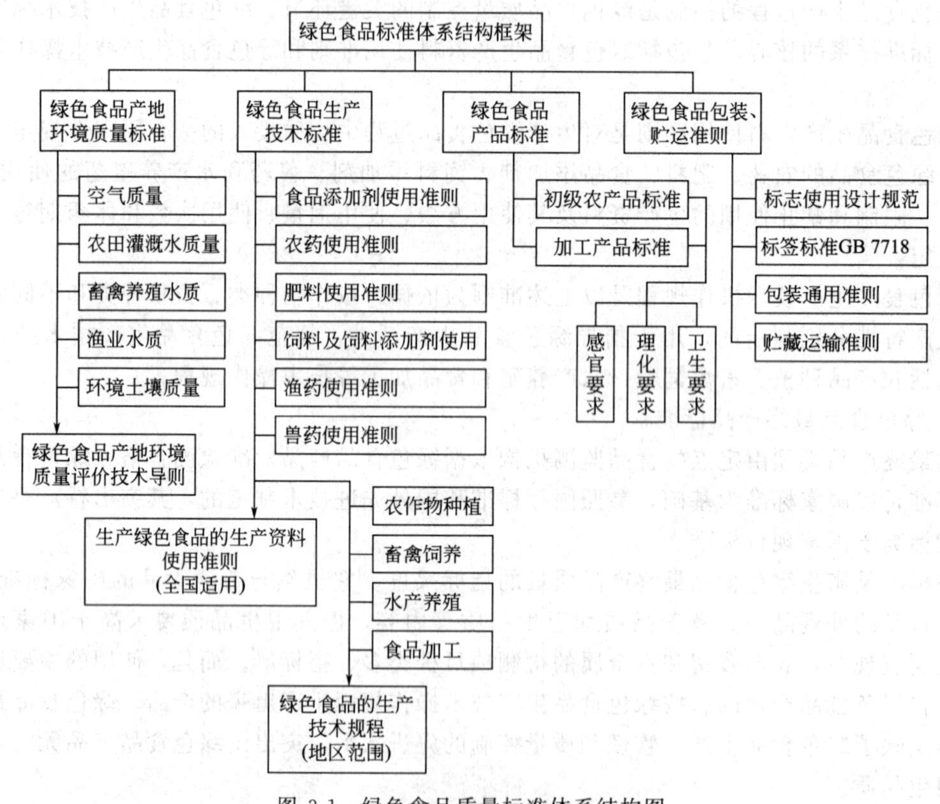

图 3-1 绿色食品质量标准体系结构图

三、绿色食品标准的作用

绿色食品标准作为绿色食品生产经验的总结和科技发展的结果，对绿色食品产业发展所起的作用表现在以下几个方面。

1. 绿色食品标准是进行绿色食品质量认证和质量体系认证的依据

质量认证指由可以充分信任的第三方证实某一经鉴定的产品或服务符合特定标准或技术

规范的活动。质量体系认证指由可以充分信任的第三方证实某一经鉴定产品的生产企业，其生产技术和管理水平符合特定标准的活动。由于绿色食品认证实行产前、产中、产后全过程质量控制，同时包含了质量认证和质量体系认证。因此，无论是绿色食品质量认证还是质量体系认证都必须有适宜的标准依据，否则就不具备开展认证活动的基本条件。

2. 绿色食品标准是进行绿色食品生产活动的技术、行为规范

绿色食品标准不仅是对绿色食品产品质量、产地环境质量、生产资料毒负效应的指标的规定，更重要的是对绿色食品生产者、管理者的行为的规范，是评价、监督和纠正绿色食品生产者、管理者技术行为的尺度，具有规范绿色食品生产活动的功能。

3. 绿色食品标准是推广先进生产技术，指导农业及食品加工业提高生产水平的技术文件

绿色食品标准设置的质量安全指标比较严格，绿色食品标准体系则为企业如何生产出符合要求的产品提供了先进的生产方式、工艺和生产技术指导。例如，在农作物生产方面，为替代或减少化肥用量、保证产量，绿色食品标准提供了一套根据土壤肥力状况，将有机肥、微生物肥、无机（矿质）肥和其他肥料配合施用的方法；为保证无污染、安全的卫生品质，绿色食品标准提供了一套经济、有效的杀灭致病菌、降解硝酸盐的有机肥处理方法；为减少喷施化学农药，绿色食品标准提供了一套从保护整体生态系统出发的病虫草害综合防治技术。在食品加工方面，为避免加工过程中的二次污染，绿色食品标准提出了一套非化学方式控制害虫的方法和食品添加剂使用准则，从而促使绿色食品生产者采用先进加工工艺、提高技术水平。

4. 绿色食品标准是维护绿色食品生产者和消费者利益的技术和法律依据

绿色食品标准作为质量认证依据，对接受认证的生产企业来说，属强制执行标准，企业生产的绿色食品产品和采用的生产技术都必须符合绿色食品标准要求。当消费者对某企业生产的绿色食品提出异议或依法起诉时，绿色食品标准就成为裁决的合法技术依据。同时，国家工商行政管理部门也将依据绿色食品标准打击假冒绿色食品产品的行为，保护绿色食品生产者和消费者的利益。

5. 绿色食品标准是提高我国食品质量，增强我国食品在国际市场上的竞争力，促进产品出口创汇的技术目标依据

绿色食品标准是以我国国家标准为基础，参照国际标准和国外先进标准制定的，既符合我国国情，又具有国际先进水平。对我国大多数食品生产企业来说，通过实施绿色食品标准，能够有效地促使技术改造，加强生产过程的质量控制，改善经营管理，提高员工素质。绿色食品标准也为我国加入 WTO 后，开展可持续农产品及有机农产品平等贸易提供了技术保障，为我国农业，特别是生态农业、可持续发展农业在对外开放过程中提高自我保护、自我发展能力创造了条件。

第二节 绿色食品标准的制定

一、制定绿色食品标准的目的

制定绿色食品标准的目的有以下四个：

① 保证绿色食品的质量；

② 合理选择符合绿色食品生产要求的环境条件；

③ 防止人类生产和生活活动产生的污染对绿色食品产地的影响；

④ 促进生产者通过综合措施改进土壤肥力。

二、绿色食品标准的制定原则

绿色食品标准从发展经济和保护生态环境相结合的角度规范绿色食品生产者的经济行为。在保证食品产量的前提下，最大限度地通过促进生物循环，合理配置和节约资源，减少经济行为对生态环境的不良影响和提高食品质量，维护和改善人类生存和发展的环境。为此，确定了制定标准所遵循的原则。

① 生产优质、营养、对人畜安全的食品和饲料，并保证获得一定产量和经济效益，兼顾生产者和消费者双方的利益。

② 保证生产地域内环境质量不断提高，其中包括保持土壤的长期肥力和洁净，有助于水土保持；保证水资源和相关生物不遭受损害，有利于生物循环和生物多样性的保持。

③ 有利于节省资源，其中包括要求使用可更新资源、可自然降解和回收利用材料；减少长途运输、避免过度包装等。

④ 有利于先进科技的应用，以保证及时利用最新科技成果为绿色食品发展服务。

⑤ 有关标准和技术要求能够被验证。有关标准要求采用的检验方法和评价方法必须是国际、国家标准或技术上能够保证重复性的试验方法。

⑥ 绿色食品标准的综合技术指标不低于国际标准和国外先进标准的水平。同时，生产技术标准有很强的可操作性，易于被生产者所接受。

⑦ 在 AA 级绿色食品生产中禁止使用基因工程技术。

三、绿色食品标准的等级

绿色食品标准是由农业部发布的推荐性农业行业标准（NY/T），是绿色食品生产企业必须遵照执行的标准。

从 1996 年起，在绿色食品的申报审批过程中开始区分 AA 级和 A 级绿色食品，其中 AA 级绿色食品完全与国际接轨，各项标准均达到或严于国际同类食品。但在我国现有条件下，大量开发 AA 级绿色食品尚有一定的难度，因此将 A 级绿色食品作为向 AA 级绿色食品过渡的一个过渡期产品，它不仅在国内市场上有很强的竞争力，在国外普通食品市场上也有很强的竞争力。

也就是说，绿色食品标准分为两个技术等级，即 AA 级绿色食品标准和 A 级绿色食品标准。

为了和国际相关食品接轨，在标准上与其一致，目前 AA 级绿色食品标准已达甚至超过国际有机农业运动联盟的有机食品基本标准的要求，AA 级绿色食品已具备了走向世界的条件，这是 AA 级与 A 级的根本区别。它们的区别概括如表 3-1 所示。

表 3-1　AA 级与 A 级绿色食品的区别

项目	AA 级绿色食品	A 级绿色食品
环境评价	采用单项指数法，各项数据均不得超过有关标准	采用综合指数法，各项环境监测的综合污染指数不得超过1
生产过程	生产过程中禁止使用任何化学合成肥料、化学农药及化学合成食品添加剂	生产过程中允许限量、限时、限定方法使用限定品种的化学合成物质
产品	各种化学合成农药及合成食品添加剂均不得检出	允许限定使用的化学合成物质的残留量仅为国家或国际标准的 1/2，其他禁止使用的化学物质残留不得检出
包装标识标志编号	标志和标准字体为绿色，底色为白色，防伪标签的底色为蓝色，标志编号以 AA 结尾	标志和标准字体为白色，底色为绿色，防伪标签底色为绿色，标志编号以 A 结尾

四、制定绿色食品标准的依据

绿色食品标准从发展经济与保护环境相结合的角度规范绿色食品生产者的经济行为，根据绿色食品所面临的国内与国外两个市场，根据两个市场需求水平差异和绿色食品的生产条件，我国分别制定了AA级与A级绿色食品标准。制定AA级绿色食品认定准则的依据是以我国国家相关标准、法规、条例为基础，参照GB/T 24000—ISO 14000环境管理系列、有机农业运动国际联盟（IFOAM）、欧共体有机农业条例（2092/91）、美国、日本等国家的有机农业标准，结合我国绿色食品生产技术科技攻关成果，争取达到与国外有机食品标准接轨和互相认可的目的。制定A级绿色食品标准的依据是以我国国家标准、法规、条例为基础，参照国际标准和国外先进标准，例如FAO（联合国粮农组织）/WHO（世界卫生组织）的食品法典委员会（CAC）制定的标准，在绿色食品生产的四个关键环节上，综合技术水平优于国内执行标准并能被绿色食品生产企业普遍接受。例如，A级绿色食品的农药准则中明确禁止了剧毒、高毒、高残留或具有三致毒性（致畸、致癌、致突变）农药的使用，还规定许可使用的部分低中毒有机合成农药在一种作物的生长期内只允许使用一次。A级绿色食品的肥料准则要求化肥必须与有机肥配合使用，有机氮与无机氮之比不超过1∶1，同时禁止使用硝态氮肥料。为了突出绿色食品的特点，一系列保证食品无污染、少污染的要求和措施在各类准则中都有不同程度的体现。在建立《绿色食品　产地环境技术条件》时，编制者以现有国家大气环境、农田灌溉水、渔业水质、畜禽饲养用水等质量标准为基础，全面调查了包括大气、水、土壤中污染因子对农业生产的影响，结合各地环境监测站对绿色产地环境监测的近2600组数据的统计分析，进行了反复修改。为了促使生产者在生产中提高土壤肥力，标准中还提出了绿色食品的产地、土壤肥力分级和土壤质量的综合评价方法。

如果涉及一个具体的产品质量标准，编制者要经过大量的资料收集、调查研究、筛选对比和利用多年检测工作的经验来选定指标限值，而不是简单地在相关国家、国外标准的基础上盲目地加以“严格”界定。因此大多数产品标准都有较充足的制定依据，并可在绿色食品样品的抽检中逐项验证所选指标限值的可行性。以绿色食品大米为例，在分类品质指标、蒸煮和营养品质指标、加工质量指标等方面等同采用了相关国标与行标的一级要求，而没有另外立标；为了突出绿色食品的特点，在安全卫生指标上，编制者通过对48个大米样品的实际检测数据与我国和其他国家同类标准的比较分析，确立了防毒剂、有机磷、有机氯农药、黄曲霉素、重金属污染等有毒物质残留限量的严格指标，每项指标的限值在绝大多数绿色食品样品的抽检中是可以达到的。

在所有产品质量标准中，“严于”相关标准或者“不得检出”的项目正是绿色食品生产技术标准的使用准则中严格限制或禁止使用的有毒物质。因为绿色食品强调全过程的质量控制，在生产方式上通过推广操作规程，使生产的各个环节有机地融为一体，才能产生不同于普通食品的高品质。多年的实践证明，确立严格的绿色质量卫生指标是科学的。

总体来说，制定绿色食品标准的依据有以下几个：欧共体关于有机农业及其有关农产品和食品条例（2092/91）；IFOAM有机农业和食品加工基本标准；联合国食品法典委员会（CAC）标准；我国相关法律法规；我国国家环境标准；我国食品质量标准；我国绿色食品生产技术研究成果。

五、绿色食品标准体系建设中存在的问题

绿色食品标准体系建设是一项跨部门、跨学科的工作，是绿色食品事业发展的重要基础：它的每一步骤都是很复杂的过程，需要在充分掌握大量资料和试验数据的基础上才能确

定和实施。由于受到资金、时间、经验等条件的影响，标准体系建设还存在许多困难和问题，极大地制约了绿色食品开发和规范管理。例如，绿色食品标准体系同整个农业标准化体系建设的关系有待协调和理顺；绿色食品标准与国际有机食品标准互认的程序需抓紧实施；许多产品因没有标准而得不到开发；无公害食品、生态食品等相关概念的兴起，消费者将会对绿色食品标准产生比较混乱的理解。同时，也应该看到，国外绿色壁垒的措施正在对我国出口贸易产生越来越大的影响，而我国国内没有建立有效的绿色技术性措施体系，一些国外产品进入我国后对人民健康和安全、对生态环境造成了不利影响。在这种新形势下，对绿色食品的标准建设又提出了新的要求。应充分认识到标准建设工作的重要性，根据国际市场的要求，结合我国的具体情况，抓紧绿色食品标准制定、修订工作和质量监督，以推动绿色食品的开发工作朝着正规化、标准化的方向发展。

第三节 绿色食品标准及标准体系的特点

一、绿色食品标准的特点

1. 实行全程质量控制

要求对绿色食品生产、管理和认证进行“从土地到餐桌”全程质量控制和行为规范，既要求保证产品质量和环境质量，又要求规范生产操作和管理动作。

以绿色食品猪肉为例，绿色食品全程质量控制的主要环节包括以下几点。

① 饲料中主要原料成分如玉米、豆粕等要达到绿色食品质量标准要求；玉米、大豆基地环境（大气、土壤和灌溉用水）要通过环境监测，并符合绿色食品产地环境质量要求；玉米、大豆种植过程中投入品（农药、肥料）的使用要严格控制，并符合绿色食品农药、肥料使用准则的要求。

② 饲料添加剂要进行严格控制。如禁止使用任何药物性饲料添加剂，禁止使用激素类、安眠镇静类药品。饲料添加剂使用种类和方法要符合绿色食品饲料添加剂要求。

③ 对饲料加工应制定严格的管理制度，包括原料仓储、饲料加工、成品包装及仓储、与普通饲料区别管理体系。

④ 要求生产者供给动物充足的营养，提供良好的饲养环境，加强饲养管理，增强动物自身抗病力，生猪疾病以预防为主，建立严格的动物安全体系和生产记录制度。如饲养中必须使用兽药时，可以使用绿色食品允许使用的抗寄生虫药和抗菌药，但应严格遵守规定的作用与用途、使用对象、使用途径、使用剂量、疗程和注意事项。

⑤ 原则上要求有专用的绿色食品生猪屠宰、分割、冷藏车间，其卫生管理要符合绿色食品动物卫生准则的有关要求；要求建立严格的检验制度（如胴体检验、寄生虫检验）；屠宰厂、分割车间用水应符合绿色食品加工用水质量要求。

⑥ 猪肉产品质量应通过绿色食品定点产品监测机构的监测，符合绿色食品猪肉产品质量要求。

⑦ 猪肉产品包装、运输和仓储要符合绿色食品相应标准和规范要求。

2. 融入可持续发展的技术内容

绿色食品标准从发展经济与保护生态环境相结合的角度规范生产者的经济行为。在保证产品产量的前提下，最大限度地通过促进生物循环、合理配置资源，减少经济行为对生态环境的不良影响和提高食品质量，维护和改善人类生存和发展的环境。

3. 有利于农产品国际贸易发展

AA级绿色食品标准的制度完全符合国际有机农业运动联盟（IFOAM）的标准框架和基本要求，并充分考虑了欧盟、美国、日本等国家有机农业及其农产品管理条例或法案要求。A级绿色食品标准制定也较多地采纳了联合国食品法典委员会（CAC）的标准内容和欧盟标准，便于与国际相关标准接轨。

二、绿色食品标准体系的特点

1. 内容系统性

绿色食品标准体系是由产地环境质量标准、生产过程标准（包括生产资料使用准则、生产操作规程）、产品标准、包装标准等相关标准共同组成的，贯穿绿色食品生产的产前、产中、产后全过程。

2. 制定科学性

绿色食品标准是中国绿色食品发展中心委托中国农业大学、中国农业科学院、农业部食品检测中心等国内权威技术机构的上百位专家，经过上千次试验，检测和查阅了国内外现行标准而制定的，目前有几十个绿色食品产品标准已作为农业部行业标准颁发。

3. 指标严格性

绿色食品的标准无论从产品的感官性状、理化性状、生物性状都严于或等同于现行的国家标准。如大气质量采用国家一级标准，农残限量仅为有关国家和国际标准的1/2。

4. 控制项目多样性

绿色食品环境质量标准中土壤指标；产品标准增加营养质量指标等项目。控制有害物质进入，保证了绿色食品质量。

三、学习绿色食品标准的意义

绿色食品标准属推荐性标准范畴，依国家现行法规规定，凡是申请取得了绿色食品认证标志的产品，就必须按照食品行业标准实施规范性管理，是带强制性的，也是大家不容忽视的问题。学习绿色食品标准有利于全面理解制定绿色食品标准的背景及其标准之间关系。绿色食品问世已有十余年的历史，它是致力于保障食品安全，维护和改善生产环境，促进农业发展，造福子孙万代的系统工程，在我国历史上没有先例。所以，绿色食品是我国社会主义现代化建设行列中的朝阳行业，只要共同努力，就能进一步规范绿色食品的全程质量管理，提高绿色食品的科技含量，推动绿色食品的开发，使绿色食品事业迈上新台阶。

第四节　绿色食品标准的适用性

中国绿色食品发展中心为对绿色食品实施“从土地到餐桌”的全程质量控制，特制定了产地环境质量标准、生产技术标准、最终产品标准、产品包装与标签标准、贮藏运输标准和其他相关标准六个部分，共百余项内容。每项标准都给出了适用范围和具体要求。目前使用的绿色食品标准名录见表3-2。

一、绿色食品产地环境质量标准

为了保证绿色食品的质量，合理选择符合绿色食品生产要求的环境条件，防止人类生产和生活活动产生的污染对绿色食品产地的影响，并促进生产者通过综合措施增施改进土壤肥力，特制定《绿色食品　产地环境质量标准》（NY/T 391—2000）。该标准从2000年4月1日实施，同时代替1995年8月颁布的《绿色食品　产地生态环境质量标准》。

表 3-2 现行绿色食品标准目录

序 号	标 准 号	标 准 名 称	备 注
1	NY/T 391—2000	绿色食品 产地环境质量标准	
2	NY/T 392—2000	绿色食品 食品添加剂使用准则	
3	NY/T 393—2000	绿色食品 农药使用准则	
4	NY/T 394—2000	绿色食品 肥料使用准则	
5	NY/T 471—2000	绿色食品 饲料和饲料添加剂使用准则	
6	NY/T 473—2001	绿色食品 动物卫生准则	
7	NY/T 658—2002	绿色食品 包装通用准则	
8	NY/T 289—1995	绿色食品 咖啡粉	
9	NY/T 288—2002	绿色食品 茶叶	
10	NY/T 654—2002	绿色食品 白菜类蔬菜	
11	NY/T 655—2002	绿色食品 茄果类蔬菜	
12	NY/T 657—2002	绿色食品 乳制品	
13	NY/T 418—2000	绿色食品 玉米	
14	NY/T 420—2000	绿色食品 花生(果、仁)	
15	NY/T 421—2000	绿色食品 小麦粉	
16	NY/T 426—2000	绿色食品 柑橘	
17	NY/T 427—2000	绿色食品 哈密瓜	
18	NY/T 429—2000	绿色食品 黑打瓜籽	
19	NY/T 430—2000	绿色食品 食用红花籽油	
20	NY/T 431—2000	绿色食品 番茄酱	
21	NY/T 432—2000	绿色食品 白酒	
22	NY/T 433—2000	绿色食品 植物蛋白饮料	
23	NY/T 434—2000	绿色食品 果汁饮料	
24	NY/T 435—2000	绿色食品 水果、蔬菜脆片	
25	NY/T 436—2000	绿色食品 果脯	
26	NY/T 437—2000	绿色食品 酱腌菜	
27	NY/T 285—2003	绿色食品 豆类	
28	NY/T 743—2003	绿色食品 绿叶类蔬菜	
29	NY/T 744—2003	绿色食品 葱蒜类蔬菜	
30	NY/T 745—2003	绿色食品 根菜类蔬菜	
31	NY/T 746—2003	绿色食品 甘蓝类蔬菜	
32	NY/T 747—2003	绿色食品 瓜类蔬菜	
33	NY/T 748—2003	绿色食品 豆类蔬菜	
34	NY/T 749—2003	绿色食品 食用菌	
35	NY/T 750—2003	绿色食品 热带、亚热带水果	
36	NY/T 752—2003	绿色食品 蜂产品	
37	NY/T 753—2003	绿色食品 禽肉	
38	NY/T 754—2003	绿色食品 蛋及蛋制品	

续表

序　号	标　准　号	标准名称	备　注
39	NY/T 755—2003	绿色食品　渔药使用准则	
40	NY/T 273—2002	绿色食品　啤酒	
41	NY/T 840—2004	绿色食品　虾	
42	NY/T 841—2004	绿色食品　蟹	
43	NY/T 842—2004	绿色食品　鱼	
44	NY/T 843—2004	绿色食品　肉及肉制品	
45	NY/T 844—2004	绿色食品　温带水果	
46	NY/T 274—2004	绿色食品　葡萄酒	
47	NY/T 891—2004	绿色食品　大麦	
48	NY/T 892—2004	绿色食品　燕麦	
49	NY/T 893—2004	绿色食品　粟米	
50	NY/T 894—2004	绿色食品　荞麦	
51	NY/T 895—2004	绿色食品　高粱	
52	NY/T 896—2004	绿色食品　产品抽样准则	
53	NY/T 897—2004	绿色食品　黄酒	
54	NY/T 898—2004	绿色食品　含乳饮料	
55	NY/T 899—2004	绿色食品　冷冻饮品	
56	NY/T 900—2004	绿色食品　发酵调味品	
57	NY/T 901—2004	绿色食品　香辛料	
58	NY/T 902—2004	绿色食品　瓜子	
59	NY/T 1039—2006	绿色食品　淀粉及淀粉制品	
60	NY/T 1040—2006	绿色食品　食用盐	
61	NY/T 1041—2006	绿色食品　干果	
62	NY/T 1042—2006	绿色食品　坚果	
63	NY/T 1043—2006	绿色食品　人参和西洋参	
64	NY/T 1044—2006	绿色食品　藕及其制品	
65	NY/T 1045—2006	绿色食品　脱水蔬菜	
66	NY/T 1046—2006	绿色食品　焙烤食品	
67	NY/T 1047—2006	绿色食品　水果、蔬菜罐头	
68	NY/T 1048—2006	绿色食品　笋及笋制品	
69	NY/T 1049—2006	绿色食品　薯芋类蔬菜	
70	NY/T 1050—2006	绿色食品　龟鳖类	
71	NY/T 1051—2006	绿色食品　枸杞	
72	NY/T 1052—2006	绿色食品　豆制品	
73	NY/T 1053—2006	绿色食品　味精	
74	NY/T1055—2006	绿色食品　产品检验规则	
75	NY/T 1056—2006	绿色食品　贮藏运输准则	
76	NY/T 1054—2006	绿色食品　产地环境调查、监测与评价导则	
77	NY/T 419—2006	绿色食品　大米	
78	NY/T 422—2006	绿色食品　食用糖	
79	NY/T 751—2006	绿色食品　食用植物油	
80	NY/T 472—2006	绿色食品　兽药使用准则	

注：以上标准为现行标准，本目录之外的标准全部废止。

另外，为了确保《绿色食品　产地环境质量标准》（NY/T 391—2000）的正确实施，中国绿色食品发展中心在《绿色食品　产地环境质量现状评价纲要（试行）》的基础上，重新编制了《绿色食品　产地环境调查、监测与评价导则》（NY/T 1054—2006）。该导则规定了绿色食品产地环境的调查原则与方法，适用于绿色食品产地的环境调查、监测与评价。

下面简要介绍《绿色食品　产地环境质量标准》的有关内容。

1. 范围

本标准规定了绿色食品产地的环境空气质量、农田灌溉水质、渔业水质、畜禽养殖水质和土壤环境质量的各项指标及浓度限值、监测和评价方法。

本标准适用于生产绿色食品（AA级和A级）的农田、蔬菜地、果园、茶园、饲养场、放牧场和水产养殖场。

本标准还提出了绿色食品产地土壤肥力分级，供评价和改进土壤肥力状况时参考，列于附录之中，适用于栽培作物土壤，不适于野生植物土壤。

2. 引用标准

《环境空气质量标准》（GB 3095—1996），《农田灌溉水质标准》（GB 5084—92），《生活饮用水卫生标准》（GB 5749—85），《保护农作物的大气污染物最高允许浓度》（GB 9137—88），《渔业水质标准》（GB 11607—89），《土壤环境质量标准》（GB 15618—1995），《土壤全氮测定法（半微量开氏法）》（NY/T 53—87）（原GB 7173—87），《森林土壤颗粒组成（机械组成）的测定》（LY/T 1225—1999），《森林土壤有效磷的测定》（LY/T 1233—1999），《森林土壤速效钾的测定》（LY/T 1236—1999），《森林土壤阳离子交换量的测定》（LY/T 1243—1999）。

3. 定义

绿色食品产地环境质量即指绿色食品植物生长地和动物养殖地的空气环境、水环境和土壤环境质量。

4. 环境质量要求

绿色食品生产基地应选择在无污染和生态条件良好的地区。基地选点应远离工矿区和公路铁路干线，避开工业和城市污染源的影响，同时绿色食品生产基地应具有可持续的生产能力。

（1）空气环境质量要求　要求产地周围不得有大气污染源，特别是上风口没有污染源；不得有有害气体排放，生产生活用的燃煤锅炉需要除尘、除硫装置。大气质量要求稳定，符合绿色食品大气环境质量标准。

大气质量评价采用国家《环境空气质量标准》（GB 3095—1996）所列的一级标准。主要评价因子包括总悬浮微粒（TSP）、二氧化硫（SO_2）、氮氧化物（NO_x）、氟化物。绿色食品产地空气中各项污染物含量不应超过空气中各项污染物的浓度限值（表3-3）。

表3-3　空气中各项污染物含量不应超过的浓度限值（标准状态）　单位：mg/m^3

项　目	浓度限值	
	日平均	一小时平均
总悬浮颗粒物(TSP)	0.30	—
二氧化硫(SO_2)	0.15	0.50
氮氧化物(NO_x)	0.10	0.15
氟化物	7$\mu g/m^3$	
	1.8$\mu g/dm^2$(挂片法)	20$\mu g/m^3$

注：1. 日平均指任何一日的平均浓度；2. 一小时平均指任何一小时的平均浓度；3. 连续采样三天，一日三次，晨、中、夕各一次；4. 氟化物采样可用动力采样滤膜法。

（2）水环境质量要求 水环境质量要求包括农田灌溉水质要求、渔业水质要求、畜禽养殖用水要求三个方面。

绿色食品生产地水环境质量总体要求：生产用水质量要有保证；产地应选择在地表水、地下水水质清洁无污染的地区；水域、水域上游没有对该产地构成威胁的污染源；生产用水质量符合绿色食品水环境质量标准。

主要评价因子包括常规化学性质（pH 值、溶解氧）、重金属及类重金属（Hg、Cd、Pb、As、Cr、F、CN）、有机污染物（BOD_5、有机氯等）和细菌学指标（大肠杆菌、细菌）。

① 农田灌溉水质要求。评价采用国家《农田灌溉水质标准》（GB 5084—92），绿色食品产地农田灌溉水中各项污染物含量不应超过农田灌溉水中各项污染物的浓度限值（表 3-4）。

表 3-4 农田灌溉水中各项污染物的浓度限值 单位：mg/L

项 目	浓度限值	项 目	浓度限值
pH 值	5.5～8.5	总铅	0.1
总汞	0.001	六价铬	0.1
总镉	0.005	氟化物	2.0
总砷	0.05	粪大肠菌群	10000 个/L

注：灌溉菜园用的地表水需测粪大肠菌群，其他情况下不测粪大肠菌群。

② 渔业水质要求。评价采用国家《渔业水质标准》（GB 11607—89），绿色食品产地渔业用水中各项污染物含量不应超过渔业用水中各项污染物的浓度限值（表 3-5）。

表 3-5 渔业用水中各项污染物的浓度限值 单位：mg/L

项 目	浓度限值	项 目	浓度限值
色、臭、味	不得使水产品异色、异臭和异味	总镉	0.005
漂浮物质	水面不得出现油膜或浮沫	总铅	0.05
悬浮物	人为增加的量不得超过 10	总铜	0.01
pH 值	淡水 6.5～8.5，海水 7.0～8.5	总砷	0.05
溶解氧	＞5	六价铬	0.1
生化需氧量	5	挥发酚	0.005
总大肠菌群	5000 个/L（贝类 500 个/L）	石油类	0.05
总汞	0.0005		

③ 畜禽养殖用水要求。评价采用国家《地面水质标准》（GB 3833—2002）所列三类标准，绿色食品产地畜禽养殖用水中各项污染物不应超过畜禽养殖用水各项污染物的浓度限值（表 3-6）。

表 3-6 畜禽养殖用水各项污染物的浓度限值 单位：mg/L

项 目	标 准 值	项 目	标 准 值
色度	15 度，并不得呈现其他异色	总砷	0.05
混浊度	3 度	总汞	0.001
臭和味	不得有异臭、异味	总镉	0.01
肉眼可见物	不得含有	六价铬	0.05
pH 值	6.5～8.5	总铅	0.05
氟化物	1	细菌总数	100 个/mL
氰化物	0.05	总大肠菌群	3 个/L

（3）土壤环境质量要求　要求产地土壤元素位于背景值正常区域，周围没有金属或非金属矿山，并且没有农药残留污染，评价采用《土壤环境质量标准》（GB 15618—1995），同时要求有较高的土壤肥力。土壤质量符合绿色食品土壤质量标准。土壤评价采用该土壤类型背景值的算术平均值加2倍的标准差。

主要评价因子包括重金属及类重金属（Hg、Cd、Pb、Cr、As）和有机污染物（六六六、DDT）。

① 本标准将土壤按耕作方式的不同分为旱田和水田两大类，每类又根据土壤pH值的高低分为三种情况，即pH＜6.5，pH＝6.5～7.5，pH＞7.5。绿色食品产地各种不同土壤中的各项污染含量不应超过土壤中各项污染物的含量限度（表3-7）。

表3-7　土壤中各项污染物的含量限值　　单位：mg/kg

项　目	旱　田			水　田		
pH值	＜6.5	6.5～7.5	＞7.5	＜6.5	6.5～7.5	＞7.5
镉	0.30	0.3	0.4	0.30	0.3	0.4
汞	0.25	0.3	0.35	0.3	0.4	0.4
砷	25	20	20	20	20	15
铅	50	50	50	50	50	50
铬	120	120	120	120	120	120
铜	50	60	60	50	60	60

注：1. 果园土壤中的铜限量为旱田中的铜限量的一倍。
2. 水旱轮作用的标准值取严不取宽。

② 土壤肥力要求。为了促进生产者增施有机肥，提高土壤肥力，生产AA级绿色食品时，转化后的耕地土壤肥力要达到土壤肥力分级Ⅰ或Ⅱ级指标（表3-8）。生产A级绿色食品时，土壤肥力作为参考指标。

表3-8　土壤肥力分级参考指标

项　目	级　别	旱　地	水　田	菜　地	园　地	牧　地
有机质/(g/kg)	Ⅰ	＞15	＞25	＞30	＞20	＞20
	Ⅱ	10～15	20～25	20～30	15～20	15～20
	Ⅲ	＜10	＜20	＜20	＜15	＜15
全氮/(g/kg)	Ⅰ	＞1.0	＞1.2	＞1.2	＞1.0	—
	Ⅱ	0.8～1.0	1.0～1.2	1.0～1.2	0.8～1.0	—
	Ⅲ	＜0.8	＜1.0	＜1.0	＜0.8	—
有效磷/(mg/kg)	Ⅰ	＞10	＞15	＞40	＞10	＞10
	Ⅱ	5～10	10～15	20～40	5～10	5～10
	Ⅲ	＜5	＜10	＜20	＜5	＜5
有效钾/(mg/kg)	Ⅰ	＞120	＞100	＞150	＞100	—
	Ⅱ	80～120	50～100	100～150	50～100	—
	Ⅲ	＜80	＜50	＜100	＜50	—
阳离子交换量/(cmol/kg)	Ⅰ	＞20	＞20	＞20	＞15	—
	Ⅱ	15～20	15～20	15～20	15～20	—
	Ⅲ	＜15	＜15	＜15	＜15	—
质地	Ⅰ	轻壤、中壤	中壤、重壤	轻壤	轻壤	砂壤、中壤
	Ⅱ	砂壤、重壤	砂壤、轻黏土	砂壤、中壤	砂壤、中壤	重壤
	Ⅲ	砂土、黏土	砂土、黏土	砂土、黏土	砂土、黏土	砂土、黏土

③ 绿色食品产地土壤肥力分级。

a. 土壤肥力分级参考指标。见表 3-8。

b. 土壤肥力评价。土壤肥力的各个指标，Ⅰ级为优良、Ⅱ级为尚可、Ⅲ级为较差。供评价者和生产者在评价和生产时参考。生产者应增施有机肥，使土壤肥力逐年提高。

c. 土壤肥力测定方法。见 GB 7173—87，GB 7845—87，GB 7853—87，GB 7856—87，GB 7863—87。

5. 监测方法

采样方法除有特殊规定外，其他的采样方法和所有分析方法按本标准引用的相关国家标准执行。

空气环境质量的采样和分析方法按照 GB 3095—1996 和 GB 9137—88 的规定执行。农田灌溉水质的采样和分析方法按照 GB 5084—2005 的规定执行。渔业水质的采样和分析方法按照 GB11607—89 的规定执行。畜禽养殖水质的采样和分析方法按照 GB 5749—2006 的规定执行。土壤环境质量的采样和分析方法按照 GB 15618—1995 的规定执行。

二、绿色食品生产过程标准

绿色食品生产过程控制是绿色食品质量控制的关键环节，绿色食品生产过程标准是绿色食品标准体系的核心。绿色食品生产过程标准包括两部分：生产资料使用准则和生产操作规程。

（一）生产资料使用准则

生产资料使用准则是对生产绿色食品过程中物质投入的一个原则性的规定，它包括农药、肥料、食品添加剂、饲料添加剂、兽药和水产养殖用药的使用准则，对允许、限制和禁止使用的生产资料及其使用方法、使用剂量、使用次数等作出了明确规定。生产 A 级绿色食品禁止使用的农药见表 3-9。

目前采用的绿色食品生产资料使用准则有：《绿色食品 农药使用准则》（NY/T 393—2000）、《绿色食品 肥料使用准则》（NY/T 394—2000）、《绿色食品 食品添加剂使用准则》（NY/T 392—2000）、《绿色食品 饲料和饲料添加剂使用准则》（NY/T 471—2001）、《绿色食品 兽药使用准则》（NY/T 472—2006）、《绿色食品 动物卫生准则》（NY/T 473—2001）、《绿色食品 渔药使用准则》（NY/T 755—2003）等。

1. 绿色食品农药使用准则（NY/T 393—2000）

绿色食品生产应从作物—病虫草等整个生态系统出发，综合运用各种防治措施，创造不利于病虫草害孳生和有利于各类天敌繁衍的环境条件，保持农业生态系统的平衡和生物多样化，减少各类病虫草害所造成的损失。

（1）标准中的农药被禁止使用的原因

① 高毒、剧毒，使用不安全；

② 高残留，高生物富集性；

③ 各种慢性毒性作用，如迟发性神经毒性；

④ 二次中毒或二次药害，如氟乙酰胺的二次中毒现象；

⑤“三致”作用，即致畸、致癌、致突变；

⑥ 含特殊杂质，如三氯杀螨醇中含有 DDT；

⑦ 代谢产物有特殊作用，如代森类代谢产物为致癌物 ETU（亚乙基硫脲）；

⑧ 对植物不安全、有害；

⑨ 对环境、非靶标生物有害。

表 3-9 生产 A 级绿色食品禁止使用的农药

种 类	农 药 名 称	禁用作物	禁用原因
有机氯杀虫剂	滴滴涕、六六六、林丹、甲氧滴滴涕、硫丹	所有作物	高残毒
有机氯杀螨剂	三氯杀螨醇	蔬菜、果树、茶叶	工业品中含有一定数量的滴滴涕
有机磷杀虫剂	甲拌磷、乙拌磷、久效磷、对硫磷、甲基对硫磷、甲胺磷、甲基异柳磷、治螟磷、氧化乐果、磷胺、地虫硫磷、灭克磷（益收宝）、水胺硫磷、氯唑磷、硫线磷、杀扑磷、特丁硫磷、克线丹、苯线磷、甲基硫环磷	所有作物	剧毒、高毒
氨基甲酸酯杀虫剂	涕灭威、克百威、灭多威、丁硫克百威、丙硫克百威	所有作物	高毒、剧毒或代谢物高毒
二甲基甲脒类杀虫杀螨剂	杀虫脒	所有作物	慢性毒性、致癌
拟除虫菊酯类杀虫剂	所有拟除虫菊酯类杀虫剂	水稻及其他水生作物	对水生生物毒性大
卤代烷类熏蒸杀虫剂	二溴乙烷、环氧乙烷、二溴氯丙烷、溴甲烷	所有作物	致癌、致畸、高毒
阿维菌素		蔬菜、果树	高毒
克螨特		蔬菜、果树	慢性毒性
有机砷杀菌剂	甲基胂酸锌（稻脚青）、甲基胂酸钙（稻宁）、甲基胂酸铁铵（田安）、福美甲胂、福美胂	所有作物	高残毒
有机锡杀菌剂	三苯基乙酸锡（薯瘟锡）、三苯基氯化锡、三苯基羟基锡（毒菌锡）	所有作物	高残留、慢性毒性
有机汞杀菌剂	氯化乙基汞（西力生）、乙酸苯汞（赛力散）	所有作物	剧毒、高残毒
有机磷杀菌剂	稻瘟净、异稻瘟净	水稻	异臭
取代苯类杀菌剂	五氯硝基苯、稻瘟醇（五氯苯甲醇）	所有作物	致癌、高残留
2,4-D类化合物	除草剂或植物生长调节剂	所有作物	杂质致癌
二苯醚类除草剂	除草醚、草枯醚	所有作物	慢性毒性
植物生长调节剂	有机合成的植物生长调节剂	所有作物	
除草剂	各类除草剂	蔬菜生长期（可用于土壤处理与芽前处理）	

注：以上所列是目前禁用或限用的农药品种，该名单将随国家新出台的规定而修订。

对允许限量使用的农药除严格规定品种外，对使用量和使用时间也作了详细的规定。对安全间隔期（种植业中最后一次用药距收获的时间，养殖业中最后一次用药距屠宰、捕捞的时间，也称休药期）也作了明确的规定。为避免同种农药在作物体内的累积和害虫的抗药性，准则中还规定在 A 级绿色食品生产过程中，每种允许使用的有机合成农药在一种作物的生产期内只允许使用一次，确保环境和食品不受污染。

（2）本准则的使用范围　本标准规定了 AA 级绿色食品及 A 级绿色食品生产中允许使用的农药种类、毒性分级和使用准则。本标准适用于在我国取得登记的生物源农药(biogenic pesticides)、矿物源农药（pesticides of fossil origin）和有机合成农药（synthetic organic pesticides)。

（3）引用标准　《农药安全使用标准》（GB 4285—84），《农药合理使用准则（一）》（GB 8321. 1—87），《农药合理使用准则（二）》（GB 8321. 2—87），《农药合理使用准则（三）》(GB 8321. 3—89)，《农药合理使用准则（四）》(GB 8321. 4—93)，《农药合理使用准则（五）》(GB 8321. 5—1997)，《农药合理使用准则（六）》(GB 8321. 6—1999)，《绿色食品　产地环境质量标准》(NY/T 391—2000)。

（4）本标准采用定义

① 生物源农药。直接利用生物活体或生物代谢过程中产生的具有生物活性的物质或从生物体提取的物质作为防治病虫草害的农药。

② 矿物源农药。有效成分起源于矿物的无机化合物或石油类的农药。

③ 有机合成农药。由人工研制合成，并由有机化学工业生产的商品化的一类农药，包括中等毒性和低毒类杀虫杀螨剂、杀菌剂、除草剂。

④ AA 级绿色食品生产资料。指经专门机构认定，符合 AA 级绿色食品生产要求，并正式推荐用于 AA 级绿色食品生产的生产资料。

⑤ A 级绿色食品生产资料。指经专门机构认定，符合 A 级绿色食品生产要求，并正式推荐用于 A 级绿色食品生产的生产资料。

（5）本标准允许使用的农药种类

① 生物源农药。

a. 微生物源农药。农用抗生素（防治真菌病害：灭瘟素、春雷霉素、多抗霉素或多氧霉素、井冈霉素、农抗菌 120、中生菌素等。防治螨类：浏阳霉素、华光霉素），活体微生物农药［真菌剂（如蜡蚧轮枝菌等）；细菌剂（如苏云金杆菌、蜡样芽孢杆菌等）；病毒（如核多角体病毒）；拮抗菌剂；昆虫病原线虫；微孢子］。

b. 动物源农药。昆虫信息素或昆虫外激素（如性信息素），活体制剂（寄生性、捕食性的天敌动物）。

c. 植物源农药。杀虫剂（除虫菊酯、鱼藤酮、烟碱、植物油等），杀菌剂（大蒜素），拒避剂（印楝素、苦楝、川楝素），增效剂（芝麻素）。

② 矿物源农药。

a. 无机杀螨杀菌剂。硫制剂（硫悬浮剂、可湿性硫、石硫合剂等），铜制剂（硫酸铜、王铜、氢氧化铜、波尔多液等）。

b. 矿物油乳剂。柴油乳剂等。

c. 有机合成农药。

（6）本标准中农药使用准则　绿色食品生产应从作物—病虫草等整个生态系统出发，综合运用各种防治措施，创造不利于病虫草害孳生和有利于各类天敌繁衍的环境条件，保持农业生态系统的平衡和生物多样化，减少各类病虫草害所造成的损失。

优先采用农业措施，通过选用抗病抗虫品种，采用非化学药剂处理种子，培育壮苗，加强栽培管理，中耕除草，秋季深翻晒土，清洁田园，轮作倒茬、间作套种等一系列措施起到防治病虫草害的作用。还应尽量利用灯光、色彩诱杀害虫，机械捕捉害虫，机械和人工除草等措施防治病虫草害。特殊情况下，必须使用农药时，应遵守以下准则。

① 生产 AA 级绿色食品的农药使用准则。

a. 应首选使用 AA 级绿色食品生产资料农药类产品。

b. 在 AA 级绿色食品生产资料农药类不能满足植保工作需要的情况下，允许使用以下农药及方法：中等毒性以下植物源杀虫剂、杀菌剂、拒避剂和增效剂，如除虫菊酯、鱼藤根、烟草水、大蒜素、苦楝、川楝、印楝、芝麻素等；释放寄生性捕食性天敌动物，昆虫、捕食螨、蜘蛛及昆虫病原线虫等；在害虫捕捉器中允许使用昆虫信息素及植物源引诱剂；允许使用矿物油和植物油制剂；允许使用矿物源农药中的硫制剂、铜制剂；经专门机构核准，允许有限度地使用活体微生物农药，如真菌制剂、细菌制剂、病毒制剂、放线菌、拮抗菌剂、昆虫病原线虫、原虫等；允许有限度地使用农用抗生素，如春雷霉素、多抗霉素（多氧霉素）、井冈霉素、农抗 120、中生菌素、浏阳霉素等。

c. 禁止使用有机合成的化学杀虫剂、杀螨剂、杀菌剂、杀线虫剂、除草剂和植物生长调节剂。

d. 禁止使用生物源、矿物源农药中混配有机合成农药的各种制剂。

e. 严禁使用基因工程品种（产品）及制剂。

② 生产A级绿色食品的农药使用准则。

a. 应首选使用AA级和A级绿色食品生产资料农药类产品。

b. 在AA级和A级绿色食品生产资料农药类产品不能满足植保工作需要的情况下，允许使用以下农药及方法：中等毒性以下植物源农药、动物源农药和微生物源农药；在矿物源农药中允许使用硫制剂、铜制剂；可以有限度地使用部分有机合成农药，并按GB 4258—89、GB 8321.1—87、GB 8321.2—87、GB 8321.3—89、GB 8321.4—93、GB/T 8321.5—1997的要求执行。此外，还需严格执行以下规定：应选用上述标准中列出的低毒农药和中等毒性农药；严禁使用剧毒、高毒、高残留或具有致癌、致畸、致突变三致毒性的农药；每种有机合成农药如含A级绿色食品生产资料农药类的有机合成产品在一种作物的生长期内只允许使用一次，其中菊酯类农药在作物生长期只允许使用一次；应按照GB 4258—89、GB 8321.1—87、GB 8321.2—87、GB 8321.3—89、GB 8321.4—93、GB/T 8321.5—1997的要求控制施药量与安全间隔期；有机合成农药在农产品中的最终残留应符合GB 4285—89、GB 8321.1—87、GB 8321.2—87、GB 8321.3—89、GB 8321.4—93、GB/T 8321.5—1997的最高残留限量（MRL）要求。

c. 严禁使用高毒、高残留农药防治贮藏期病虫害。

d. 严禁使用基因工程品种（产品）及制剂。

2. 绿色食品肥料使用准则（NY/T 394—2000）

绿色食品生产使用的肥料必须：一是保护和促进使用对象的生长及其品质的提高；二是不造成使用对象产生和积累有害物质，不影响人体健康；三是对生态环境无不良影响。规定农家肥是绿色食品的主要养分来源。

标准中规定生产绿色食品允许使用的肥料有七大类26种。在AA级绿色食品生产中除可使用Cu、Fe、Mn、Zn、B、Mo等微量元素及硫酸钾、煅烧磷酸盐外，不允许使用其他化学合成肥料，完全和国际接轨。A级绿色食品生产中则允许限量地使用部分化学合成肥料（但仍禁止使用硝态氮肥），以对环境和作物（营养、味道、品质和植物抗性）不产生不良后果的方法使用。

本标准详细内容如下。

本标准规定了AA级绿色食品和A级绿色食品生产中允许使用的肥料种类、组成及使用准则。

（1）本标准适用范围　适用于生产AA级绿色食品和A级绿色食品的农家肥料及商品有机肥料、腐殖酸类肥料、微生物肥料、半有机肥料（有机复合肥料）、无机（矿质）肥料和叶面肥料等商品肥料。

（2）本标准的引用标准　《城镇垃圾农用控制标准》（GB 8172—87），《含氨基酸叶面肥料》（GB/T 17419—1998），《微量元素叶面肥料》（GB/T 17420—1998），《微生物肥料》（NY 227—94），《绿色食品　产地环境质量标准》（NY/T 391—2000）。

（3）本标准采用定义

① 农家肥料。指就地取材、就地使用的各种有机肥料。它由含有大量生物物质、动植物残体、排泄物、生物废物等积制而成，包括堆肥、沤肥、厩肥、沼气肥、绿肥、作物秸秆肥、泥肥、饼肥等。

a. 堆肥。以各类秸秆、落叶、山青、湖草为主要原料，并与人畜粪便和少量泥土混合堆制，经好氧微生物分解而成的一类有机肥料。

b. 沤肥。所用物料与堆肥基本相同，只是在淹水条件下，经厌氧微生物发酵而成的一类有机肥料。

c. 厩肥。以猪、牛、马、羊、鸡、鸭等畜禽的粪尿为主与秸秆等垫料堆积，并经微生物作用而成的一类有机肥料。

d. 沼气肥。在密封的沼气池中，有机物在厌氧条件下经微生物发酵制取沼气后的副产物。主要由沼气水肥和沼气渣肥两部分组成。

e. 绿肥。以新鲜植物体就地翻压、异地施用或经沤、堆后而成的肥料，主要分为豆科绿肥和非豆科绿肥两大类。

f. 作物秸秆肥。以麦秸、稻草、玉米秸、豆秸、油菜秸等直接还田的肥料。

g. 泥肥。以未经污染的河泥、塘泥、沟泥、港泥、湖泥等经厌氧微生物分解而成的肥料。

h. 饼肥。以各种含油分较多的种子经压榨去油后的残渣制成的肥料，如菜籽饼、棉籽饼、豆饼、芝麻饼、花生饼、蓖麻饼等。

② 商品肥料。指按国家法规规定，受国家肥料部门管理，以商品形式出售的肥料。包括商品有机肥、腐殖酸类肥、微生物肥、有机复合肥、无机（矿质）肥、叶面肥等。

a. 商品有机肥料。以大量动植物残体、排泄物及其他生物废物为原料，加工制成的商品肥料。

b. 腐殖酸类肥料。以含有腐殖酸类物质的泥炭（草炭）、褐煤、风化煤等经过加工制成含有植物营养成分的肥料。包括微生物肥料、有机复合肥、无机复合肥、叶面肥等。

c. 微生物肥料。以特定微生物菌种培养生产的含活的微生物制剂。根据微生物肥料对改善植物营养元素的不同，可分成五类：根瘤菌肥料、固氮菌肥料、磷细菌肥料、硅酸盐细菌肥料、复合微生物肥料。

d. 有机复合肥。经无害化处理后的畜禽粪便及其他生物废物加入适量的微量营养元素制成的肥料。

e. 无机（矿质）肥料。矿物经物理或化学工业方式制成，养分呈无机盐形式的肥料。包括矿物钾肥和硫酸钾、矿物磷肥（磷矿粉）、煅烧磷酸盐（钙镁磷肥、脱氟磷肥）、石灰、石膏、硫黄等。

f. 叶面肥料。喷施于植物叶片并能被其吸收利用的肥料，叶面肥料中不得含有化学合成的生长调节剂。包括含微量元素的叶面肥和含植物生长辅助物质的叶面肥料等。

g. 有机无机肥（半有机肥）。指有机肥料与无机肥料通过机械混合或化学反应而成的肥料。

h. 掺合肥。在有机肥、微生物肥、无机（矿质）肥、腐殖酸肥中按一定比例掺入化肥（硝态氮肥除外），并通过机械混合而成的肥料。

③ 其他肥料。指不含有毒物质的食品、纺织工业的有机副产品，以及骨粉、骨胶废渣、氨基酸残渣、家禽家畜加工废料、糖厂废料等有机物料制成的肥料。

（4）本标准允许使用的肥料种类　AA 级绿色食品生产允许使用的肥料种类：所述的农家肥料；AA 级绿色食品生产资料肥料类产品；在前两类肥料不能满足 AA 级绿色食品生产需要的情况下，允许使用商品肥料的前 7 种。

A 级绿色食品生产允许使用的肥料种类：AA 级绿色食品生产允许使用的肥料种类；A 级绿色食品生产资料肥料类产品；在前两种不能满足 A 级绿色食品生产需要的情况下，允许使用如前所述商品肥料的第 8 种——掺合肥（有机氮与无机氮之比不超过 1∶1）。

（5）绿色食品肥料使用规则　肥料使用必须满足作物对营养元素的需要，使足够数量的有机物质返回土壤，以保持或增加土壤肥力及土壤生物活性。所有有机或无机（矿质）肥料，尤其是富含氮的肥料应在对环境和作物（营养、味道、品质和植物抗性）不产生不良后果的情况下方可使用。

① AA 级绿色食品的肥料使用原则。

a. 必须选用 AA 级绿色食品生产允许使用的肥料种类，禁止使用任何化学合成肥料。

b. 禁止使用城市垃圾和污泥、医院的粪便垃圾和含有害物质（如毒气、病原微生物、重金属等）的工业垃圾。

c. 各地可因地制宜采用秸秆还田、过腹还田、直接翻压还田、覆盖还田等形式。

d. 利用覆盖、翻压、堆沤等方式合理利用绿肥。绿肥应在盛花期翻压，翻埋深度为 15cm 左右，盖土要严，翻后耙匀。压青后 15～20d 才能进行播种或移苗。

e. 腐熟的沼气液、残渣及人畜粪尿可用作追肥。严禁施用未腐熟的人粪尿。

f. 饼肥优先用于水果、蔬菜等，禁止施用未腐熟的饼肥。

g. 叶面肥料质量应符合 GB/T 17419—1998 或 GB/T 17420—1998 的技术要求。按使用说明稀释，在作物生长期内，喷施二次或三次。

h. 微生物肥料可用于拌种，也可作基肥和追肥使用。使用时应严格按照使用说明书的要求操作。微生物肥料中有效活菌的数量应符合 NY 227－1994 的规定。

i. 选用无机（矿质）肥料中的煅烧磷酸盐、硫酸钾质量应符合相关的要求。

② A 级绿色食品的肥料使用原则。

a. 必须选用 A 级绿色食品允许使用的肥料种类。若该肥料种类不能满足生产需要，可允许使用化学肥料（氮、磷、钾），但禁止使用硝态氮肥。

b. 化肥必须与有机肥配合施用，有机氮与无机氮之比不得超过 1∶1。例如，施优质厩肥 1000kg 应加尿素 10kg（厩肥作基肥用，尿素可作基肥和追肥用）。对叶菜类最后一次追肥必须在收获前 30d 进行。

c. 化肥也可与有机肥、复合微生物肥配合施用。厩肥 1000kg，加尿素 5～10kg 或磷酸二铵 20kg，复合微生物肥料 60kg（厩肥作基肥用，尿素、磷酸二铵和微生物肥料作基肥和追肥用）。最后一次追肥必须在收获前 30d 进行。

d. 城市生活垃圾一定要经过无害化处理，质量达到 GB 8172—87 的要求才能使用。每年每公顷农田限制用量，黏性土壤不超过 45000kg，砂性土壤不超过 30000kg。

e. 秸秆还田时还允许用小量氮素化肥调节碳氮比。

除此之外，绿色食品的肥料使用还有以下规定。

生产绿色食品的农家肥料无论采用何种原料（包括人畜禽粪尿、秸秆、杂草、泥炭等）制作堆肥，必须高温发酵，以杀灭各种寄生虫卵和病原菌、杂草种子，使之达到无害化卫生标准（表 3-10、表 3-11）。

农家肥料原则上就地生产就地使用。外来农家肥料应确认符合要求后才能使用。商品肥料及新型肥料必须通过国家有关部门的登记认证及生产许可，质量指标应达到国家有关标准的要求。

因施肥造成土壤污染、水源污染，或影响农作物生长、农产品达不到卫生标准时，要停止施用该肥料，并向专门管理机构报告，用其生产的食品也不能继续使用绿色食品标志。

表 3-10 高温堆肥卫生标准

序号	项　目	卫生标准及要求
1	堆肥温度	最高堆温达 50～55℃，持续 5～7d
2	蛔虫卵死亡率	95%～100%
3	粪大肠菌值	10^{-2}～10^{-1}
4	苍蝇	有效地控制苍蝇孳生，肥堆周围没有活的蛆、蛹或新羽化的成蝇

表 3-11 沼气肥卫生标准

序号	项　目	卫生标准及要求
1	密封贮存期	30d 以上
2	高温沼气发酵温度	(53±2)℃，持续 2d
3	寄生虫卵沉降率	95%以上
4	血吸虫卵和钩虫卵	粪液中不得检出活的血吸虫卵和钩虫卵
5	粪大肠菌值	普通沼气发酵 10^{-4}，高温沼气发酵 10^{-2}～10^{-1}
6	蚊子、苍蝇	有效地控制蚊蝇孳生，粪液中无孑孓，池的周围无活的蛆、蛹或新羽化的成蝇
7	沼气池残渣	经无害化处理后方可用作农肥

3. 绿色食品兽药使用准则（NY/T 472—2006）

（1）范围　本标准规定了绿色食品生产中兽药使用的术语和定义、基本原则、生产 AA 级绿色食品的兽药使用原则、生产 A 级绿色食品的兽药使用原则及兽药使用记录。

本标准适用于绿色食品畜禽的生产、管理和认证。

（2）规范性引用文件　《有机产品第 1 部分：生产》(GB/T 19630.1)；《中华人民共和国动物防疫法兽药管理条例》；《中华人民共和国兽药典》；《农业部兽药质量标准》；《中华人民共和国兽用生物制品质量标准》；《进口兽药质量标准》；《中华人民共和国农业部第 278 号公告（停药期规定）》；《中华人民共和国农业部第 235 号公告（动物性食品中兽药最高残留限量）》。

（3）本标准采用的术语和定义

① 兽药。指用于预防、治疗、诊断动物疾病或者有目的地调节其生理机能的物质（含药物饲料添加剂）。主要包括：血清制品、疫苗、诊断制品、微生态制品、中药材、中成药、化学药品、抗生素、生化药品、放射性药品及外用杀虫剂、消毒剂等。

② 最高残留限量（MRL）。指对食品动物用药后产生的允许存在于食物表面或内部的该兽药残留的最高含量/浓度（以鲜重计，表示为 μg/kg 或 μg/L）。

③ 停药期。指从畜禽停止用药到允许屠宰或其产品（乳、蛋）许可上市的间隔时间。

④ 产蛋期。指禽从产第一枚蛋至产蛋周期结束。

⑤ 绿色食品生产资料。指经专门机构认定，符合绿色食品生产要求，并正式推荐用于绿色食品生产的生产资料。

（4）兽药使用原则

① 兽药使用的基本原则。

a. 绿色食品生产者应供给动物充足的营养，提供良好的饲养环境，加强饲养管理，采取各种措施以减少应激，增强动物自身的抗病力。

b. 应按《中华人民共和国动物防疫法》的规定，防治动物疾病，力争不用或少用药物。必须使用兽药进行疾病的预防、治疗和诊断时，应在兽医指导下进行。

c. 兽药的质量应符合《中华人民共和国兽药典》、《农业部兽药质量标准》、《中华人民共和国兽用生物制品质量标准》和《进口兽药质量标准》的规定。

d. 兽药的使用应符合《兽药管理条例》的有关规定。

e. 所用兽药应来自具有生产许可证和产品批准文号并通过农业部 GMP 验收的生产企业，或者具有《进口兽药登记许可证》的供应商。

② 生产 AA 级绿色食品的兽药使用原则。按 GB/T 19630.1 执行。

③ 生产 A 级绿色食品的兽药使用原则。

a. 优先使用 AA 级和 A 级绿色食品生产资料的兽药产品。

b. 允许使用国家兽医行政管理部门批准的微生态制剂和中药制剂。

c. 允许使用高效、低毒和对环境污染低的消毒剂对饲养环境、厩舍和器具进行消毒。

d. 允许使用无最大残留量（MRLs）要求或无停药期要求或停药期短的兽药。使用中应注意以下几点：应遵守规定的作用与用途、使用对象、使用途径、使用剂量、疗程和注意事项；停药期应按农业部发布的《停药期规定》严格执行；最终残留应符合《动物性食品中兽药最高残留限量》的规定。

e. 禁止使用表 3-12 中的兽药。

f. 禁止使用药物饲料添加剂。

g. 禁止使用酚类消毒剂，产蛋期不得使用酚类和醛类消毒剂。

h. 禁止为了促进畜禽生长而使用抗生素、抗寄生虫药、激素或其他生长促进剂。

i. 禁止使用未经国务院兽医行政管理部门批准作为兽药使用的药物。

j. 禁止使用以基因工程方法生产的兽药。

另外，标准规定绿色食品生产时对兽药使用情况应进行记录：建立并保存消毒记录，包括消毒剂种类、批号、生产单位、剂量、消毒方式、消毒频率或时间等；建立并保存动物的免疫程序记录，包括疫苗种类、使用方法、剂量、批号、生产单位等；建立并保存患病动物的治疗记录，包括患病家畜的畜号或其他标志、发病时间及症状、药物种类、使用方法及剂量、治疗时间、疗程、所用药物的商品名称及主要成分、生产单位及批号等；所有记录资料应在清群后保存两年以上。

表 3-12 生产 A 级绿色食品禁止使用的兽药

序号	种类		兽药名称	禁止用途
1	β-兴奋剂类		克仑特罗(Clenbuterol)、沙丁胺醇(Salbutamol)、莱克多巴胺(Ractopamine)、西马特罗(Cimaterol)及其盐、酯和制剂	所有用途
2	激素类	性激素类	己烯雌酚(Diethylstilbestrol)、己烷雌酚(Hexestrol)及其盐、酯和制剂	所有用途
			甲基睾丸酮(Methyltestosterone)、丙酸睾酮(Testosterone Propionate)、苯丙酸诺龙(Nandrolone Phenylpropionate)、苯甲酸雌二醇(Estradiol Benzoate)及其盐、酯和制剂	促生长
		具有雌激素样作用的物质	玉米赤霉醇(Zeranol)、去甲雄三烯醇酮(Trenbolone)、醋酸甲孕酮(Mengestrol Acetate)及制剂	所有用途
3	催眠、镇静类		安眠酮(Methaqualone)和制剂	所有用途
			氯丙嗪(Chlorpromazine)、地西泮(安定，Diazepam)及其盐、酯和制剂	促生长

续表

序号	种类		兽药名称	禁止用途
4	抗生素类	氨苯砜	氨苯砜(Dapsone)及制剂	所有用途
		氯霉素类	氯霉素(Chloramphenicol)及其盐、酯[包括琥珀氯霉素(Chloramphenicol Succinate)]和制剂	所有用途
		硝基呋喃类	呋喃唑酮(Furazolidone)、呋喃西林(Furacillin)、呋喃妥因(Nitrofurantoin)、呋喃它酮(Furaltadone)、呋喃苯烯酸钠(Nifurstyrenate sodium)及制剂	所有用途
		硝基化合物	硝基酚钠(Sodium nitrophenolate)、硝呋烯腙(Nitrovin)及制剂	所有用途
		磺胺类及其增效剂	磺胺噻唑(Sulfathiazole)、磺胺嘧啶(Sulfadiazine)、磺胺二甲嘧啶(Sulfadimidine)、磺胺甲噁唑(Sulfamethoxazole)、磺胺对甲氧嘧啶(Sulfamethoxydiazine)、磺胺间甲氧嘧啶(Sulfamonomethoxine)、磺胺地索辛(Sulfadimethoxine)、磺胺喹噁啉(Sulfaquinoxaline)、三甲氧苄氨嘧啶(Trimethoprim)及其盐和制剂	所有用途
		喹诺酮类	诺氟沙星(Norfloxacin)、环丙沙星(Ciprofloxacin)、氧氟沙星(Ofloxacin)、培氟沙星(Pefloxacin)、洛美沙星(Lomefloxacin)及其盐和制剂	所有用途
		喹噁啉类	卡巴氧(Carbadox)、喹乙醇(Olaquindox)及制剂	所有用途
		抗生素滤渣	抗生素滤渣	所有用途
5	抗寄生虫类	苯并咪唑类	噻苯咪唑(Thiabendazole)、丙硫苯咪唑(Albendazole)、甲苯咪唑(Mebendazole)、硫苯咪唑(Fenbendazole)、磺苯咪唑(OFZ)、丁苯咪唑(Parbendazole)、丙氧苯咪唑(Oxibendazole)、丙噻苯咪唑(CBZ)及制剂	所有用途
		抗球虫类	二氯二甲吡啶酚(Clopidol)、氨丙啉(Amprolini)、氯苯胍(Robenidine)及其盐和制剂	所有用途
		硝基咪唑类	甲硝唑(Metronidazole)、地美硝唑(Dimetronidazole)及其盐、酯和制剂等	促生长
		氨基甲酸酯类	甲奈威(Carbaryl)、呋喃丹(克百威,Carbofuran)及制剂	杀虫剂
		有机氯杀虫剂	六六六(BHC)、滴滴涕(DDT)、林丹(丙体六六六)(Lindane)、毒杀芬(氯化烯,Camahechlor)及制剂	杀虫剂
		有机磷杀虫剂	敌百虫(Trichlorfon)、敌敌畏(Dichlorvos)、皮蝇磷(Fenchlorphos)、氧硫磷(Oxinothiophos)、二嗪农(Diazinon)、倍硫磷(Fenthion)、毒死蜱(Chlorpyrifos)、蝇毒磷(Coumaphos)、马拉硫磷(Malathion)及制剂	杀虫剂
		其他杀虫剂	杀虫脒(克死螨,Chlordimeform)、双甲脒(Amitraz)、酒石酸锑钾(Antimony potassium tartrate)、锥虫胂胺(Tryparsamide)、孔雀石绿(Malachite green)、五氯酚酸钠(Pentachlorophenol sodium)、氯化亚汞(甘汞,Calomel)、硝酸亚汞(Mercurous nitrate)、乙酸汞(Mercurous acetate)、吡啶基乙酸汞(Pyridyl mercurous acetate)	杀虫剂

4. 绿色食品饲料及饲料添加剂使用准则(NY/T 471—2001)

(1) 范围 本标准规定了生产绿色食品允许使用的饲料和饲料添加剂的使用准则以及不应使用的饲料和饲料添加剂的种类。

本标准适用于A级绿色食品的生产、管理和认定。

(2) 规范性引用文件 《饲料工业通用术语》(GB/T 10647—89);《饲料标签》(GB 10648—1999);《饲料卫生标准》(GB 13078—2001);《高产奶牛饲养管理规范》(NY/T 14—85)(原ZB B43 002—85);《鸡饲养标准》(NY/T 33—2004)(原ZB B43 005—86);《奶牛饲养标准》(NY/T 34—2004)(原ZB B43 007—86);《瘦肉型猪饲养标准》(NY/T 65—2004)(原GB 8471—87);《绿色食品 产地环境质量标准》(NY/T

391—2000)；《饲料和饲料添加剂管理条例》(中华人民共和国国务院令)；《允许使用的饲料添加剂品种目录》(中华人民共和国农业部公告)。

(3) 适用于本标准的术语和定义

① 饲料。能提供饲养动物所需养分，保证健康，促进生产和生长，且在合理使用下不发生有害作用的可饲喂的物质。

② 饲料添加剂。在饲料加工、制作、使用过程中添加的少量或者微量物质，包括营养性饮料添加剂、一般性饲料添加剂。

③ 营养性饲料添加剂。用于补充饲料营养不足的添加剂。

④ 一般饲料添加剂。为了保证或者改善饲料品质，促进饲养动物生产，保障饲养动物健康，提高饲料利用率而掺入饲料的少量或微量物质。

⑤ 药物饲料添加剂。为了预防动物疾病或影响动物某种生理、生化功能，而添加到饲料中的一种或几种药物与载体或稀释剂按规定比例配制而成的均匀混合物。

⑥ 绿色食品生产资料。经专门机构认定，符合绿色食品生产要求，并正式推荐用于绿色食品生产的生产资料。

(4) 使用准则　绿色畜产品的生产首先以改善饲养环境、善待动物、加强饲养管理为主，按照饲养标准配制配合饲料，做到营养全面，各营养素间相互平衡。所使用的饲料和饲料添加剂等生产资料应符合 GB 13078、GB 10648 及各种饲料原料标准、饲料产品标准和饲料添加剂标准的有关规定。所用饲料添加剂和添加剂预混合饲料应来自于有生产许可证的企业，并且具有企业、行业或国家标准，产品批准文号，进口饲料和饲料添加剂产品登记证及配套的质量检验手段。同时还应遵守以下准则。

① 生产 A 级绿色食品的饲料使用准则。优先使用绿色食品生产资料的饲料类产品；至少 90%的饲料来源于已认定的绿色食品产品及其副产品，其他饲料原料可以是达到绿色食品标准的产品；不应使用转基因方法生产的饲料原料；不应使用以哺乳类动物为原料的动物性饲料产品(不包括乳及乳制品)饲喂反刍动物；不应使用工业合成的油脂；不应使用畜禽粪便。

② 生产 A 级绿色食品的饲料添加剂使用原则。优先使用符合绿色食品生产资料的饲料添加剂类产品；所选饲料添加剂应是《允许使用的饲料添加剂品种目录》中所列的饲料添加剂和允许进口的饲料添加剂品种，不应使用的饲料添加剂如表 3-13 所示；不应使用任何药物性饲料添加剂；营养性饲料添加剂的使用量应符合 NY/T 14、NY/T 33、NY/T 34、NY/T 65 中所规定的营养需要量及营养安全幅度。

5. 绿色食品食品添加剂使用准则(NY/T 392－2000)

(1) 范围　本标准规定了生产绿色食品所允许使用的食品添加剂的种类、使用范围和最大使用量，以及不应使用的品种。

表 3-13　生产 A 级绿色食品不应使用的饲料添加剂

种　类	品　种	备　注
调味剂、香料	各种人工合成的调味剂和香料	
着色剂	各种人工合成的着色剂	
抗氧化剂	乙氧基喹啉，二丁基羟基甲苯(BHT)，丁基羟基茴香醚(BHA)	
黏结剂、抗氧化剂和稳定剂	羟甲基纤维素钠，聚氧乙烯山梨糖醇酐单油酸酯(吐温-80)，聚烯酸树脂	
防腐剂	苯甲酸，苯甲酸钠	
非蛋白氮类	尿素，硫酸铵，液氮，磷酸氢二铵，磷酸二氢铵，缩二脲，异丁叉二脲，磷酸脲，羟甲基脲	反刍动物除外

本标准适用于绿色食品生产过程中所使用的食品添加剂。

（2）引用标准　《食品添加剂使用卫生标准》（GB 2760—1996）；《食品添加剂的分类和代码》（GB/T 12493—1990）；《食品营养强化剂使用卫生标准》（GB 14880—94）；《绿色食品　产地环境质量标准》（NY/T 391—2000）。

（3）本标准采用下列定义

① 天然食品添加剂。以物理方法从天然物中分离出来，经过毒理学评价确认其食用安全的食品添加剂；由人工合成的，其化学结构、性质与天然物质完成相同，经毒理学评价确认其食用安全的食品添加剂。

② 化学合成添加剂。由人工合成的，其化学结构、性质与天然物质不相同，经毒理学评价确认其食用安全的食品添加剂。

（4）食品添加剂的使用目的与使用原则

① 食品添加剂和加工助剂的使用目的。保持与提高产品的营养价；提高产品的耐贮性和稳定性；改善产品的成分、品质和感观，提高加工性能。

② 食品添加剂和加工助剂的使用原则。如果不使用添加剂或加工助剂就不能生产出类似的产品；AA级绿色食品中只允许使用AA级绿色食品生产资料食品添加剂类产品，在此类产品不能满足生产需要的情况下，允许使用本标准规定的天然食品添加剂；A级绿色食品中允许使用AA级绿色食品生产资料食品添加剂类产品和A级绿色食品生产资料食品添加剂类产品，在这类产品均不能满足生产需要的情况下，允许使用本标准规定以外的化学合成食品添加剂；所用食品添加剂的产品质量必须符合相应的国家标准、行业标准；允许使用食品添加剂的使用量应符合GB 2760—1996、GB 14880—94的规定；不得对消费者隐瞒绿色食品中所用食品添加剂的性质、成分和使用量；在任何情况下，绿色食品中不得使用下列食品添加剂（表3-14）。表3-14中的分类和代码按GB/T 12493—90的规定执行。

6. 生产绿色食品的其他生产资料及使用原则

生产绿色食品的其他主要生产资料还有水产养殖用药等，它们的正确、合理使用与否，直接影响到绿色食品水产品、加工品的质量，药物的残留会影响到人们身体健康，甚至危及生命安全，因此中国绿色食品发展中心制定了《绿色食品　渔药使用准则》（NY/T 755—2003）和《绿色食品　动物卫生准则》（NY/T 473—2001），对绿色食品动物生产过程（饲养、屠宰及其产品加工，包括贮藏和运输）中的环境卫生条件作了规定，确保绿色食品的质量，适于A级绿色食品。

表3-14　生产绿色食品不得使用的食品添加剂

类　别	食品添加剂名称(代码)
抗结剂	亚铁氰化钾(02.001)
抗氧化剂	4-乙基间苯二酚(04.013)
漂白剂	硫黄(05.007)
膨松剂	硫酸铝钾(钾明矾)(06.004) 硫酸铝铵(铵明矾)(06.005)
着色剂	赤藓红 赤藓红铝色淀(08.003) 新红 新红铝色淀(08.004) 二氧化钛(08.001) 焦糖色(亚硫酸铵法)(08.109) 焦糖色(加氨生产)(08.110)

续表

类 别	食品添加剂名称(代码)
护色剂	硝酸钠(钾)(09.001) 亚硝酸钠(钾)(09.002)
乳化剂	山梨醇酐单油酸酯(斯盘-80)(10.005) 山梨醇酐单棕榈酸酯(斯盘-40)(10.008) 山梨醇酐单月桂酸酯(斯盘-20)(10.015) 聚氧乙烯山梨糖醇酐单油酸酯(吐温-80)(10.016) 聚氧乙烯山梨糖醇酐单月桂酸酯(吐温-20)(10.025) 聚氧乙烯山梨糖醇酐单棕榈酸酯(吐温-40)(10.026)
面粉处理剂	过氧化苯甲酰(13.001) 溴酸钾(13.002)
防腐剂	苯甲酸(17.001) 苯甲酸钠(17.002) 乙氧基喹(17.1010) 仲丁胺(17.011) 桂醛(17.012) 噻苯咪唑(17.018) 过氧化氢(或过碳酸钠)(17.020) 乙萘酚(17.021) 联苯醚(17.022) 2-苯基苯酚钠盐(17.023) 4-苯基苯酚(17.024) 五碳双缩醛(戊二醛)(17.025) 十二烷基二甲基溴化胺(新洁尔灭)(17.026) 2,4-二氯苯氧乙酸(17.027)
甜味剂	糖精钠(19.001) 环乙基氨基磺酸钠(甜蜜素)(19.002)

（二）绿色食品生产操作规程

绿色食品生产操作规程是绿色食品生产资料使用准则在一个物种上的细化和落实，是用于指导绿色食品生产活动，规范绿色食品生产技术的技术规定。包括农产品种植、畜禽养殖、水产养殖和食品加工四个方面。

1. 种植业生产操作规程

种植业的生产操作规程系指农作物的整地播种、施肥、浇水、喷药及收获五个环节中必须遵守的规定。其主要内容是：

① 植保方面，农药的使用在种类、剂量、时间和残留量方面都必须符合生产绿色食品的农药使用准则；

② 作物栽培方面，肥料的使用必须符合生产绿色食品的肥料使用准则，有机肥的施用量必须达到保持或增加土壤有机质含量的程度；

③ 品种选育方面，选育尽可能适应当地土壤和气候条件，并对病虫草害有较强的抵抗力的高品质优良品种；

④ 在耕作制度方面，尽可能采用生态学原理，保持特种的多样性，减少化学物质的投入。

2. 畜牧业生产操作规程

畜牧业的生产操作规程系指在畜禽选种、饲养、防治疫病等环节的具体操作规定。其主要内容是：

① 选择饲养适应当地生长条件的抗逆性强的优良品种；

② 主要饲料原料应来源于无公害区域内的草场、农区、绿色食品种植基地和绿色食品加工产品的副产品；

③ 饲料添加剂的使用必须符合生产绿色食品的饲料添加剂使用准则，畜禽房舍消毒用药及畜禽疾病防治用药必须符合生产绿色食品的兽药使用准则；

④ 采用生态防病及其他无公害技术。

3. 水产养殖业生产操作规程

水产养殖过程中的绿色食品生产操作规程，其主要内容是：

① 养殖用水必须达到绿色食品要求的水质标准；

② 选择饲养适应当地生长条件的抗逆性强的优良品种；

③ 鲜活饵料和人工配合饲料的原料应来源于无公害生产区域；

④ 人工配合饲料的添加剂使用必须符合生产绿色食品的饲料添加剂使用准则；

⑤ 疾病防治用药必须符合生产绿色食品的水产养殖用药使用准则；

⑥ 采用生态防病及其他无公害技术。

4. 食品加工业绿色食品生产操作规程

其主要内容是：

① 加工区环境卫生必须达到绿色食品生产要求；

② 加工用水必须符合绿色食品加工用水标准；

③ 加工原料主要来源于绿色食品产地；

④ 加工所用设备及产品包装材料的选用必须具备安全、无污染的条件；

⑤ 在食品加工过程中，食品添加剂的使用必须符合生产绿色食品的食品添加剂使用准则。

目前中国绿色食品发展中心正委托国内权威机构，按东北、华北、西北、华中、华东、西南、华南七个地理区划分别制定生产操作规程，其中华北地区已有19个物种的生产操作规程制定完成。

三、绿色食品最终产品标准

该标准是衡量绿色食品最终产品质量的指标尺度。它虽然跟普通食品的国家标准一样，规定了食品的外观品质、营养品质和卫生品质等内容，但其卫生品质要求高于国家现行标准，主要表现在对农药残留和重金属的检测项目种类多、指标严。而且，使用的主要原料必须是来自绿色食品产地的、按绿色食品生产技术操作规程生产出来的产品。绿色食品最终产品标准反映了绿色食品生产、管理和质量控制的先进水平，突出了绿色食品产品无污染、安全的卫生品质。

目前，经农业部审查批准，已有绿色食品玉米、大米、梨、苹果、葡萄等数十项标准作为中华人民共和国行业标准予以发布执行，现仅简述绿色食品产品标准的基本要求、绿色食品产品检验规则（NY/T 1055—2006）。

（一）绿色食品产品标准的基本要求

1. 原料要求

绿色食品的主要原料来自绿色食品产地，即经过绿色食品环境监测证明符合绿色食品环境质量标准，按照绿色食品生产操作规程生产出来的产品。对于某些进口原料，例如生产果蔬脆片所用的棕榈油、生产冰淇淋所用的黄油和奶粉，无法进行原料产地环境检测的，经中国绿色食品发展中心指定的食品监测中心按照绿色食品标准进行检验，符合标准的产品才能作为绿色食品加工原料。

2. 感官要求

包括外形、色泽、气味、口感、质地等。感官要求是食品给予用户或消费者的第一感觉，是绿色食品优质性的最直观体现。绿色食品产品标准有定性、半定量、定量标准，其要求严于非绿色食品。

3. 理化要求

这是绿色食品的内涵要求，它包括应有成分指标，如蛋白质、脂肪、糖类、维生素等，这些指标不能低于国际标准；同时它还包括不应有的成分指标，如汞、铬、砷、铅、镉等重金属和六六六、DDT等国家禁用的农药，要求与国外先进标准或国际标准接轨。

4. 微生物学要求

产品的微生物学特征必须保持，如活性酵母、乳酸菌等，这是产品质量的基础。而微生物污染指标必须加以相当于或严于国标的限定，例如菌落总数、大肠菌群、致病菌（金黄色葡萄球菌、乙性链球菌、志贺菌及沙门菌）、粪便大肠杆菌、霉菌等。

（二）**绿色食品产品检验规则**（NY/T 1055—2006）

1. 范围

本标准规定了绿色食品的产品检验分类、抽样和判定规则。本标准适用于绿色食品的产品检验。

2. 规范性引用文件

《绿色食品　产品抽样准则》（NY/T 896—2004）。

3. 检验分类

（1）检验　每批产品交收（出厂）前，都应进行交收（出厂）检验，交收（出厂）检验内容包括包装、标志、标签、净含量和感官等，对加工产品的检验还应包括理化指标检验，检验合格并附合格证方可交收（出厂）。

（2）型式检验　型式检验是对产品进行全面考核，即对产品标准规定的全部指标进行检验，同一类型加工产品每年应进行一次；种植（养殖）产品每个种植（养殖）生产周期应进行一次。有下列情形之一时，也应进行型式检验：

① 国家质量监督机构或主管部门提出进行型式检验要求时；

② 加工产品停产三个月以上以及种植（养殖）产品因人为或自然因素使生产环境发生较大变化时；

③ 加工品的原料、工艺、配方有较大变化，可能影响产品质量时；

④ 前后两次抽样检验结果差异较大时。

（3）认证检验　申请绿色食品认证的食品，应按本标准确定的该产品相应的标准中的全部指标进行检验。

（4）监督检验　监督检验是对获得绿色食品标志使用权的食品质量进行的跟踪检验。组织监督检验的机构应根据抽查食品生产基地环境情况、生产过程中的投入品及加工品中食品添加剂的使用情况、所检产品中可能存在的质量风险确定检测项目，并应在监督抽查实施细则中予以规定。

4. 检验依据

(1) 已颁布绿色食品标准的产品　应按相应标准进行检验。

(2) 未制定绿色食品标准但仍在绿色食品认证规定范围内的产品　检验依据的确认程序如下。

① 将申报的产品与已有绿色食品标准的产品进行共性归类，若其特性和生产情况等与已颁布绿色食品产品标准的产品相同或相近，可参照执行现行的绿色食品产品标准。

② 查询检索相关产品的国家标准或行业标准，按相应的国家标准或行业标准执行，若有分级时按其标准的优（特）级或一级指标执行。

③ 企业标准基本符合绿色食品有关质量要求的，执行相关企业标准。同时认证机构可根据食品生产过程中的化肥和农（兽）药等投入品及加工品中食品添加剂的使用情况、所检产品中存在的主要质量安全问题增加相应的检测项目。

④ 以上方法都不适用时，认证机构可组织专家按绿色食品标准的有关要求对企业执行的企业标准或地方标准审查、修改后，由企业在其所在地标准化行政管理部门以企业标准形式备案后执行。

5. 抽样

(1) 组批　种植（养殖）产品：产地抽样时同品种、相同栽培（养殖）条件、同时收购（捕捞、屠宰）的产品为一个检验批次；市场抽样时同品种、同规格的产品为一个检验批次。包装车间或仓库抽样时，同一批号的产品为一个检验批次。加工产品：同一班次生产的名称、包装和质量规格相同的产品为一个检验批次。

(2) 抽样方法　按照 NY/T 896—2004 的规定执行。

6. 判定规则

(1) 结果判定

① 检测结果全部合格时则判该批产品合格。包装、标志、标签、净含量、理化指标等项目有 2 项（含 2 项）以上不合格时则判该批产品不合格；如有一项不符合要求，可重新加倍取样复验，以复验结果为准。任何 1 项卫生（安全）或微生物学（生物学）指标不合格时则判该批产品不合格。

② 当绿色食品有关产品标准中的安全卫生指标相应的国家限量标准被修订时，若新的国家限量标准严于现行绿色食品标准，则按国家限量标准执行；若现行绿色食品标准严于或等同于新的国家限量标准，则仍按现行绿色食品标准执行。

③ 检验机构在检验报告中对每个项目均要作出“合格”、“不合格”或“符合”、“不符合”的单项判定；对被检产品应依据检验标准进行综合判定。

(2) 限度范围　初级农产品每批受检样品抽样检验时，对感官有缺陷的样品应做记录，每批受检样品的平均不合格率不应超过 5%，且样本数中任何一个样本不合格率不应超过 10%。

四、绿色食品包装与标签标准

（一）绿色食品包装标准

1. 食品包装的概念及基本要求

食品包装是指为了在食品流通过程中保护产品、方便贮运、促进销售，按一定技术而采用的容器、材料及辅助物的总称，也指为了在达到上述目的而采用容器、材料和辅助物的过程中施加一定的技术方法等的操作活动。

食品包装的基本要求是：

① 较长的保质期（货架寿命）；

② 不带来二次污染；

③ 少损失原有营养及风味；

④ 包装成本要低；

⑤ 贮藏运输方便、安全；

⑥ 增加美感，引起食欲。

2. 绿色食品包装的基本标准

我国的包装工业起步较晚，在发展与环保问题上，现有传统的某些包装不利于环保。包装产品从原料、产品制造、使用、回收和废弃的整个过程都应符合环境保护的要求，它包括节省资源、能量，减少、避免废弃物产生，易回收利用，再循环利用，可降解等具体要求和内容。也就是世界工业发达国家要求包装做到“3R”、“1D”［reduce（减量化）、reuse（重复使用）、recycle（再循环）和 degradable（再降解）］原则。

目前，我国制定了《绿色食品 包装通用准则》（NY/T 658—2002）。该包装标准规定了进行绿色食品产品包装时应遵循的原则，包装材料选用的范围、种类，包装上的标识内容等。

《绿色食品 包装通用准则》（NY/T 658—2002）的具体内容如下。

（1）范围 本标准规定了绿色食品的包装必须遵循的原则，包括绿色食品包装的要求、包装材料的选择、包装尺寸、包装检验、抽样、标志与标签、贮存与运输等内容。本标准适用于绿色食品。

（2）规范性引用文件 《逐批检查计数抽样程序及抽样表（适用于连续批的检查）》（GB/T 2828—2003）；《硬质直方体运输包装尺寸系列》（GB/T 4892—1996）；《食品标签通用标准》（GB 7718—94）；《食品包装用聚氯乙烯成型品卫生标准》（GB 9681—88）；《饮料酒标签标准》（GB/T 10344—89）；《圆柱体运输包装尺寸系列》（GB/T 13201—1997）；《特殊营养食品标签》（GB/T 13432—92）；《袋类运输包装尺寸系列》（GB/T 13757—92）；《单元货物尺寸》（GB/T 15233—94）；《孤立批计数抽样检验程序及抽样表》（GB/T 15239—94）；《产品质量监督小总体计数一次抽样检验程序及抽样表》（GB/T 15482—1995）；《托盘包装》（GB/T 16470—1996）；《包装废弃物的处理与利用通则》（GB/T 16716—1996）；《一次性可降解餐饮具降解性能试验方法》（GB/T 18006—1999）。

（3）适用于本标准的术语和定义

① 减量化（reduce）。在保证盛装、保护、运输、贮藏和销售的功能前提下，包装首先考虑的因素是尽量减少材料使用的总量。

② 重复使用（reuse）。将使用过的包装材料经过一定处理重新利用。

③ 回收利用（recycle）。把废弃的包装制品进行回收，经过一定方式的处理，使废弃物转化为新的物质或能源。

④ 可降解（degradable）。废弃的包装材料在特定的条件下，化学结构和物理机械性能可发生明显变化，出现分子量降低，物理机械性能下降或分解成二氧化碳和水。

（4）要求

① 根据不同的绿色食品选择适当的包装材料、容器、形式和方法，以满足食品包装的基本要求。

② 包装的体积和质量应限制在最低水平，包装实行减量化。

③ 在技术条件许可与商品有关规定一致的情况下，应选择可重复使用的包装；若不能

重复使用，包装材料应可回收利用；若不能回收利用，则包装废弃物应可降解。

④ 纸类包装要求：

a. 可重复使用、回收利用或可降解；

b. 表面不允许涂蜡、上油；

c. 不允许涂塑料等防潮材料；

d. 纸箱连接应采取黏合方式，不允许用扁丝钉钉合；

e. 纸箱上所作标记必须用水溶性油墨，不允许用油溶性油墨。

⑤ 金属类包装应可重复使用或回收利用，不应使用对人体和环境造成危害的密封材料和内涂料。

⑥ 玻璃制品应可重复使用或回收利用。

⑦ 塑料制品要求：

a. 使用的包装材料应可重复使用、回收利用或可降解。

b. 在保护内装物完好无损的前提下，尽量采用单一材质的材料。

c. 使用的聚氯乙烯制品，其单体含量应符合 GB 9681—88 的要求。

d. 使用的聚苯乙烯树脂或成型品应符合相应的国家标准的要求。

e. 不允许使用含氟氯烃（CFS）的发泡聚苯乙烯（EPS）、聚氨酯（PUR）等产品。

⑧ 外包装上印刷标志的油墨或贴标签的黏着剂应无毒，且不应直接接触食品。

⑨ 可重复使用或回收利用的包装，其废弃物的处理和利用按 GB/T 16716—1996 的规定执行。

（5）包装尺寸

① 绿色食品运输包装件尺寸应符合 GB/T 4892—1996、GB/T 13201—1997、GB/T 13757—92 的规定。

② 绿色食品包装单元应符合 GB/T 15233—94 的规定。

③ 绿色食品包装用托盘应符合 GB/T 16470—1996 的规定。

（6）抽样　根据包装材料及相关产品中规定的检验方法进行抽样。一般生产中按 GB/T 2828—2003 执行，产品认证或监督抽查检验按 GB/T 15239—94 执行；鉴定检验及仲裁检验按 GB/T 15239—94 执行。

（7）试验方法

① 可降解材料，参照 GB/T 18006.2—1999 进行检验。

② 食品包装用聚氯乙烯成型品，按 GB 9681—88 的规定执行；其余包装材料卫生性能按相应材料的卫生标准检验。

（8）标志与标签　绿色食品外包装上应印有绿色食品标志，并应有明示使用说明及重复使用、回收利用说明。标志的设计和标识方法按有关规定执行；绿色食品标签除应符合 GB 7718的规定外，若是特殊营养食品，还应符合 GB/T 13432 的规定。

（9）贮存与运输　绿色食品包装贮存环境必须洁净卫生，应根据产品特点、贮存原则及要求，选用合适的贮存技术和方法；贮存方法不能使绿色食品发生变化，引入污染。可降解食品包装与非降解食品包装应分开贮存与运输。绿色食品不应与农药、化肥及其他化学制品等一起运输。

（二）绿色食品标签标准

食品标签是指预包装食品容器上的文字、图形、符号以及一切说明物。任何商品都有标签，一个标准化的食品标签，反映着国家水平、社会文明和食品企业的素质。

绿色食品产品包装，除食品包装基本要求外，应符合《绿色食品标志设计标准手册》的要求。该《手册》对绿色食品的标准图形、标准字形、图形和字体的规范组合、标准色、广告用语以及在产品包装标签上的规范应用均作了具体规定。

绿色食品包装标签标准正在制定，在制定以前，绿色食品的包装标签应符合国家《食品标签通用标准》（GB 7718—94）的规定。标准中规定食品标签上必须标注以下内容：

① 食品名称；

② 配料表；

③ 净含量及固形物含量；

④ 制造者、经销者的名称和地址；

⑤日期标志（生产日期、保质期或/和保存期）和贮藏指南；

⑥ 质量（品质）等级；

⑦ 产品标准号；

⑧ 特殊标注内容。

（三）绿色食品防伪标签标准

绿色食品防伪标签对绿色食品具有保护和监控作用。防伪标签具有技术上的先进性、使用的专用性、价格的合理性等特点，标签类型多样，可以满足不同的产品的包装。标准规定：

① 许可使用绿色食品标志的产品必须加贴绿色食品标志防伪标签。

② 绿色食品标志防伪标签只能使用在同一编号的绿色食品产品上。非绿色食品或与绿色食品防伪标签编号不一致的绿色食品产品不得使用该标签。

③ 绿色食品标志防伪标签应贴于食品标签或其包装正面的显著位置，不得掩盖原有绿标、编号等绿色食品的整体形象。

④ 企业同一种产品贴用防伪标签的位置及外包装箱封箱用的大型标签的位置应固定，不得随意变化。

五、绿色食品贮藏运输标准

该项标准对绿色食品贮运的条件、方法、时间作出规定。以保证绿色食品在贮运过程中不遭受污染、不改变品质，并有利于环保、节能。现将绿色食品贮藏运输准则（NY/T 1056—2006）介绍如下。

1. 范围

本标准规定了绿色食品贮藏运输的要求。本标准适用于绿色食品贮藏与运输。

2. 规范性引用文件

《绿色食品　农药使用准则》（NY/T 393—2000）；《绿色食品　兽药使用准则》（NY/T 472—2001）；《绿色食品　包装通用准则》（NY/T 658—2002）；《人造冰》（SC/T 9001—84）。

3. 要求

（1）贮藏

① 贮藏设施的设计、建造、建筑材料。用于贮藏绿色食品的设施结构和质量应符合相应食品类别的贮藏设施设计规范的规定；对食品产生污染或潜在污染的建筑材料与物品不应使用；贮藏设施应具有防虫、防鼠、防鸟的功能。

② 贮藏设施周围环境。周围环境应清洁和卫生，并远离污染源。

③ 贮藏设施管理。

a. 贮藏设施的卫生要求。设施及其四周要定期打扫和消毒；贮藏设备及使用工具在使用前均应进行清理和消毒，防止污染；优先使用物理或机械的方法进行消毒，消毒剂的使用应符合 NY/T 393 和 NY/T 472 的规定。

b. 出入库。经检验合格的绿色食品才能出入库。

c. 堆放。按绿色食品的种类要求选择相应的贮藏设施存放，存放产品应整齐；堆放方式应保证绿色食品的质量不受影响；不应与非绿色食品混放；不应和有毒、有害、有异味、易污染物品同库存放；保证产品批次清楚，不应超期积压，并及时剔除不符合质量和卫生标准的产品。

d. 贮藏条件。应符合相应食品的温度、湿度和通风等贮藏要求。

④ 保质处理。应优先采用紫外光消毒等物理与机械的方法和措施。在物理与机械的方法和措施不能满足需要时，允许使用药剂，但使用药剂的种类、剂量和使用方法应符合 NY/T 393 和 NY/T 472 的规定。

⑤ 管理和工作人员。应设专人管理，定期检查质量和卫生情况，定期清理、消毒和通风换气，保持洁净卫生。工作人员应保持良好的个人卫生，且应定期进行健康检查。应建立卫生管理制度，管理人员应遵守卫生操作规定。

⑥ 记录。建立贮藏设施管理记录程序（应保留所有搬运设备、贮藏设施和容器的使用登记表或核查表；应保留贮藏记录，认真记载进出库产品的地区、日期、种类、等级、批次、数量、质量、包装情况、运输方式，并保留相应的单据）。

（2）运输

① 运输工具。

a. 应根据绿色食品的类型、特性、运输季节、距离以及产品保质贮藏的要求选择不同的运输工具。

b. 运输应专车专用，不应使用装载过化肥、农药、粪土及其他可能污染食品的物品而未经清污处理的运输工具运载绿色食品。

c. 运输工具在装入绿色食品之前应清理干净，必要时进行灭菌消毒，防止害虫感染。

d. 运输工具的铺垫物、遮盖物等应清洁、无毒、无害。

② 运输管理。

a. 控温。运输过程中采取控温措施，定期检查车（船、箱）内温度以满足保持绿色食品品质所需的适宜温度；保鲜用冰应符合 SC/T 9001 的规定。

b. 其他。不同种类的绿色食品运输时应严格分开，性质相反和互相串味的食品不应混装在一个车（箱）中。不应与化肥、农药等化学物品及其他任何有害、有毒、有气味的物品一起运输。装运前应进行食品质量检查，在食品、标签与单据三者相符合的情况下才能装运。运输包装应符合 NY/T 658 的规定。运输过程中应轻装、轻卸，防止挤压和剧烈震动。运输过程应有完整的档案记录，并保留相应的单据。

思　考　题

1. 名词解释：绿色食品标准、绿色食品标准体系。
2. 简述绿色食品标准的构成。
3. 简述绿色食品标准的作用。

4. 绿色食品标准的制定原则是什么？

5. 简述绿色食品的等级标准。

6. 简述绿色食品标准及标准体系的特点。

7. 简述绿色食品产地环境质量标准、生产过程标准、最终产品标准、包装与标签标准及贮藏运输标准内容及适应性。

第四章　绿色食品产业体系建设

学习目标

1. 了解绿色食品产业体系的组成。
2. 掌握绿色食品生产资料的开发使用原则。
3. 了解绿色食品产业的发展趋势。

绿色食品产业化通常意义上是指建立在资源可持续利用和良好环境基础上，以绿色食品为主导产品，依托其生产基地，通过其产业化的组织方式，促进资源、环境与经济、社会的协调发展，最终实现经济效益、社会效益、生态效益共同提高的良性循环。绿色食品产业化的过程实质上就是绿色食品产业体系建设的过程。因此，推进产业化发展，加快产业体系建设，将是今后绿色食品发展的基本任务。

第一节　绿色食品产业体系

绿色食品产业是从普通食品再生产的各个环节中转化生成和发展起来的，既保留了食品产业的一般属性，又具有新的特殊属性。其特殊属性主要表现在：具有特殊的产品技术标准、特殊的生产工艺条件、特定的商品流通渠道、统一的产品标志和专门的组织管理系统。这些特殊性的存在，是绿色食品产业划分的基本依据。

一、绿色食品产业体系构成

1. 绿色食品产业的内涵和外延

根据绿色食品再生产的要求，绿色食品产业基本内涵可以概括为：由绿色食品的农产品生产和加工制造企业及其经专门认定的产前、产后专业化配套企业，以及其他绿色食品专业部门所组成的经济综合体。这个综合体内，各个组成部分之间存在特定的经济技术联系和相互依存联系，由此构成统一的产业结构体系。

就绿色食品产业的外延而言，其涵盖的范围应当包括：①绿色食品农业，其中包括种植业、渔业、畜牧业等；②绿色食品加工制造业，其中包括农产品加工和制造企业；③绿色食品专用生产资料制造业，其中包括肥料、农药、饲料及其添加剂、食品添加剂等生产企业；④绿色食品商业，其中包括绿色食品专业批发市场、专业批发和零售企业；⑤绿色食品科技部门，其中包括科技开发、科技推广和科技教育机构；⑥技术监测部门，其中包括环境监测和产品质量监测部门；⑦绿色食品管理部门，其中包括标准制订、质量认证、标志管理、综合服务部门；⑧绿色食品社会团体等。

2. 绿色食品产业的功能

产业功能是产业活动在与外部环境的联系中表现的作用。绿色食品产业具有多功能的特征。

绿色食品产业化体系不仅要实行产前、产中、产后一体化经营，同时，为了充分利用社会合力将绿色食品推向全社会，并获取一定的规模效益，也有必要将其作为一项系统工程，围绕生产加工系统，配套质量保证系统、食品营销系统、服务系统和管理系统，有组织、有步骤地全面实施。即以全程质量控制为核心，将农学、生态学、环境学、营养学、卫生学等多学科的原理综合运用到食品的生产、加工、包装、贮运、销售以及相关的教育、科研等环节，从而形成一个完善的优质食品的产供销及管理系统，逐步实现经济、社会、生态协调发展的系统工程。因此，绿色食品产业的功能主要表现在以下几方面：①从经济角度看，绿色食品工程是一项无污染、食品产销一体化的工程；②从生态角度看，绿色食品工程是一项保护资源和环境的可持续发展工程；③从技术路线看，绿色食品工程是一项将传统农业与现代化高新技术有机结合的工程；④从社会效益看，绿色食品工程是一项通过改善和提高生存环境质量，促进人民身体健康的工程；⑤从宏观上讲，通过以技术和管理为核心的全程质量控制措施，将一定区域范围内分散的农户和食品生产企业组织起来，共同纳入绿色食品产业建设体系，进而形成"以市场引导绿色食品生产龙头企业，龙头企业带动农户"的绿色食品产业化发展格局。

3. 绿色食品产业的目标体系

绿色食品产业的外延只是界定了产业涵盖的范围，而没有揭示其内部构造。为此，有必要进一步对绿色食品产业的体系进行构建。绿色食品产业体系是各个专业部门按照绿色食品再生产的要求进行分工与协作，形成的一体化综合经济运行体系。专业化分工和一体化运行是绿色食品产业体系的核心，也是绿色产业化发展的基本方向。

（1）目标体系的部门构成　根据实现产业功能的需要，绿色食品产业的目标体系应包括六大部门，即：投入部门、产出部门、商业流通部门、管理部门、技术监测部门和社会团体。各大部门分别由若干分部门组成。投入部门包括专用生产资料制造业和科技部门；产出部门包括农业和食品工业；商业流通部门包括商品批发、零售业；管理部门职能主要包括标准制订、质量认证、监督管理、综合服务；技术监测部门职能包括环境监测和产品监测；社会团体主要由绿色食品的微观主体组成。在绿色食品产业目标体系中，部门与部门之间、分部门与分部门之间以及不同层次之间彼此关联，相互作用，互为条件，构成有机的统一体。

目标体系只是反映了绿色食品产业发展阶段性的基本结构。在长期的发展中，随着结构水平的提高，部门将不断增加，结构层次将不断深化，绿色食品产业体系也将出现新的格局。

（2）各部门的作用和地位

① 投入部门。指绿色食品专用生产要素的供给部门，处于绿色食品产业链的始端。其主要职能如下。一是物质要素供给，为绿色食品的农业和食品工业提供专用的生产资料，包括绿色食品农业专用的肥料、农药、饲料及其添加剂，绿色食品工业专用的各类添加剂等。二是科技要素供给，为绿色食品产业的各个生产和流通部门提供科技支持，主要包括绿色食品的农业生产技术，农业生产资料技术，食品工业技术，商业流通的保鲜、储运、营销技术以及企业管理技术等，其供给活动主要体现为科技开发、科技推广、科技教育三种基本方式。供给部门对绿色食品产业起着物质保障作用，是产业技术进步的起点，其中科技开发、推广和教育发挥着主导和基础性作用。

② 产出部门。绿色食品产业的产中环节。其主要职能是：为社会提供绿色食品的物质产品，适应绿色食品消费不断增长的需要，同时形成投入部门的市场。产出部门也是绿色食品价值形成的主要环节，其生产能力和产出规模反映着绿色食品的产业规模，因而是绿色食品产业的主体部分。产出部门中的农业和食品工业是两个紧密关联的生产部门，其中农业处于基础地位，不仅是食品工业原料的主要来源，而且与生态环境直接进行能量和物质交换，

并完成对环境价值的转化，因而是绿色食品生产过程中对环境资源进行利用和保护的主要环节。食品工业是产出部门的主导，代表着绿色食品的发展方向，对农业和供给部门的发展起着带动作用。

③ 商业流通部门。在绿色食品再生产过程中，商业流通部门具有两个方面的职能：一是将绿色食品专用生产资料供给产出部门，以沟通供给部门与产出部门的供求关系；二是使绿色食品进入消费市场，实现其价值。因此商业流通既是产前部门又是产后部门。实现绿色食品价值是商业流通部门的主要职能。绿色食品流通追求的目标不仅是普通食品价值的实现，还应当包括环境附加值的实现，这是绿色食品商业流通和普通食品商业流通的本质区别。绿色食品批发和零售是商业流通部门的两个基本环节。其中批发环节是联结生产部门和零售商业的中介，对于解决产销之间在时空和集散方面的矛盾，以及促进专业化零售网点的发展和合理布局有着重要意义，因此是绿色食品商业流通的关键环节。零售商业处于绿色食品商业链的末端，直接与消费者联结，并最终实现绿色食品的价值，其专业化程度的高低对食品市场将产生重要影响。

④ 管理部门。绿色食品管理部门是绿色食品无形资产的管理者，其根本职责是促进无形资产的增值。因此，其主要职能应体现在加强产业自律和促进产业发展两个方面。产业自律，集中反映在三个环节：一是标准制订，包括技术标准和行为准则的制订等，以规范产业行为；二是质量认证，即对企业及其产品进行资格审定，以保证产品质量符合标准；三是监督管理，主要对绿色食品标志使用和产品质量等进行监督管理，以维护绿色食品的社会信誉。促进产业发展，主要体现在综合服务职能的发挥，包括规划指导、信息传递、国际交流、社会宣传等。管理部门的上述职能作用于绿色食品再生产的各个环节，并通过各级管理部门向企业延伸。

⑤ 技术检测部门。该部门独立于绿色食品管理部门之外，具有第三方公正性的特点。其主要职能是：对绿色食品的产地环境和产品质量进行监督和检验，为绿色食品管理提供技术依据。其运作的基本程序是：根据管理部门提交的检测任务对企业及其产品进行检测，并依据绿色食品有关标准，对检测标底的质量做出判定，并将判定结论送交管理部门，作为质量认证的依据。技术监测是绿色食品产业自律的技术措施。保持技术监测部门的相对独立性，是保证检测结论科学性、可靠性、公正性的基础，因而是绿色食品产业健康发展的体制保障。

⑥ 社会团体。绿色食品社会团体是经批准成立的全国性和地方性绿色食品社团组织。其主要职能是：协助管理部门发挥职能作用；组织企业进行自我服务、自我约束、自我协调和自我发展；沟通企业与政府的联系；维护企业合法权益等。社会团体的产生是绿色食品产业成长的显著标志之一，将在绿色食品产业发展中发挥越来越重要的作用。

二、主要绿色食品产业体系

1. 绿色食品农业生产体系

农业生产体系是指在农业生产经营活动中，以市场为导向，以效益为中心，突出资源优势，优化生产要素组合，使生产、加工、贮运、销售诸环节衔接起来，通过多种形式和紧密的利益关系，在产前、产中、产后形成一个较完整的产业体系，由此形成一种新的符合产业化经营的农业经营模式。

在绿色食品生产中，农业龙头企业拥有资金和技术，农户拥有劳动力和土地，只有劳动力、土地、资金、技术四个要素相结合，农业经济活动才能正常有效运行。绿色食品是无污染、安全、优质食品，必须按标准生产，选用优良品种，科学施用肥料、农药，既要维持生态平衡，实施可持续发展战略，又要保证产品质量，参与市场竞争。产业化龙头组织主要以综合防治为主，辅以有机肥料、生物农药的科学应用，农户可以发挥劳动力丰富的优势，在绿色食品生产过程中，龙头企业与农户可以实现优势互补。

2. 绿色食品加工制造业体系

绿色食品加工是采用绿色食品农、畜产品为原料，遵循有机生产方式进行的食品加工过程，是食品生产的最后一道重要环节，它直接关系到农、畜产品资源的充分利用和增值。绿色食品加工制造业体系的建立，不再是传统农业的延伸和继续，而已具有制造工业的性质，农、畜产品经加工制造，最终以工业产品形态进入市场。

3. 绿色食品专用生产资料制造业体系

绿色食品专用生产资料制造业体系的建立有利于加强安全高效的肥料、农药、兽药、饲料添加剂、食品添加剂等绿色食品生产资料的开发、推广和使用工作。

4. 绿色食品商业流通体系

市场需求是绿色食品发展的根本动力，市场流通是绿色食品产业体系的重要组成部分。促进绿色食品市场发育，对于进一步满足消费需求，充分实现产品价值，提高企业效益，带动产业发展具有至关重要的作用。绿色食品商业流通体系的建立有助于加强绿色食品市场培育和流通体系建设；积极引导和指导企业建设绿色食品批发市场、配送中心、专店、专柜等；组织绿色食品生产企业与商业企业建立供销关系，推动厂商合作。

5. 绿色食品科技教育体系

绿色食品既要有优质农产品的营养品质，又要有健康安全的环境品质，开发绿色食品必须依靠农业科技进步，而且可带动多学科技术的协同进步，促进农业科技发展。绿色食品是农学、环境、农业化学、食品、医学卫生等相关多学科技术结合的产物，与之关系较密切的学科技术有：农业科学技术、畜牧科学技术、环境保护技术、营养科学技术、卫生科学技术等。因此，绿色食品发展是一项复杂的系统工程，必须要有完整的科技教育体系为支撑。

6. 绿色食品技术监督体系

绿色食品生产必须兼顾质量和产量，而实现高质量和高产量双重目标，必须依靠增加科技投入，加快科技创新和科技进步，逐步建立和不断完善绿色食品生产技术监督体系。

7. 绿色食品管理体系

绿色食品管理体系是一种通过一系列科学化、制度化的措施，监督生产者保持稳定的生产条件，履行承诺的各项义务，规范使用绿色食品标准，最终使消费者利益得到保护的管理体系。它是一种保障绿色食品能够真正实现其根本价值的重要手段。

8. 绿色食品社会团体

1996 年 5 月，中国绿色食品协会正式成立。其主要职能是推动绿色食品开发的横向经济联合，协调绿色食品科研、生产、贮运、销售、监测等方面的关系，组织绿色食品事业理论研究、人员培训、社会监督、信息咨询、科技推广与服务，并成为政府与绿色食品企事业单位之间的桥梁和纽带，为绿色食品事业的健康稳步发展和产业的加速建设提供有效的综合服务和有力的社会支持。

第二节　绿色食品生产资料开发

绿色食品生产资料是指经中国绿色食品发展中心认定，符合绿色食品生产要求及相关标准的，被正式推荐用于绿色食品生产的生产资料，分为 AA 级绿色食品生产资料和 A 级绿色食品生产资料。AA级绿色食品生产资料推荐用于所有绿色食品生产，A级绿色食品生产资料仅推荐用于A级绿色食品生产。

绿色食品生产资料涵盖农药、肥料、食品添加剂、饲料添加剂（或预混料）、兽药、包装材料、其他相关生产资料。

一、绿色食品生产资料在生产中的地位与作用

绿色食品生产资料是绿色食品产业体系的重要组成部分，是绿色食品质量的物质技术保障，在绿色食品产业体系中处于基础性地位。绿色食品生产资料的正确使用与否，直接影响到绿色食品畜禽产品、水产品、加工品的质量。如兽药残留影响到人们身体健康，甚至危及生命安全。为此中国绿色食品发展中心制定了《绿色食品　兽药使用准则》、《绿色食品　渔药使用准则》、《绿色食品　食品添加剂使用准则》、《绿色食品　饲料添加剂使用准则》，对这些生产资料的允许使用品种、使用剂量、最高残留量和最后一次休药期的天数做出了详细的规定，确保绿色食品的质量。

二、绿色食品生产资料开发的必要性

中国绿色食品发展中心于1996年开始开展绿色食品生产资料认定和推荐工作。到2006年底，在三年有效期内的企业总数共有24家，产品50个。其中肥料产品16个，占32%；农药产品1个，占2%；饲料及饲料添加剂产品28个，占56%；食品添加剂产品4个，占8%；其他产品1个，占2%。与2001年相比，全国绿色生产资料产品总数增加2.3倍，平均每年增长17.8%。虽然绿色食品生产资料发展从纵向上看，实现了一定的增长速度，但由于起步基数小，总体规模仍然在较低水平上徘徊，而与全国绿色食品发展的速度和规模相比，更加突显严重的不平衡性和不适应性。2005年全国无公害农产品绿色食品会议确立的全面协调、持续健康、加快发展的新的发展观，把技术支撑体系建设作为全面发展的重要内容，也是对发展绿色食品生产资料提出的要求。绿色食品的快速发展，要求绿色食品生产资料必须进一步加快自身发展，扩大总量规模，并得到广泛推广和应用，为此，绿色食品生产资料证明商标于2007年2月21日在国家商标局正式注册。

绿色食品生产资料证明商标使用许可制度的建立，实现了绿色食品生产资料发展的法制化、规范化和品牌化，不仅有利于绿色食品生产资料得到法律的保护、市场的认可和价值的实现，而且将以此为契机，推进制度创新，完善运行机制，合理调整产品结构，同时加大推广工作力度，促进全国绿色食品生产资料进入加快发展的新阶段。

三、几种绿色食品生产资料的开发

（一）绿色食品生产肥料的开发

1. 绿色食品生产对肥料的要求

绿色食品是无污染的、安全、优质、营养类食品，其特性决定了绿色食品“从土地到餐桌”必须进行全程质量控制。绿色食品生产所用的肥料必须满足作物对营养素的需要，使足够数量的有机物质返回土壤，以保持或增加土壤肥力及土壤生物活性。所有有机或无机（矿质）肥料应不对环境和作物（营养、味道、品质和植物抗性）产生不良后果。

2. 绿色食品生产肥料的开发原则

绿色食品生产所用肥料，均要求以无害化处理的有机肥、生物有机肥和无机（矿质）肥为主，生物菌肥、腐殖酸类肥、氨基酸类叶面肥作为绿色食品生产过程的必要补充。

3. 绿色食品生产肥料开发的种类

（1）农家肥料　指就地取材、就地使用的各种有机肥料。它由大量生物物质、动植物残体、排泄物、生物废气等积制而成，包括堆肥、沤肥、厩肥、沼气肥、绿肥、作物秸秆肥、

泥肥、饼肥等。

(2) 商品肥料　指按国家法规规定，受国家肥料部门管理，以商品形式出售的肥料。包括商品有机肥、腐殖酸类肥、微生物肥、有机复合肥、无机（矿质）肥、叶面肥等。

(3) 其他肥料　指以不含有毒物质的食品、纺织工业的有机副产品以及骨粉、骨胶废渣、氨基酸残渣、家禽和家畜的加工废料、糖厂废料等有机物料制成的肥料。

（二）绿色食品生产农药的开发

1. 绿色食品生产对农药的要求

绿色食品生产应从作物—病虫草等整个生态系统出发，综合运用各种防治措施，创造不利于病虫草害孳生和有利于各类天敌繁衍的环境条件，保持农业生态系统的平衡和生物多样性，减少病虫草害所造成的损失。优先采用农业措施，通过选用抗病抗虫品种、采用非化学药剂处理种子、培育壮苗、加强栽培管理、中耕除草、秋季深翻晒土、清洁田园、轮作倒茬、间作套种等一系列措施起到防治病虫的作用，还应利用灯光、色彩诱杀害虫，机械捕捉害虫，机械和人工除草等措施，防治病虫草害。特殊情况下，必须使用农药时，应遵循《绿色食品　农药使用准则》，以生物源、植物源和矿物源农药为主，在生产A级绿色食品的过程中使用人工合成的化学农药时，应选用高效、低毒、低残留的农药和昆虫特异性生长调节剂，避免对害虫天敌、人畜及环境造成污染。

2. 绿色食品生产农药的开发原则

(1) 环境相容性好　指农药对非靶标生物（如天敌）的毒性低，影响小；在大气、土壤、水体、作物中易分解，无残留影响，如生物源农药、植物源农药。

(2) 活性高　指用量少，发挥作用时间短，效果强。

(3) 安全性好　指对靶标生物及人类无害。

(4) 市场潜力大　指产品适应生产需要，符合产品安全、环保、产品质量要求，具有较大的发展空间和生命力。

3. 绿色食品生产农药开发的种类

(1) 生物源农药　生物源农药是绿色食品生产的首选农药。

① 生物源农药在绿色食品生产中的地位和作用。生物源农药是一类生物制剂，它具有对人畜安全；对植物不产生药害；选择性高，对天敌安全，不破坏生态平衡，害虫难以产生抗药性；在阳光和土壤微生物的作用下易于分解，不污染生态环境，不污染农产品，没有残留；价格低廉，易于进行大规模工业化生产等诸多优点，因而越来越受到人们的重视和欢迎。

在生物源农药诸多有利因素中，其中之一就是对植物病原体、害虫、杂草的天敌无或有极少的杀伤作用，而天敌可制约植物的病原菌、害虫、杂草的发生和危害。另一方面，生物源农药能直接杀死部分害虫、植物病原菌和杂草。这样，加上其他防治措施的密切配合，不但可以防治病虫草害，使绿色食品生产保质保量，而且使捕食性天敌有食物来源，使寄生性天敌有宿主。在绿色食品生产中，它们可长期地发挥作用，使农业生态环境保持局部平衡。

因此，绿色食品生产的病虫草害防治原则是以生物防治为主，以生态调控为基础，创造有利于作物生长和产量提高、有利于病虫草天敌栖息繁衍、不利于有害生物生存的环境条件，从而获得最大的经济效益。

② 生物源农药的分类。按其来源和利用对象划分，生物源农药一般分为活体生物和来源于生物的生理活性物质。

a. 活体生物。如天敌昆虫、捕食螨、放饲哺育昆虫和微生物（病毒、细菌、线虫、真菌、拮抗微生物）。

b. 来源于生物的生理活性物质。如信息素、摄食抑制剂、保幼激素、抗生菌和来源于植物的生理活性物质。

③ 生物源农药的应用。

微生物活体农药的有效成分是昆虫病原微生物、真菌、病毒、微孢子虫和植物病原的拮抗菌等微生物活体。

a. 细菌杀虫剂。细菌杀虫剂是利用对某些昆虫有致病或致死作用的杀虫细菌，及其所含有的活性成分制成，用于防治和杀死目标害虫的生物杀虫制剂。

作用机理：胃毒作用。昆虫摄入病原菌后，病原菌从口腔进入消化道内，经前肠到胃（中肠），被中肠细胞吸收后，通过胃壁进入体腔与血液接触，使之得败血症而导致全身中毒死亡。

代表：苏云金杆菌、蜡质芽孢杆菌等。

b. 真菌杀虫剂。真菌杀虫剂是一类寄生谱较广的昆虫病原真菌，是一种触杀性微生物杀虫剂。

作用机理：昆虫病原真菌的感染途径不同于细菌及病毒等病原体，它们常以分生孢子附着于昆虫皮肤，分生孢子吸水后萌发长出新芽管或形成附着器，经皮肤侵入昆虫体内，菌丝体在虫体内不断繁殖，并侵入各种器官，造成血液淋巴的病理变化，组织解体，同时菌体的营养生长也引起昆虫机械封阻，造成物理损害，最后导致昆虫死亡。

代表：白僵菌、绿僵菌、蜡蚧轮枝菌等。

c. 病毒杀虫剂。病毒杀虫剂是一类以昆虫为寄主的病毒类群。

作用机理：病毒是一类没有细胞构造的微生物，主要成分是核酸和蛋白质，昆虫病毒在寄主体外存在时不表现任何生命活动，不进行代谢、生长和繁殖，只有在适宜条件下才侵染寄主。昆虫病毒为专性寄生，病毒感染害虫后，核酸先射入寄主细胞，外壳留在外面，核酸在寄主细胞中利用寄主细胞物质，进行复制病毒粒子而繁殖，最终导致昆虫死亡。

代表：核多角体病毒、颗粒体病毒等。

d. 线虫杀虫剂。作用机理：感染期线虫通常从昆虫的口腔进入寄主的嗉囊，也可以通过昆虫气孔、肛门等自然开口进入寄主体内的中肠，然后穿透肠壁进入血腔，发育后在血淋巴中迅速繁殖，在不到48h内，使昆虫引起致命的败血症而死亡。

代表：昆虫病原线虫等。

e. 微孢子杀虫剂。作用机理：微孢子虫为原生动物，它是经寄主口或皮肤感染的，经卵感染的幼虫大多在幼虫期死亡；经口感染时，孢子在肠内发芽，穿透肠壁，寄生于脂肪组织、马氏管、肌肉及其他组织，并在其中繁殖，使寄主死亡。

代表：行军虫微孢子虫和蝗虫微孢子虫等。

f. 农用抗生素。其作用机理是抑制病原菌产生能量，如链球菌、土霉素和金霉素；干扰生物合成，如灭瘟素；破坏细胞结构，如多氧霉素、井冈霉素等。具有防治对象广、产品多、应用面积大的特点。

g. 生物活性杀虫剂。来源于昆虫和植物的具有特殊功能的物质，这类物质对昆虫的生理行为产生产期影响，使其不能繁殖为害，也成为特异性农药，一般用量少，选择性强，对植物安全，对人畜无害，不杀伤天敌。

代表：引诱剂、驱避剂、拒食剂、不育剂、昆虫生长调节剂等。

h. 植物源杀虫剂。利用植物的某些具有杀虫活性的部位提取其有效成分制成的杀虫剂，按其作用方式，可分为以下几种。特异性植物原杀虫剂：指主要起抑制昆虫取食和生长发育等作用的植物源杀虫剂，从植物中分离出的有效成分有糖苷类、醌类和酚类、萜烯类、香豆素类、木聚糖类、生物碱类、甾族化合物类，其中萜烯类最重要；触杀性植物源杀虫剂：指对昆虫主要起触杀作用的植物源杀虫剂，如除虫菊、鱼藤、烟草、苦参等；胃毒性植物源杀虫剂：如卫矛科的苦树皮，透骨草科的透骨草，毛茛科的绿藜芦。

（2）矿物源农药　有效成分起源于矿物质的无机化合物和石油类农药。

① 无机杀螨杀菌剂。可分为硫制剂：硫悬浮剂、可湿性硫、石硫合剂等；铜制剂：硫酸铜、王铜、氢氧化铜、波尔多液等。

② 矿物油乳剂。有煤油乳剂和润滑油乳剂两类。具有触杀作用，一般能杀灭虫卵或防治介壳虫、蚜虫和螨类等。

（3）有机合成农药　由人工研制合成，并由有机化学工业生产的一类农药，包括杀虫杀螨类、杀菌剂、除草剂，可在A级绿色食品生产上限量使用。

（三）绿色食品生产饲料添加剂的开发

1. 绿色食品生产对饲料添加剂的要求

饲料添加剂是指为了满足饲养动物的需要向饲料中添加的少量或微量物质，其目的在于加强饲养动物的营养和疾病防治，是保证绿色食品畜禽、水产品质量的重要环节。作为绿色食品生产饲料添加剂，除满足一般畜禽饲料添加剂需求外，特别强调无毒害，禁止使用对人体健康有影响的化学合成添加剂。

2. 绿色食品生产饲料添加剂开发的种类

绿色食品生产饲料添加剂的开发应立足于纯天然的成长促进剂，包括抗生素、激素、抗菌药物、驱虫药和抗氧化剂的开发，以减少和逐步取消化学合成添加剂在饲料中的使用。

（1）中草药饲料添加剂　中药是天然药物，与合成或发酵的药物相比，具有毒性低、无残留、副作用小、不产生抗药性等优点，兼有营养和药物性双重作用，并且对人类医学用药不产生影响；另一方面，中药加工方便，价格低廉，是一类值得开发应用的饲料添加剂。

（2）活菌添加剂　活菌制剂又名天然添加剂——益生菌，是指摄入动物体内参与肠内微生物平衡的活性微生物培养物，具有直接通过增强动物对肠内有害微生物群落的抑制作用，或通过增强非特异性免疫功能来预防疾病，而间接起到促进动物生长作用和提高饲料转化率的功能。

活菌制剂的作用不同于激素类和抗生素类，它是通过肠内菌的活动，改善消化吸收功能，达到保持家畜健康发育的目的。

（3）调味剂、诱食剂作为饲料添加剂　饲料营养、采食量和消化吸收是保证动物健康生产、高效生产的三个要素。配方技术的发展和完善使饲料中营养的组成日臻科学和平衡，但也越来越失去了原有饲料的风味，饲料中的矿物质和药物影响动物的适口性，而调味剂的发展可以弥补这方面的不足。

（四）绿色食品生产食品添加剂的开发

1. 绿色食品生产对食品添加剂的要求

食品添加剂是指为改善食品品质和色、香、味以及为防腐和加工工艺需要而加入食品中的化学合成或天然物质。

食品添加剂的一般要求：

① 食品添加剂本身应该经过充分的毒理学评价，证明在一定范围内对人体无害；

② 食品添加剂在进入人体后，最好能参与人体正常的物质代谢，或被正常生理过程解毒后排出体外，或因不被消化而全部排出体外，不能在人体内分解或与食品作用而形成对人体有害的物质；

③ 食品添加剂在达到一定的工艺效果后，能在以后的加工、烹调过程中消失或被破坏，避免摄入人体；

④ 食品添加剂要有助于食品的生产、加工、制造和贮存等过程，具有保持食品营养价值，防止腐败变质，增强感官性状，提高产品质量等作用；

⑤ 食品添加剂应有严格的质量标准，有害杂质不得检出或不超过允许限量；

⑥ 使用方便，易于检测，利于贮运，价格低廉。

作为绿色食品生产的食品添加剂，除满足一般要求外，特别要求强调无毒害，禁止使用对人体健康有影响的化学合成添加剂。

2. 绿色食品生产食品添加剂开发的种类

食品添加剂的发展将由天然食品添加剂取代化学合成的食品添加剂，开发种类包括天然色素、抗氧化剂和食品强化剂。

开发高效安全的食品添加剂及食品添加剂的科学合理使用技术是未来食品工业发展的方向。

第三节 绿色食品市场体系建设

市场既是一项产业生存的环境和发展空间，又是产业发展的推动力，市场体系建设是产业体系建设的重要组成部分。绿色食品产业发展置身于社会主义市场经济大环境里，产业本身特点赋予了市场新的内涵。作为产业发展的一个组成部分，绿色食品市场是一个完整的体系，建立和完善这个体系，不仅是为了满足广大消费者对绿色食品的需求，而且也是产业本身持续稳定发展的需要。

一、绿色食品市场体系的特点

由于绿色食品产品及其生产方式与普通食品不同，因而其市场体系有自身的特点。概括起来，绿色食品市场体系有三个特点。

1. 结构完整

绿色食品开发将农工商部门、产加销环节紧密地结合在一起，并通过市场的联结和推动作用，不断扩大规模，提高水平，实现效益，因此，绿色食品市场并非是单一的生产要素市场和产品市场，而是产品市场、要素市场、技术市场、营销市场构成的一个整体。

就产品市场而言，不仅仅是指构筑产品流通渠道，而是包括软件和硬件两个方面。软件方面是根据市场运行的基本规则和要求，研究绿色食品的市场需求规律、流通规律和营销策略，从而为绿色食品的市场定位、价值体现以及绿色食品企业积极有效地参与市场竞争等提供依据。硬件方面是指在软件的基础上，构建绿色食品走向市场的物质基础和有形依托，包括绿色食品基地建设、绿色食品龙头企业培育、绿色食品营销渠道建设、市场营销组织建设、物业管理建设等。

就绿色食品流通渠道而言，也不仅仅是单一的区域性营销网点、网络建设，而是应把全国的绿色食品流通网建设作为一个整体。在绿色食品进入国际市场时，更应该将绿色食品市场作为一个整体来培育和发展，这样才有利于提高绿色食品产业在国际市场上的竞争力。

2. 功能专业

绿色食品市场体系发育和完善的结果，一方面是为绿色食品生产企业提供专业化的生产资料和技术服务，并为绿色食品产品进入市场提供流通渠道；另一方面是为广大消费者提供购买绿色食品和服务的专业场所。

绿色食品市场体系功能专业化特点是由绿色食品产品和产业本身的特点决定的。绿色食品产品无污染、安全、优质、营养的基本特点，需要绿色食品生产资料为绿色食品生产企业和广大农户提供生物肥料、生物农药、天然食品添加剂以及饲料添加剂等专业化的生产资料，并配合以专业化的技术服务，这样才能落实绿色食品生产加工操作规程，确保绿色食品最终产品的质量，同时提高绿色食品产业发展的技术水平。只有通过专业化的流通渠道，才能集中展示绿色食品产品的特点，树立企业形象，才能满足广大消费者的规模需求，才能实现绿色食品独特的价值，才能体现开发绿色食品的经济效益和社会效益。

3. 机制规范

市场体系的健康运行依靠规范的机制来保障，绿色食品市场体系运行的机制由三个紧密联系的手段构成。

(1) 以标准为核心的技术手段　无论是进入市场的绿色食品生产资料，还是进入市场的绿色食品产品，都必须依据绿色食品标准体系，经过严格的审查和认证。

(2) 以质量为核心的竞争手段　进入市场的绿色食品生产资料和产品在确保质量的前提下，公平地参与竞争，并由供求关系反映的价格信号来调节。

(3) 以标志为核心的法律手段　绿色食品产业发展实施商标管理，进入绿色食品市场体系的经济主体要受到法律的约束和规范，这样才能建立有效的市场环境和规范的交易规则，并维护绿色食品生产者、经营者和消费者的权益。

二、绿色食品市场体系的地位与作用

绿色食品市场体系建设在绿色食品产业发展中占据极其重要的地位，它既是产业的基础，也是产业发展的推动力。

1. 市场体系建设为绿色食品产业发展提供了空间

绿色食品生产企业和营销企业是从事绿色食品产业活动的主体，在市场经济环境里，它们都将通过产品在市场实现价值来追求经济利益，并通过市场竞争来表现其发展的生命力。如果没有完整的市场体系，生产资料无法获得，产品无法走向市场；如果没有市场机制的调节，难以提高企业和产品的市场竞争力；如果没有开放的市场流通渠道和网络，则难以通过消费市场带动生产开发规模扩大。

2. 市场体系建设是提高绿色食品产业发展水平的重要条件

绿色食品产业发展建立在社会化发展基础上，而社会化水平的高低主要体现在生产的社会分工程度上。合理有效的社会分工，一方面拓宽了食品产业发展的空间，使其在广度上发展；另一方面提高了绿色食品产业发展的专业化水平，使其在深度上发展。

市场既是社会分工的产物，同时又是社会分工得以存在和发展的基本条件。分工使生产者相互分开，市场则使其相互结合，不同的绿色食品生产企业通过市场实现自己商品的价值，取得他人商品的使用价值，这样就使它们联结起来，正是这种分工和结合，使绿色食品产业的专业化水平不断得到提高，产业发展的规模不断得到扩大，从而在整体上不断提高产业化发展水平。

3. 市场体系建设是形成绿色食品产业发展合力的基本途径

绿色食品产业由于其产品和生产方式的独特性在形式上表现为一个整体，但由于生产企业及其产品比较分散，企业之间缺乏必要的经济联系，难以形成生产条件的优势互补，区域之间市场流通也有障碍。另外，生产企业与营销企业缺乏必要的联系，生产加工企业与原料生产及生产资料生产企业之间缺乏联系。上述情况难以形成走向市场的合力。其结果是：绿色食品产业难以形成统一的市场；产加销环节难以形成统一的整体；绿色食品产业主体难以形成走向市场的合力。而解决这三个问题必须建立和完善绿色食品市场体系。

绿色食品市场体系建设对绿色食品产业发展的推动作用主要有以下几点。

（1）有利于树立绿色食品产业形象，实现开发绿色食品的价值　绿色食品产业作为一项新兴产业，其发展需要公众的参与，这就需要塑造产业形象来吸引公众。绿色食品产业形象包括产业的理念文化、行为方式以及视觉识别，而这三项内容均需通过市场来传播和强化，从而为产业发展奠定坚实的社会基础。

企业开发的绿色食品通过市场走向社会，表明企业的经济行为是理性的，这就是实现对保护环境和资源，增进人民健康的承诺；消费者通过市场购买绿色食品产品，表明了消费者具有环境和资源保护意识，也是关注自身生命质量和生活质量的体现。通过生产绿色食品保护资源和环境，通过消费绿色食品增进人民身体健康，正是开发绿色食品的目的和价值，而只有通过市场，上述目的和价值才能实现。

（2）有利于引导绿色食品生产企业开发适销对路的产品，不断提高科技水平　有效的市场运行体系将在竞争机制的作用下，迫使绿色食品生产企业以市场需求为导向，不断改进技术和质量，提高产品的市场竞争力，这种竞争力不仅表现在绿色食品生产企业之间和绿色食品产品之间，而且也反映在绿色食品与普通食品之间。

（3）有利于建立绿色食品专业流通渠道，实现绿色食品的附加值，满足广大消费者的需求　企业按照绿色食品各项标准生产出的绿色食品产品，由于与普通食品相比，包含了更多的社会必要劳动和科技含量，因此理应获得更多的回报，这个回报就是绿色食品的附加值。

如果绿色食品不进入专业流通渠道营销，而是与普通食品一起在一般的市场流通，绿色食品的独特价值则难以实现，这又会影响企业开发绿色食品的积极性。同样，缺乏专业性的绿色食品流通渠道也会增加消费者选择绿色食品的难度。因此，无论是从企业的角度，还是从消费者的角度，建设绿色食品市场体系都显得十分重要。

二、绿色食品市场体系的构成

绿色食品市场不仅是指单一的由绿色食品生产者、经营者和消费者进行商品和服务交换的场所和渠道，而是一个完整的市场体系，从理论上讲，绿色食品市场体系由五个部分组成。

1. 市场结构

市场具有明显的时空特征，这个特征和市场覆盖的领域结合就构成了市场结构。完整的市场结构包括三个方面：①既有发育良好的商品市场，又有发育充分的生产要素市场；②既要形成国内统一市场，又要积极开拓国际市场；③既要建立富有效率的现货市场，又要建立比较规范的期货市场。

就绿色食品市场结构而言，由于产品开发的品种日益增多，规模日益扩大，绿色食品商品市场已逐步形成，虽然产品供给和销售比较分散，但仍然能满足部分地区和部分消费者对绿色食品的需求。由于绿色食品开发需要相应的生产技术规程来保障，而落实生产技术规程的一项措施是提供先进、实用的生产资料，如生物肥料、生物农药、饲料添加剂、食品添加剂等。由于绿色食品开发比较分散，但市场初期阶段需要相对集中，这样才能获得市场规模效益，并有利于整体形象的宣传和树立。开发绿色食品的一个重要目的是将其打入国际市场，参与国际竞争，展示我国优质农产品及其加工品的精品形象，实现出口创汇，因此，必须积极开拓国际市场，逐步建立比较稳定的贸易出口渠道，提高绿色食品在国际市场的占有率。绿色食品是城乡居民的经常性消费需求。绿色食品开发的基础是农业，而农业受自然和市场风险影响，因此，建立绿色食品期货市场也是一个方向。

2. 市场功能

从微观经济活动来看，市场具有四个基本功能：显示功能、导向功能、调节功能和扩大功能。通过市场可以显示商品的供求状况；可以及时把握和引导消费动向；可以通过价格调节生产；可以通过促销手段和提高产品质量来扩大生产、消费规模。

在农产品流通领域，市场对农产品供求的调节具有滞后性的特点，在市场认为被分割的状态下，这个特点表现得更加突出，如果信息反馈不及时，极易产生供求失衡。绿色食品一部分是初级产品，一部分是加工产品，其市场特征与农产品市场有相似之处。因此，在绿色食品市场建设中，要充分合理地发挥市场功能作用，必须对绿色食品市场供求状况进行调查和分析；对价格定位进行研究；及时了解产地市场信息，增强生产企业之间、经营企业之间以及生产企业与经营企业之间的联系；有效组织、合理分配、及时集散货物；正确引导消费观念和行为的转变；确保产品质量，并不断开展技术创新和产品创新。

3. 市场运行

市场正常运行一般需要三个条件：①保证市场经济主体全面进入市场，参与市场公平竞争，并分享市场提供的一切机会；②保证价格信号引导生产和经营，调节供求关系，从而有利于通过价格机制和供求规律引导企业配置生产要素，调整生产结构，并满足消费者多层次的市场需求；③政府要适时适度地运用经济手段调控市场运行，如设立风险基金、制定保护价格、建立储备制度、制定税收、利率优惠政策等。完全依靠市场调节，市场经济的风险性、盲目性和滞后性的缺点会对产业发展造成损害。根据上述三个条件的要求，在绿色食品市场运行过程中，要引导绿色食品生产企业和流通企业共同围绕培育绿色食品市场，参与公平竞争，保持市场的透明度，并积极开展联合，做到利益均沾、风险共担。为保证绿色食品市场健康地发育，绿色食品生产企业要根据市场需求的变化，及时调整产品结构，多开发适销对路的绿色食品产品；绿色食品流通企业要及时组织货源，建立相对稳定的流通渠道，满足广大消费者的需求。目前，由于绿色食品市场比较分散，绿色食品生产企业和流通企业联结不紧密或不稳定，因此需要运用经济手段加强对绿色食品市场的宏观调控。

4. 市场组织

市场组织是商品流通、市场运行的载体，建立流通渠道并形成网络是市场组织建设的重点。目前，绿色食品开发已形成一定规模，广大消费者对绿色食品的认知、感知、接受的程度逐步提高，绿色食品消费市场的建立已具备条件。如何结合绿色食品的特点和产品开发的状况建立流通中介组织，将绿色食品有序、成规模地推向市场显得十分重要，这也是绿色食品市场发育的“生长点”。绿色食品生产企业和经营企业要加快市场流通渠道和营销网点、网络的建设。

5. 市场秩序

市场的良好运行需要良好的市场秩序来保障，而良好的市场秩序要靠有效的管理措施和规范的交易规则来维持。近几年，中国绿色食品发展中心为绿色食品事业发展做了大量基础性技术和法律工作，如将绿色食品标志商标进行注册、建立和完善绿色食品标准体系等，这些措施为树立绿色食品在市场上的良好形象奠定了基础。

绿色食品市场是一个完整的体系，既有层次和范围，又有内涵和特点，需要全面理解和把握，它是绿色食品市场建设的理论基础。

第四节　绿色食品产品开发

绿色食品产业发展的最终目的是向市场提供品种丰富、数量充足、品质优良的绿色食品产品，以满足城乡人民的生活需求，并将一部分绿色食品产品出口创汇，因此，产品开发是绿色食品产业体系建设的重要组成部分，也是衡量绿色食品产业发展水平和规模的重要标志。绿色食品标准体系的建立和完善、标志管理的规范化和法制化、宣传范围的扩大和深度的提高以及消费市场对绿色食品日益增长的需求均为绿色食品产品开发创造了良好的条件，产品开发也一直呈现出稳步增长的势头。

一、绿色食品产品开发的状况

产品开发的状况一般通过规模、速度、结构和水平四个指标的变化来反映，从这些变化中可以大致看出绿色食品产品开发演变的轨迹和趋势。

1. 开发规模

绿色食品产品开发始于1990年，当年16个省、市、自治区的83家企业生产的127个产品获得了绿色食品标志使用权。截至2006年12月，全国32个省市都开发了绿色食品，全国有效使用绿色食品标志企业总数达到4615家，产品总数达到12868个，实物总量超过7.2×10^7t，产品年销售额突破1500亿元，出口额近20亿美元，产地环境监测面积$1\times10^7hm^2$。

2. 发展速度

绿色食品产业创始于20世纪90年代初，1998年以后进入加速发展时期，年均增长速度超过25%，2001年～2006年，年度审批绿色食品产品企业数由536个增加到2064个，年均增长速度为31.0%；年度有绿色食品标志使用权的产品数由988个增加到5676个，年均增长42.9%；绿色食品产品食物总量2001年为2×10^7t，2006年达7.2×10^7t，年均增长速度为29.2%；2001年，绿色食品初级加工和加工产品原料作物种植面积$3.87\times10^6hm^2$，2006年达到$1.0\times10^7hm^2$，年均增长速度为20.9%。

3. 产品结构

绿色食品产品开发结构主要包括开发的品种结构和产品开发的区域结构。

（1）品种结构　绿色食品开发历时17年，现已开发的产品涵盖了农产品分类标准中的七大类57个分类，包括粮油、果品、蔬菜、畜禽蛋奶、水海产品、酒类、饮料类等，品种较为齐全，既有初级产品，又有深加工产品；既有大宗农副产品，也有包装规格很小的调味品、小食品。在各大类产品中，品种结构也很丰富，如粮油类产品，大米、面粉、食用油为主要品种，也有小米、玉米、大豆、杂粮等品种；如奶类产品，既有鲜奶产品，又有奶制品，奶制品又有中老年奶粉、加锌奶粉、豆奶粉等；水果类产品既有一般的苹果、梨、葡萄等品种，又有猕猴桃、柿子、枣等稀有产品；酒类产品既有白酒产品，又有葡萄酒产品；蔬菜类产品和饮料类产品品种则更加丰富。

（2）区域结构　由于各地条件不同，绿色食品产品开发具有明显的区域特征，在2006年批准使用绿色食品标志的产品中，江苏、浙江、山东、黑龙江、湖北、辽宁位居全国前列，其余省市也有较快的发展。

4. 开发水平

绿色食品产品开发在规模稳步扩大、结构逐步优化的同时，开发水平也在不断提高，主要表现在以下几个方面。

① 具有地方特色的产品日益增多，如珠峰绿茶、河北的鸭梨、德州扒鸡等。

② 全国各地名牌产品增长，如长城葡萄酒、完达山奶粉等，这些全国知名产品在绿色食品产品开发中起到十分积极的推动和引导作用。

③ 精深加工产品增多，绿色食品产品档次越来越高。2006 年，在开发的绿色食品产品中，加工产品占 63%，初产品占 37%。在加工类产品中，深加工产品比重不断增加，以饮料为例，出现了核桃乳、杏仁乳、胡萝卜汁、猕猴桃汁等多个品种，这些饮料产品以蔬菜、水果为原料，不仅丰富了绿色食品产品品种，而且大大提高了原料产品的附加值和加工深度。

④ 大型食品企业生产数量增多，这些企业生产的产品不仅规模大，而且产品质量高，市场覆盖面大。据统计，2006 年有 320 家年产值超过 5000 万元的企业申请绿色食品认证，占新申报企业的 22.8%；通过绿色食品认证的国家级农业产业化龙头企业增至 240 家，占 41.2%。

⑤ 合资企业和出口产品日益增多，先后有绿色食品出口到美国、欧洲、日本，至 2006 年，出口额近 20 亿美元，显示了较强的市场竞争优势。

⑥ 产品包装水平不断提高，在保证绿色食品内在品质的同时，也提高了产品的附加值。

目前，绿色食品不仅遍布全国各地，涵盖多个食品类别，而且呈现出了一些新的特点。

① 产品结构有所调整，与城乡居民的生活密切相关的产品开发比重加大，蔬菜、鲜果类、乳制品、畜禽制品产品比重大幅提高。

② 产品开发从一般产品向名特优产品发展；从单一化、初级化向系列化、深加工发展；由小规模、分散性开发向区域化、基地化方向发展；由小型生产企业向大中型企业方向发展。

③ 部分地区政府推动力度加大，资源潜力和区域优势得到进一步发挥，发展速度明显加快。湖北、山东、安徽在 2005 年快速发展的基础上，2006 年认证产品又分别增长了 11.2%、66.1%和 66.0%。湖南、广东、河北等地区，2006 年申报的产品数分别比 2005 年增长 103%、79.8%和 46.5%。黑龙江、辽宁、江苏、山东、安徽、浙江、湖北、湖南、四川 9 个省 2006 年开发的产品占全国产品总数的 62.3%。

④ 品牌影响日益扩大。无公害农产品、绿色食品和有机食品日益受到消费者的欢迎，打造出了我国安全优质农产品的主导品牌。认证产品越来越多地进入大型超市，走向国际市场，成为国内商家的新卖点和农产品出口的新的增长点，在优质优价的市场机制作用下，企业和农户发展认证产品的积极性不断增长。

二、绿色食品开发的方向和重点

1. 指导思想

绿色食品产品开发在已经初步形成一定的规模之后，今后应树立这样的指导思想：即在继续确保产品质量的前提下，以资源为基础，以市场为导向，稳步扩大规模，逐步优化结构，突出地方特色和优势，不断满足国内外市场的需求。

质量是绿色食品的生命，也是绿色食品的优势。因此，在产品开发过程中必须按照全程质量控制的要求，严格把好质量关，充分体现绿色食品产品“无污染、安全、优质、营养”的基本特征。把好产品质量关的基本要求：①认真开展产地环境质量监测，确保展品出自良好的生态环境产地；②认真落实生产及加工操作规程；③精心开展原料基地建设；④严格按照“四位一体”的要求对产品进行包装。只有保证产品质量，才能提高产品的附加值和科技含量，才能在市场激烈的竞争中取胜，才能获得较好的开发效益。

资源是绿色食品开发的物质基础，这种资源既包括环境资源，也包括生物资源。在我国许多地方，由于受重工业污染较轻，生态环境十分优越，应该积极引导其把生态环境通过开发绿色食品转变成经济优势。当然，受重工业污染程度较低的地方，并不等于环境质量符合开发绿色食品的环境质量要求，还必须经过严格的监测，因为一些地方生态环境中本身就能天然存在一些有毒、有害物质，如一些重金属的残留。我国是一个生物资源十分丰富的国家，适应于农业和食品加工业开发的生物资源也比较丰富，尤其是一些地方的名特优植物资源，这些均是开发绿色食品得天独厚的条件，也应因地制宜地积极开发利用。也只有这样，才能丰富绿色食品产品品种，才能突出地区特色和优势。

产品开发成功与否需通过市场来检验，只有广大消费者认可和接受，产品开发的规模才能扩大，产品开发的效益才能实现。产品获得绿色食品标志使用权，只能证明该产品符合绿色食品的标准，并不等于符合消费市场的需求。因此，在产品开发过程中，企业必须认真进行市场调查分析，根据市场供求状况及时开发和调整产品结构。绿色食品市场既包括国内市场，也包括国际市场，精确对市场进行定位并划分市场层次对绿色食品产品开发十分重要。

目前，绿色食品产品开发虽已有一定规模，但与庞大的食品市场需求量相比，仍然很小，也难以满足消费者对绿色食品的需求。绿色食品开发不仅要加大数量，结构也必须不断调整，尤其是蔬菜、畜禽、水产等产品开发速度要加快，这也是食物结构平衡的基本要求。从另一个角度讲，只有产品开发总量大了，结构合理了，绿色食品市场建设才能顺利开展，而市场规模的扩大又将进一步促进产品的开发。

2. 基本依据

总体上讲，绿色食品产品开发要综合考虑食物结构、收入水平、市场需求和产业政策四个相关因素，这是产品开发过程中规模扩大、结构调整的基本依据。

(1) 食物结构　食物结构和营养状况是衡量一个国家和地区人民生活水平的一个重要标志。为了科学地指导城乡人民合理饮食，2007 年 9 月中国营养学会理事会扩大会议通过了《中国居民膳食指南》(2007)，其主要内容是：食物多样，谷类为主，粗细搭配；多吃蔬菜、水果和薯类；每天吃奶类、大豆或其制品；常吃适量的鱼、禽、蛋和瘦肉；减少烹调油用量，吃清淡少盐膳食；食不过量，天天运动，保持健康体重；三餐分配要合理，零食要适当；每天足量饮水，合理选择饮料；饮酒应限量；吃新鲜卫生的食物。《中国居民膳食指南》将食物划分为五大类。

第一类为谷类及薯类：谷类包括米、面、杂粮，薯类包括马铃薯、甘薯、木薯等，主要提供碳水化合物、蛋白质、膳食纤维及 B 族维生素。

第二类为动物性食物：包括肉、禽、鱼、奶、蛋等，主要提供蛋白质、脂肪、矿物质、维生素 A、B 族维生素和维生素 D。

第三类为豆类和坚果：包括大豆、其他干豆类及花生、核桃、杏仁等坚果类，主要提供蛋白质、脂肪、膳食纤维、矿物质、B 族维生素和维生素 E。

第四类为蔬菜、水果和菌藻类：主要提供膳食纤维、矿物质、维生素 C 和胡萝卜素、维生素 K 及有益健康的植物化学物质。

第五类为纯能量食物：包括动植物油、淀粉、食用糖和酒类，主要提供能量。动植物油还可提供维生素 E 和必需脂肪酸。

在上述基础上，营养学家们提出了平衡膳食宝塔，其建议的不同能量膳食的各类食物的参考摄入量见表4-1。

表4-1 平衡膳食宝塔建议的不同能量膳食的各类食物的参考摄入量 单位：g/d

食物	低能量(约1800kcal)	中等能量(约2400kcal)	高能量(约2800kcal)
谷类	300	400	500
蔬菜	400	450	500
水果	100	150	200
肉、禽	50	75	100
蛋类	25	40	50
鱼虾	50	50	50
豆类及豆制品	50	50	50
奶类及奶制品	100	100	100
油脂	25	25	25

根据我国目前城乡居民食物消费结构和营养状况，今后绿色食品产品开发应在保持其粮油产品开发优势的同时，积极扩大蔬菜、水果、大豆及其制品、畜禽、水产品等产品开发，增加绿色食品在人们生活必需品中的比重。

(2) 收入水平　影响食物生产和消费的一个关键因素是城乡居民收入水平。2005年，我国城镇居民人均年可支配收入首次突破万元大关，达到10493元，比上年增加1071元，增长11.4%，扣除物价上涨因素，实际增长9.6%，比2004年的增幅高出1.9个百分点。从各地区城镇居民可支配收入增长情况看，在31个省（区、市）中，有16个省份的实际增长达到两位数。2005年我国城镇居民家庭恩格尔系数为36.7%，农村居民家庭恩格尔系数为45.5%，按照联合国教科文组织划定的标准，我国城镇居民生活已经达到富裕程度，农村居民生活也已达到小康水平。

(3) 市场需求　在我国，随着经济的发展、社会的进步、收入水平的提高、生活节奏的加快，人们改善生活质量的愿望越来越强烈，饮食上已不满足于足够数量的食品，而希望既吃的营养，又减轻家务劳动的负担，以增加闲暇时间，丰富文化生活。因此，对食品的要求更注重卫生、营养、健康、方便。不同年龄、不同群体、不同职业和不同消费层对食品的品种、质量、档次有不同的需求，消费行为呈个性化、多样化、时尚化、多层次化，消费者自我保护意识、营养卫生意识、质量意识、名牌意识、方便化意识、效率意识等普遍增强。在城市，传统食品现代加工的消费趋势日益明显；在农村，自给型消费结构进一步转向商品型消费结构。食品消费趋势集中反映在产品结构变化上。近几年，在食品市场上，精炼油、专用粉、优质米、纯天然饮料、低度酒和低脂、低糖、低盐、低热量食品增加较快，市场供应覆盖面扩大，方便食品、快餐食品、营养保健食品等新门类产品发展迅速。以无污染、安全、优质、营养为特征的绿色食品日益受到广大消费者的欢迎，这也从一个方面反映出我国食品消费变化的一个趋势。

(4) 产业政策　农业和食品工业是国民经济和社会发展的基础，我国城乡人民的生活在“十一五”期间实现由小康到富裕的生活，农业和食品工业将肩负不可替代的历史使命。绿色食品作为我国一项具有广阔发展前景的新兴产业，也必将为改善城乡人民生活质量作出贡献，因此，其发展也必须配合国家宏观产业政策。在绿色食品开发上，今后要考虑以下几方面的政策因素。

① 农业部《中国食物与营养发展纲要（2001-2010）》（以下简称《纲要》）

《纲要》明确提出2010年食物与营养发展的总体目标。提出保障合理的营养素摄入量、保障合理的食物摄入量、保障充足的食物供给、降低营养不良性疾病发病率。

②《食品工业“十一五”发展纲要》（以下简称《纲要》）

《纲要》确定了“十一五”食品工业发展的重点行业，介绍如下。

a. 粮食加工业。重点抓好稻谷、小麦、玉米、大豆和薯类的精深加工与综合利用，兼顾杂粮的开发。小麦、稻谷加工继续以生产高质量、方便化主食品为主，重点发展专用面粉、营养强化面粉、专用米、营养强化米、方便米面制品、预配粉等，推进传统主食品生产工业化；玉米加工除继续发展高质量的主食食品、休闲食品、方便食品等外，进一步发展应用前景广、市场需求潜力大的淀粉糖、有机酸、聚乳酸、变性淀粉、多元醇等精深加工产品；大豆加工重点发展大豆分离蛋白、大豆功能性蛋白、大豆组织蛋白和其他高附加值产品；薯类加工重点发展淀粉、全粉、变性淀粉、薯条（片）和方便湿粉等产品；杂粮加工重点发展荞麦、燕麦、豌豆、红豆等为原料的方便食品和功能食品。加大粮食综合开发利用力度，提高糠麸、胚芽、稻壳、豆渣、薯渣等副产物的综合利用水平。

b. 食用植物油加工业。在控制加工总量基础上，整合现有食用油加工资源，调整结构和区域布局，稳步发展花生油、大豆油、菜籽油和棉籽油等食用油，加快发展山茶油、红花油、橄榄油、米糠油、胚芽油等特色食用油，扩大精炼油和专用油的比重，提高油料综合利用程度，开发利用油料蛋白、生物活性物质等产品，同时推进传统豆制品工业化和新兴豆制品加工业的发展。

c. 果蔬加工业。水果加工重点发展浓缩果汁、天然果肉原汁、非还原果汁、复合汁、果汁饮料、果酒以及轻糖型和混合型罐头。蔬菜加工重点发展低温脱水蔬菜、速冻菜、蔬菜罐头、切割菜、复合果蔬汁；鼓励农产品批发市场及农产品流通企业建设果蔬预冷、分级、包装、贮运现代物流体系，加快果蔬皮渣综合利用和果蔬流通技术研究，开发果蔬功能产品。

d. 肉类加工业。大力发展冷却肉、分割肉和熟肉制品，扩大低温肉制品、功能性肉制品的生产，积极推进中式肉制品工业化生产步伐；在稳步发展猪肉产品的同时，重点发展牛羊肉、禽肉制品；广泛开展畜禽血液、骨组织、脏器等副产品的综合利用研究，开发生产各种生物制品；继续推行定点屠宰，稳步提高机械化屠宰的比重，完善肉品加工全程质量控制体系，保障肉类食品安全。

e. 水产加工业。在巩固和提升传统特色产品的基础上，调整水产加工制品结构，重点发展速冻小包装、冷冻调理食品、即食性熟食水产食品，加大水产品的综合开发力度，探索远洋渔业资源的开发与利用，积极推进海洋功能食品的生产。海水产品加工以海洋低值水产品加工为重点，大力开发精制食用鲜鱼浆、风味鱼丸、鱼卷等方便食品，以及人造蟹肉、贝肉、鱼翅等合成水产食品；淡水鱼加工重点发展分割和切片加工，加大鱼糜、鱼片、腌制品、熏制品和调味品等深加工制品的开发力度；贝类加工重点开发贝类调味品、干制品、熏制品、软罐头和动物钙源食品等深加工制品。

f. 乳制品加工业。逐步减少普通乳粉的生产，提高配方乳粉的比例；大幅度提高鲜乳加工量，扩大液体乳生产；城市型乳品企业重点发展巴氏杀菌乳、发酵乳、灭菌乳、功能乳等液体乳制品，基地型乳品企业仍以乳粉为主，重点发展配方乳粉、全脂乳粉、脱脂乳粉、功能乳及超高温灭菌乳等，有市场、有条件的地方，适当发展干酪、乳清和奶油等乳制品。

g. 饮料制造业。继续提高饮料生产总量，进一步调整产品结构，重点发展果蔬汁饮料、植物蛋白饮料和茶饮料等产品，适度发展瓶（罐）装饮用矿泉水，降低碳酸类饮料的比例，发展并规范功能性饮料的生产；鼓励通过兼并、重组、融资等手段，培育大型饮料企业集团，实现产业升级。

h. 制糖业。按存量调整为主、增量调整为辅的方针，鼓励以大型制糖企业为核心，以资产为纽带，采取联合、收购、兼并、控股等方式组建大型制糖企业集团，促进制糖企业与内外贸企业联合，实现农工贸、内外贸一体化经营；加强制糖企业的技术进步，提高工艺水平和装备的先进性；按照市场需求增加产品花色品种，发展幼糖、单晶冰糖、方糖等精炼糖，推广小包装；鼓励和支持糖厂综合利用产品生产的社会化进程，集中处理制糖企业的蔗渣、甜菜废丝、糖蜜等废弃物；促进甘蔗糖和甜菜糖的协调发展，提高糖料单产和含糖率；有序发展淀粉糖，充分发挥其对平衡食糖需求和调节市场的作用；推进食糖和燃料乙醇联产的战略研究，积极研究开发利用废糖蜜生产化工产品和能源替代产品。

3. 方向和重点

根据指导思想和基本依据，今后绿色食品开发的方向和重点应是：在保持优势地区和优势产品、优势企业的同时，积极扩大蔬菜、水果、畜禽产品、水产品等的开发，进一步增加绿色食品在人们生活必需品中的比重；产品开发逐步向基地化、规模化、区域化发展；在开发出优质产品的基础上，大力发展深加工产品，提高绿色食品产品附加值和科技含量；注重引导原料供给有保障、加工技术先进、质量管理水平高、产品市场占有率高的大中型食品加工企业开发绿色食品；建设稳定的绿色食品生产加工基地，扩大出口产品的开发；加大中部、西部和南部地区绿色食品产品开发的力度，逐步实现绿色食品开发整体均衡推进。

(1) 努力开发特色产品　产品没有特色就没有竞争优势，特色主要内容：地方特产，如河北鸭梨、新疆的葡萄干、南方的热带水果等；技术创新，即采用新技术开发的产品；产品包装有新意，在国际市场有竞争优势。

(2) 吸引名牌产品　衡量名牌产品一般有五个标准：高质量、高品位、高美誉度、高市场占有率、高效益。目前，在食品业领域，许多地方都涌现出了一大批名牌产品、拳头产品，应积极吸引其开发绿色食品，走“名牌产品＋绿色食品”开发之路将是今后绿色食品产品开发的一条重要途径。河北长城葡萄酒、内蒙古伊利集团等全国知名企业开发绿色食品均取得了良好的社会效益和经济效益。

(3) 注重产品寿命周期，不断开发新产品　产品寿命周期是指产品在完成试制后，从投放市场开始到被淘汰、停止生产为止所经历的全部时间。产品寿命周期一般包括四个时期：投入期、成长期、成熟期与衰退期。在产品变化过程中，人们通常使用销售增长率划分周期的各个阶段：在10％以下且不稳定者属投入期；大于10％者属成长期；在0.1％～10％之间者属于成熟期；小于0或负数时则已进入衰退期。根据这一规律，一个绿色食品企业在产品开发并投放市场后，要积极开发系列产品、新产品，增加产品品种，这样才能保证绿色食品产品开发规模稳定地扩大。

(4) 注重绿色食品产品开发，做到四个结合　绿色食品产品开发要与城镇居民“米袋子”、“菜篮子”工程建设相结合；与农业产业化经营相结合；与贫困地区脱贫致富相结合；与生态农业建设相结合。

(5) 加强区域合作，促进产品开发均衡发展　如原料生产有优势的地方可为加工技术水平高的绿色食品企业提供加工原料；沿海发达地区企业可为内地相对贫困地区绿色食品企业提供技术；小型绿色食品企业之间开展联合；大中型企业之间开展技术合作等。

第五节　绿色食品产业的未来趋势

一、绿色食品产业的发展

产业的演变过程有其自身的内在规律性。在客观规律的支配下，产业运行不断呈现分化与重组、发展与衰退、转换与更迭等动态变化，根据产业的一般规律，可以从宏观上把握绿色食品产业的未来趋势。

1. 产业体系在社会化、专业化分工发展中趋于完备

绿色食品的特殊性要求其在生产过程的专业化。这一生产的专业化分工，首先发生于食品生产领域，并通过分工的外向发展和内向发展的作用，带动相关产业的分工，同时使自身内部分工深化，从而促进再生产的专业化水平提高。因此，绿色食品产业体系将会伴随社会化、专业化分工发展而不断成长。在绿色食品产业的发展过程中，专业化绿色食品加工企业将日益增加，规模不断扩大。与此相关的专业化农业生产和专业化原料基地也将相应发展，并逐步形成绿色食品生产区域专业化，从而使绿色食品产业体系的产出部门进一步扩张。绿色食品生产规模的扩大，将导致绿色食品商业流通从普通食品流通渠道中逐步分离出来，形成专业化的批发市场、零售商店等专业流通体系。绿色食品专门技术和专用生产资料需求的增长，将促使绿色食品专用生产资料企业和专门技术开发机构发展起来，使绿色食品的供给部门不断扩大。与此同时，绿色食品管理和技术检测系统也将不断得到加强和完善。随着绿色食品产业体系的成长，其内部专业化分工也将进一步细化，专业门类不断增加，结构层次趋于复杂，产业体系也由此不断得到完善。

2. 产业中心沿第一、二、三产业顺次偏移

我国绿色食品大多数为加工产品，在绿色食品产业体系中，目前加工业比重显然已超过农业比重，但是专业化商业流通业比重与加工业存在相当悬殊的差距，甚至远低于农业。根据结构变动规律，随着绿色食品产业体系的建设，商业流通业发展将逐步加快，其比重将超过农业并逐渐缩小与加工业的差距。科技部门也将加快发展。因此，在绿色食品产业体系成长过程中，虽然第二产业的比重在较长时间内仍将居于主导地位，但第三产业持续加快发展，最终将导致第一、二、三产业的结构格局发生根本性变化，出现产业中心向第三产业偏移的趋势。

3. 组织结构向一体化方向发展

社会生产专业化分工的深化必然导致产业一体化发展的格局。专业化分工的直接结果是各个专门职能部门独立存在条件丧失和对外部依存性加强，由此决定了彼此之间必须建立起协作联系，形成统一的有机整体。专业化分工越细，相互依存性越大，一体化程度也就越高。只有形成一体化，专业化分工的目的才能实现。因此，专业化分工的过程就是一体化形成的过程，专业化分工的目的就是一体化存在的前提。产业一体化是在专业化分工形成的各个专门职能之间，为了实现一个统一的经济目标而建立起来的相互依存、互为条件的经济联系。

绿色食品产业是生产专业化分工的产物，一体化发展将是绿色食品产业体系成长的基本内涵和必由之路。作为一个产业体系，将在宏观和微观两个层次上实现一体化发展。在宏观层次上，一体化主要体现在部门间专业技术和专用物质资料的投入产出关系上。在微观层次上，一体化主要表现为“农工商、科工贸、供产销”等一体化生产经营组织的建立和发展。

4. 产业结构趋向高度化

产业结构高度化是经济发展过程中的必然趋势。从根本上讲，其必然性是需求结构变动和技术进步所决定的。在我国人民从温饱到小康进而走向富裕的进程中，居民食物消费结构不断升级将成为必然。人们对食品的需求将更加讲求新鲜、营养、方便、保健和多样化。这种变化趋势，一方面对绿色食品产品的需求增加，一方面也要求绿色食品必须加速技术进步，深化资源开发，不断向深度化加工、精细化加工、科学化加工和品种多样化方向发展。伴随这一过程，绿色食品产业结构也将发生深层次的变化，产业的结构规模、结构水平、关联程度都将相应提高，从而使产业结构不断趋向高度化。

二、绿色食品产业发展途径

1. 与消费趋势相适应，加快产品开发

绿色食品产品开发已取得较大进展，形成了一定规模。但是，就满足当前和未来社会需求而言，生产力还远远不足，产品总量和品种数量都需要加快增长。

消费者对绿色食品需求的不断增长，为全球绿色农业生产和贸易提供了新的发展和市场机遇。目前国际市场上绿色食品除了主要的粮食、蔬菜、油料、肉类、奶制品、咖啡、茶叶、调味品等外，各有关部门在不断调整结构，改进包装，开发新的绿色食品种类。由于绿色食品的安全性与优良品质，绿色食品消费需求不断扩大，在刺激生产的同时，也刺激了销售。

2. 充分利用 WTO 规则，扩大绿色食品出口贸易

绿色食品的开发和管理是一项跨行业的系统工程，国家应将绿色食品产业化发展纳入“大经贸发展战略”体系中统一规划，促进绿色食品出口贸易的发展。根据绿色食品产业整体发展需要，确定国家重点扶持的“龙头”企业，形成具有较强拉动作用的外向型绿色主导产品的发展。培育“龙头”企业要突出粮食和畜禽加工专业化这个重点，实现从土地到餐桌的多层次、多环节的加工增值。同时也要有计划地增加一些农产品贮藏、保鲜、运销等项目。发达国家“龙头”企业的建立，走的是高投入、高产出、高效益之路，为发展中国家发展绿色食品产业提供了可借鉴的经验。继德国成立第一家生态银行后，发达国家对绿色产业的投资呈直线上升趋势。美国环保投资占国民生产总值的比例已达到3%，并在商务部下设立绿色产品出口办公室，专门负责绿色产品的投资和促销。日本、德国等国家为了发展本国的绿色产业都实行了优惠的信贷政策。按照国际上发展绿色食品的经验，要充分运用 WTO“绿箱”政策，增加政府对绿色食品产业的投入，建立绿色食品产业保护框架，为促进绿色食品出口创造条件。

3. 以技术进步为前提，大力发展专用生产资料

绿色食品生产技术今后主要有四个方面的探索和研究。①围绕可持续农业发展体系的完善，进一步通过在生产实践中应用和推广技术，使“培育健康的土地、生产健康的动植物，为人类提供安全的食物”的理论基础更加巩固、内容更加丰富，且具有较强的可操作性。②如何保持绿色食品生产技术的可持续进步，并提高对传统农业技术和现代农业技术的筛选、组装和效益。③以标准制定和完善为切入点，提高绿色食品生产技术水平。今后有机农业的标准不仅包括生产、加工环节，而且还将延伸到包装、运输、销售环节；不仅注重生产、加工过程，而且关注最终产品的质量卫生水准，即达到技术标准和优质标准的统一。④围绕生物肥料、生物农药、天然食品及饲料添加剂、动植物生长调节剂等生产资料的研制、开发应用和推广的步伐将加快，以尽快解决绿色食品生产过程中面临的一系列技术及服务短缺问题。

4. 以科技成果产业化为契机，加快绿色食品科技开发

绿色食品科技开发主要包括农业技术、食品工业技术、商品流通技术等诸方面。其主导方向应当是：①为生产方式的转换提供物质技术手段，在保证产量的前提下，提高食品的质量和安全性，保护生态环境；②促进生物资源开发，提高资源价值和资源利用率；③提高产品加工度和保鲜度，增加附加价值；④减少劳动消耗，降低生产成本；⑤加快市场信息传递，促进商品流通。

促进绿色食品科技开发必须有绿色食品产业明确的市场导向，在不断深化产业关联中，加强科研与生产的内在联系，扩大生产需求，促进科技供给，并逐步建立稳定的科研基地，由此形成绿色食品科技开发体系。

5. 以农业产业一体化为途径，加强原料生产基地建设

基地建设是绿色食品质量保证体系的基础，没有合格的原料基地，就没有合格的绿色食品。绿色食品生产实行从产地环境、原料生产、食品加工、包装贮运等全过程的质量监控，各个环节都必须符合相应的绿色食品标准，才能对原料生产的全过程实施有效的质量管理。因此，建立符合标准的原料生产基地，是绿色食品生产的必备条件。

基地建设是确立绿色食品企业龙头地位的基础，基地发挥的作用越大，企业的龙头地位就越巩固。推进农业产业化是我国农业发展的基本方针，其核心内容是促进龙头企业的发展。由绿色食品特定的生产方式所决定，绿色食品产业的基本组织形式是公司加基地，基地连农户的一体化结构，因而必然形成了龙头企业的带动功能。农业产业化龙头企业的地位取决于企业与农户的利益连接机制和对农业的带动作用。对于绿色食品企业来说，两者集中反映在基地建设上。基地是利益连接机制和带动作用的载体，基地建设的加强和发展，将是绿色食品企业发挥龙头作用的重要标志。

思考题

1. 简述绿色食品产业体系的组成。
2. 简述绿色食品生产资料在绿色食品生产中的作用和地位。
3. 发展绿色食品产业的必要性有哪些？
4. 浅议绿色食品产业的发展趋势。

第五章　绿色食品产地选择和环境质量评价

学习目标

1. 绿色食品产地选择的标准要求。
2. 绿色食品产地环境调查的基本内容。
3. 绿色食品产地环境选择的基本原则。
4. 绿色食品产地环境监测及环境现状评价的基本程序。
5. 绿色食品生产过程中的污染控制。
6. 绿色食品生产地的生态建设。

第一节　绿色食品产地的环境调查与选择

绿色食品产地环境的优化选择技术有两个方面的内容。①绿色食品产地环境技术条件。包括绿色食品产地的空气环境质量、农田灌溉水质、渔业用水质量、畜禽养殖用水质量和土壤环境质量的各项指标及浓度限值。②绿色食品产地环境技术条件的评价方法。首先是采用调查淘汰法，对不符合绿色食品产地环境技术要求的地方和企业要坚决淘汰。其次是监测评价法，通过监测评价，最终判定是否符合绿色食品产地技术条件。

按照中国绿色食品发展中心制订的绿色食品管理办法，为保证绿色食品生产全过程符合绿色食品标准的有关规定，各绿色食品委托管理机构受理申请后，按中心制订的考察要点及企业情况调查表的内容，对申报企业的原料产地进行实地考察，根据考察结果确定是否安排环境监测。

一、绿色食品产地的环境调查与选择的目的和意义

绿色食品产地系指绿色食品初级产品或产品原料的生长地。产地的生态环境质量状况是影响绿色食品质量安全的最基础因素。如果动、植物生存环境受到污染，就会直接对动、植物生长产生影响和危害；通过水体、土壤和大气等转移（残留）于动、植物体内，再通过食物链造成食物污染，最终危害人体健康。

1. 绿色食品生产基地的选择目的

产地的生态环境条件是影响绿色食品产品的主要因素之一。绿色食品生产基地的选择是指在绿色食品产品开发之初，通过对产地环境条件的调查研究和现场考察，并对产地环境质量现状作出合理判断的过程。产地环境质量现状调查的目的是科学、准确地了解产地环境，为优化监测布点提供科学依据。在绿色食品产品开发之初，对产地周围的环境质量现状（包括土壤、水质和大气）进行深入调查，为建立绿色食品产地提供科学的决策依据。根据绿色食品产地环境特点，重点调查产地环境质量现状、发展趋势及区域污染控制措施，兼顾产地自然环境、社会经济及工农业生产对产地环境质量的影响。

2. 绿色食品生产基地指导思想

应选择生态环境良好，空气清新，水质纯净，土壤未受污染的区域，尽量避开繁华的都

市工业区和交通要道是绿色食品生产基地考察选择的基本指导思想。

按照上述指导思想，我国绿色食品产地应选择在边远地区和受城市生活污染较轻或者未受污染的城市郊区。边远地区农村生态环境相对良好，是绿色食品产地的首选区域。受城市生活污染较轻或者未受污染的城市郊区是农业生态环境的一个相对清洁区，也可作为绿色食品生产的产地。

3. 绿色食品生产基地选择的任务

绿色食品生产基地选择的任务是为其产地的环境监测和质量评价作技术准备。因此，在开发绿色食品之前，一是为环境监测进行现场踏勘，调查产地环境要素的质量状况，察看外源污染和内源污染的实际情况，在环境监测图上标出产地的区域点数和点位，可以全面地了解产地环境质量状况，为正确的布点采样做好准备。二是经过现场调查，了解产地及其周边的生态环境质量状况，初步评估产地的生态环境质量，为后继的生态环境建设提供依据。所以，认真地做好产地的选择工作，既可以为环境监测与评价做好准备，提高工作效率，减少企业经济的负担，又可正确判断本产地开发绿色食品的前景，可以为保护产地环境、改善产地环境质量提供资料，为产地的生态环境建设指出方向。

二、绿色食品产地选择的标准要求

1. 绿色食品产地环境质量标准

绿色食品标准规定产品或产品的原料产地必须符合绿色食品生态环境质量标准。绿色食品生态环境主要包括大气、水、土壤等。绿色食品产地应选择空气清新、水质纯净、土壤未受污染的净气、净水、净土，农业生态环境良好的“三净”地区，应尽量避开繁华都市、工业区和交通要道。边远省区农村生态环境良好，是绿色食品生产的首要选择。

中国绿色食品发展中心制定了《绿色食品　产地环境质量标准》（NY/T 391—2000），该标准规定了产地空气中总悬浮颗粒物（TSP）、二氧化硫（SO_2）、氮氧化物（NO_x）、氟化物（F）的浓度限值；规定了绿色食品产地农田灌溉水中 pH 值、总汞、总镉、总砷、总铅、六价铬、氟化物、总大肠菌群的浓度限值；规定了绿色食品渔业用水中的色、臭、味，漂浮物质等 15 种污染物的浓度限值；规定了畜禽养殖用水中的色度、混浊度等 14 种污染物的浓度限值。规定了产地土壤中的镉、汞、铅、砷等 6 种污染物的含量限值。

对大气的要求是产地及产地周围不得有大气污染源，特别是产地上风头不得有污染源，如化工厂、水泥厂、钢铁厂、垃圾堆积场、工矿废渣场等，不得有有毒气体排放，也不得有烟尘和粉尘，应避开交通繁华的要道。要求大气环境质量稳定，符合大气质量标准。按绿色食品级别生产要求，AA 级绿色食品要求一级清洁标准，A 级则要求 1～2 级清洁标准。

对水质的要求是生产用水质量必须要有保证。产地应选择在地表水、地下水水质清洁且无污染的地区；水域、上游没有对该产地构成污染威胁的污染源；要远离对水体容易造成污染的工矿企业，符合绿色食品水质（农田灌溉水、渔业水、畜禽饮用水、加工用水）环境质量标准。AA 级绿色食品要求污染指数 $P \leqslant 0.5$，A 级绿色食品要求 P 为 0.5～1.0。

对土壤质量的要求是产地位于土壤元素背景值的正常区域，产地及产地周围没有金属或非金属矿山，未受到人为污染，土壤中没有农药残留，特别是从来没有施用过 DDT 和六六六的地块，而且要求土壤具有较高的土壤肥力。对于土壤中某些有害物质元素自然本底值较高的地区，因土壤中的这些有害物质可转移、积累于植物体内，并通过食物链危害人类，因此，不宜作为绿色食品产地。绿色食品皆按污染指数 $P \leqslant 0.7$ 标准执行。

可见，绿色食品产地环境质量要求标准较高，目前我国运用于 AA 级及 A 级绿色食品的专用标准暂时采用国家环境标准。如绿色食品大气质量评价，采用国家《环境空气质量标准》（GB 3095—82）中所列的一级标准；农田灌溉用水评价，采用国家《农田灌溉水质标准》（GB 5084—92）；渔业用水评价，采用国家《渔业水质标准》（GB 3838—88）中所列 3 类标准；加工用水评价采用《生活饮用水质标准》（GB 5749—85）；土壤评价采用该土壤类型背景值的算术平均值加 2 倍标准差。

2. 绿色食品肥料使用准则

《绿色食品　肥料使用准则》（NY/T 394—2000）规定了绿色食品生产中允许使用的肥料种类、组成及使用规则。绿色食品生产中允许使用的肥料主要有农家肥料，包括堆肥、沤肥、厩肥、沼气肥、绿肥、作物秸秆肥、泥肥、饼肥等；商品肥料，包括商品有机肥、腐殖酸类肥料、微生物肥料、有机复合肥、无机（矿质）肥料、叶面肥料、有机无机肥料等。该标准中 A 级绿色食品的肥料使用原则规定：必须选用上述规定的肥料种类，如果这些种类的肥料不能满足生产需要，允许使用化学肥料（氮、磷、钾），但禁止使用硝态氮肥。化肥必须与有机肥配合使用，有机氮与无机氮之比不超过 1∶1。对叶菜类最后一次追肥必须在收获前 30d 进行。化肥也可以与有机肥、复合微生物肥配合使用，厩肥作基肥用，尿素、磷酸二铵和微生物肥料作基肥和追肥用。城市生活垃圾一定要经过无害化处理，质量达到 GB 8172—87 中的技术要求才能使用。每年每 666.7m^2 农田限用量，黏性土壤不超过 3000kg，砂性土壤不超过 2000kg。

3. 绿色食品农药使用准则

该准则以 NY/T 393—2000 中华人民共和国农业行业标准颁布实施。该标准规定了绿色食品生产中允许使用的农药种类、毒性分级和使用准则。允许使用的农药种类主要有：①生物源农药；②矿物源农药；③有机合成农药。在生产 A 级绿色食品的农药使用准则中规定：在 A 级绿色食品生产资料农药不能满足生产需要的情况下，允许使用中等毒性以下的植物源农药、动物源农药和微生物源农药；在矿物源农药中允许使用硫制剂、铜制剂和有限度地使用部分国标规定的高效、低毒、低残留的有机合成农药，并且要求在一种作物的生长期内允许使用一次；要严格按照要求控制施药量和安全间隔期等。

4. 绿色食品生产技术标准

绿色食品的生产要求遵循绿色食品生产的各项准则和标准，并按照绿色食品的各项准则和标准，制定绿色食品生产的技术操作规程，每一种绿色食品的生产都应制定和实施相应的生产技术操作规程。技术操作规程对产地环境、品种、壮秧壮苗培育、生产资料、栽培技术、病虫害防治技术以及收获、加工、贮藏、运输技术等方面都提出了要求，需要按绿色食品生产的各项准则和标准进行。

5. 绿色食品产品质量标准

绿色食品产品质量标准突出了产品的质量安全指标，不同的产品依据其生产和加工过程中可能受到污染的情况，建立其质量安全参数指标限值。主要有重金属、化学农药、兽药、鱼药、硝酸盐和有害微生物等。A 级绿色食品产品标准达到发达国家的食品卫生标准，AA 级绿色食品相当于有机食品的质量安全标准。

此外，为保证绿色食品产地整体处于良好的生态环境之中，保证绿色食品生产能持续、稳定发展，还应考虑生物多样性、生态环境的基础建设等，如农田防护林、防洪、防尘、防风体系的建设等问题。

综上所述，绿色食品产地环境是绿色食品质量保证体系的基础条件，绿色食品产地环境必须有严格的标准，又需要科学的监测方法，以保证绿色食品生产的质量要求。

三、绿色食品产地的环境调查与选择的主要内容

（一）绿色食品产地调查内容

1. 自然环境特征调查

包括气象、地貌、土壤肥力、水文、植被等。

2. 基地内社会、人群及地方病调查

行政区划、人口状况、工业布局、农田水利、农林牧渔业发展情况和工农业产值、农村能源结构情况。

3. 收集基地土壤、水体和大气的有关原始监测数据

工业污染源及“三废”排放情况，工业“三废”及农业污染物对产地环境的影响，主要包括工矿乡镇村办企业污染源分布及废水、废气、废渣排放情况，地表水、地下水、农田土壤、农业污染物、大气质量现状。

4. 农业生产及土地利用状况调查

农作物种植面积以及耕作制度，近三年来肥料、农药使用情况。主要包括农药、化肥、地膜、植物生长调节剂等农用生产资料的使用情况及对农业环境的影响和危害。

5. 产地及产地周围自然污染源、社会活动污染源调查

对大气的要求：产地及产地周围不得有大气污染源，特别是上风口没有污染源，大气质量要求稳定；对水的要求：除了对水的数量有一定要求外，更重要的是对水环境质量的要求。应选择在地表水、地下水质清洁无污染的地区、水域，水域上游没有对该地区构成污染威胁的污染源；对土壤的要求：要求基地位于土壤元素背景值正常区域，基地及基地周围没有金属或非金属矿山，未受到人为污染，土壤中农药残留量较低，并具有较高的土壤肥力。

（二）产地环境质量的现场调查

1. 外源污染与产地环境要素的现场调查

污染源调查内容：产地周边的工业交通居民村落等的布局，污染源排放物的类型，污染物的种类排放方式和排量，以及污染物进入产地的路径。

（1）空气质量调查　污染源与产地边界的距离有多大，是否有交通主干线通过产地，车流量有多少。污染源与常年主导风向风速的关系，即污染源是否在产地的上风向，估计空气中污染物的影响范围是否影响到产地，并标记污染空气开始进入产地的地块，以作为污染控制点的具体监测点位。

空气污染对植物污染的症状调查：农业生产中，对动植物生长和健康有较大影响的污染物有二氧化硫、氮氧化物、总悬浮颗粒物和氟化物等。它们会使植物产生可视症状，可供调查者初步判断空气污染状况。

二氧化硫在干燥的空气中比较稳定，对农业生产不会造成太大影响，但在湿度大的空气中容易被氧化，形成硫酸酸雾或酸雨，造成更大危害。危害多发生在作物生长比较旺盛的叶片上，典型的二氧化硫伤害症状是在叶片的脉间，呈不规则的点状、条状或块状坏死区，坏死区和健康组织之间的界限比较分明，坏死区颜色以灰白色和黄褐色居多。有些叶片的坏死区在叶片的边缘或前端。在同一植株上，嫩叶最容易受害，中龄叶次之，老叶比嫩叶抗性强，出现症状的时间较晚。

氮氧化物与二氧化硫引起的症状非常相似，受害植物叶片的中部或边缘有许多的疤痕，叶片慢慢坏死。汽车等交通工具是氮氧化物的主要污染源，所以交通要道对作物的影响是不能忽视的。

氟化氢对农作物的产量和品质都会发生影响。氟化氢危害植物的症状首先发生在嫩叶

上，使枝梢坏死，继后受害的叶片尖部和叶缘坏死，伤区与非伤区之间有一个红色或深褐色的界限，随后出现叶片失绿和脱落。

(2) 水质调查　绿色食品的生产用水包括农田的灌溉用水、畜禽饮用水、水产品养殖用水和食品加工用水等。绿色食品对水的要求非常严格，生产用水不能含有污染物，如汞、铅、苯和氰等有毒有害物质。对于种植业，这些污染物可通过灌溉水在土壤中积累，然后通过根系进入作物体内并富集。如果用污染水饲养动物这些污染物能通过饮水进入畜禽体内，并且也有积累。食品加工业水的质量会直接影响到产品的品质。20 世纪 50 年代，震惊日本全国的水俣病事件，就是因为水产品受到汞污染，通过食物链导致多人患水俣病。因此绿色食品产地要选择在地面水地下水水质清洁没有污染的地区，并远离可能对水体造成污染的工厂矿山。

现场调查内容：产地的常年降雨是否满足灌溉需求；当地的人畜饮水、灌溉水的水质感观如何；产地是否有污水灌溉历史；污染源的污水来源，污染水是否影响产区的地下水；或开采地下水是否会造成环境的负面影响（如地面下层水污染等）。

2. 内源污染调查

(1) 肥料　调查肥料的种类和配方施肥情况，化肥的品种，有机肥的品种，制作有机肥材料来源，施肥水平，是否使用污泥肥、垃圾肥、矿渣肥、稀土肥等情况。通过调查对照绿色食品产地所规定的肥料使用准则进行评价。

(2) 农药　调查病虫草害发生变化历史，是否出现过重大病虫害，如何控制；一般病虫害的防治手段，是否用化学合成农药；化学农药的品种数量，农药的安全使用情况等。通过调查对照绿色食品有关农药使用的准则进行评估。

(3) 农用塑料残膜　调查农用塑料薄膜的使用历史，实测土壤残膜状况及残膜量。

(4) 饲料及饲料添加剂　调查全价饲料的组成，饲料添加剂中的有害物含量等。

(5) 农业废物　调查产地秸秆的量、处置情况；人畜禽粪便的量及处理情况；加工业下脚料的量及其处理情况。对城市郊区的产地，需要了解城市废弃物的收纳和影响情况。

(6) 农业生物物种　重点调查是否有转基因物种，绿色食品或产品原料不能选择转基因食品。

(7) 污染源影响预测　产地周边的工业布局将有何变化，产业方向生产水平工艺技术有何变化，对产地的环境和绿色食品的持续发展有否潜在的负面影响。

3. 生态环境调查与选择

一般绿色食品产地具有三个等级结构的生态系统，即产生隔离带与产地组成的一级生态系统、产地内构成的二级生态系统和产地内土壤构成的三级生态系统。

(1) 一级生态环境调查与选择

① 一级生态环境的构成。一级生态环境由产地周边环境构成。绿色食品产地的选择不仅只看产地地块，还要看地块和周边环境的组合，即不仅有绿色食品的庄稼地、养殖场地，周边的林草花也需占一定的面积，以形成隔离带，保护绿色食品的产地。

② 隔离带生态调查。

a. 土地资源利用调查。土地荒漠化情况，或水土流失风蚀盐渍化和污染情况；土地的功能分布，土地的复种指数。

b. 气候资源调查。光热资源、雨水资源调查。

c. 隔离带的结构调查。绿色食品产地的周边需要有隔离带。天然的或人工隔离带有生态调节作用，是最佳的隔离带。隔离带可以是草地林木或某些植物，或是水沟山地等地貌或地形，或其他人工屏障，属于哪一种都需要记录。产地的隔离带需要一定的宽度，除了扩大产地的调节作用还可以屏蔽或减少非绿色食品生产地块喷洒的化学农药和使用的化学肥料对产地的影响。在一个蜂蜜生产地区，山谷的山脚线就可以作为产地的边缘线。

d. 生物多样性调查。它是在一级系统中调查的主要内容，需了解生物的分布情况，特别是植被情况，在地图上勾画出树林草地及农业生产布局；调查主要的病虫草害情况和主要天敌情况，以供生态评估时参考。

(2) 二级生态环境的调查与选择

① 调查意义。在产地内的二级生态系统，即农田生态系统，同其他农业生产系统一样，除了空气、水和土壤等环境要素外，还有生物要素，即由动植物和微生物组成的生物群落。绿色食品生产的许多规则或规范，都是针对二级生态系统而制定的。要提高绿色食品的生产效益，除了依靠良好的空气、水质、土壤等环境要素，保证绿色食品的品质外，还需利用生态系统的自我调节与平衡能力，用相生相克，协调共生原理，使产地系统中的干扰因素（污染物、病虫草害等）得到抑制，使绿色食品高产又优质，从而提高产地的综合生产能力。利用生态学的最佳法则，使经济环境和社会效益同步发展，从而全面建立绿色食品及产地的良好形象。

② 二级生态环境的调查内容。

a. 产地的地块调查。绿色食品产地地块应属于一块完整的地块，即在一大块土地上，不能零星的选择几小块地作为绿色食品的产地，因为只有成片生产，才能全部按照绿色食品的生产方式进行操作，保证产地受外界的影响最小。

b. 辅助能量投入调查。由于农业生态系统是开发系统，除太阳能外还需要人工补加能量，以促进植物对太阳能的捕获和转化。

c. 农产品调查。品种产量、外观品质调查与记录。同时，需要调查是否有转基因物种。

(3) 土壤生态环境的定性调查　土壤是生产绿色食品的基础。健康的土壤是一个结构完整功能良好的土壤生态系统，这是产出绿色食品的关键。怎样通过目测判断土壤系统的优劣？以下指标可供参考。

① 植物长势良好，枝繁叶茂，产量高，瓜果口感甜，有回味，如黄瓜，既清香又不容易打蔫（需与施化肥的产品对比）。生态要素齐全，光热水气与土壤的非缺因子配合良好，产量不依赖化学肥料。

② 无恶性病虫害事件发生，用综合防治或生物防治可以控制病虫害的发生，不依赖化学农药。

③ 远离污染源，无明显的污染物输入渠道和输入事件发生。

为了选择或评估土壤生态系统，有必要了解生态系统的结构和功能。土壤生态系统从上下结构来看，分地上、地表和地下部分。地上是生物群体层，主要是绿色植物；地表土壤是一个次级生态系统，其生物部分为一个强大的生物群落层，有植物、土壤动物和微生物，充当着生产者、消费者和分解者的角色，形成一个共栖共生寄生捕食等相生相克的生态网络。地表环境部分，最基本的组成单位是土壤颗粒，其间充满着空气和水分，即土壤的固液气体组成部分，土壤溶液中包含着各种营养成分；地下为土壤母质层。

(4) 天然产地的选择　野生农产品生产采集基地也是绿色食品的产地，其环境条件应该严格按照绿色食品产地的标准进行选择。

4. 畜禽生产环境的选择

在畜禽生产中，种畜、种禽的出生环境是首先要考虑的问题。绿色食品生产要求种畜、种禽的出生地应是绿色食品的产地，应有绿色食品产地的生态环境条件。绿色食品畜禽圈舍环境条件有如下选择。

（1）圈舍外环境条件　圈舍外环境条件不仅影响绿色食品的产量，也直接影响产品的品质，因此要求绿色食品的圈舍地形开阔，地势平坦、向阳、背风，牧场场地高出历史最高洪水水位，地下水水位2米以下；同时水源水量充足，水质符合国家《生活饮用水水质标准》（GB 5749—85）；圈舍周边无污染源，距离公路干线200米以上。

（2）圈舍内环境条件　圈舍内环境条件包括温度、湿度、光照、通风条件、空气清洁程度等。对已有圈舍的选择，可实测温度、湿度、风速，用快速测定法测定氨气、硫化氢气体；对新建产地，需要提出达到环境条件的设计要求。

① 空气条件。温度：10～30℃；湿度：50%～75%；空气流速：冬季0.1～0.2m/s，夏季0.2～0.5m/s。

② 污染物浓度。鸡舍氨气不超过15mg/kg。一般圈舍氨气不超过20mg/kg，硫化氢不超过5mg/kg；二氧化碳不超过0.10%，或按绿色食品的具体规定进行。

③ AA级绿色食品对种畜、种禽的环境条件规定。种畜种禽应从绿色食品畜禽场引入，并适应当地气候、水文、地质等自然条件，对疾病有一定的抵抗能力。对当地特有的优良畜禽品种，要采取措施予以保存和饲养。如果没有绿色食品畜禽场的种畜禽，需要经过绿色食品管理机构同意，才可购买常规的1～2日龄的雏禽或从母畜怀孕开始就按照绿色食品养殖业标准进行管理的家畜。在一个养殖场，饲养的品种要多样化，不能只饲养一两个品种。

畜禽生产要有足够的生活空间。AA级绿色食品标准要求，圈舍条件必须能保证动物按照它特有的行为方式生活，以便动物能充分自由活动。有的需对不同品种畜禽的活动面积做出规定，如牛马等大型动物活动面积不少于每头$4m^2$，猪、羊等中型动物不少于每头$2m^2$，兔、鸡等小型动物不少于每头$1m^2$。

④ 圈舍的建筑材料。绿色食品生产对建筑材料也有严格要求，一是动物的圈舍要采用天然的、无毒无害的材料，避免使用有毒性的建筑材料，也不使用有毒的木材防腐剂处理。二是使用可重复或循环使用的、节能的材料。

⑤ 绿色食品的畜禽饲料生产产地的规定。畜禽生产除了自身的管理和控制外，对饲料生产的种植业过程还要进行控制。饲料和营养物质必须来自绿色食品基地，或来自符合绿色食品要求的天然牧场、水域和矿区。在突然发生的自然或人为灾害情况下，动物的饲料可以有一部分非绿色产地生产的无污染饲料，但它的比例应尽可能低。

a. 饲料养分。畜禽饲养过程中，不仅需要维系畜禽生命活动的最低需要，还需满足畜禽生活的平衡营养需要。因此，在配合饲料时，应满足畜禽对能量、蛋白质、钙、磷、钠及各种微量元素和维生素的平衡需求量。

b. 饲料种植。人工牧场应实行轮作、轮放，保证牧草品种的多样性，天然牧场要避免过度放牧，防止水土流失。

c. 饲料添加剂和植物生长添加剂。在生产中需要严格控制，除了食盐、微量元素、维生素、磷酸钙、碳酸钙及天然矿物外，绿色食品生产禁止使用化学合成的饲料添加剂，比如化学合成的镇静剂或兴奋剂、驱虫保健剂、防腐剂、人工着色剂、用溶剂（如乙烷）提取过的物质以及纯氨基酸等，而需用天然材料代替。通过这些规定，绿色食品生产把动物产品有可能对人体产生的危害降低到最低程度，并防止绿色食品生产过程对环境和动物自身造成危害。绿色食品的动物生产既要防止环境对动物产品的污染，又要防止动物生产过程对环境和资源的破坏和浪费。

5. 绿色食品水产品养殖区的选择

我国是世界上水资源丰富的国家之一。尽管水产面积广阔，但不少区域已被污染，不再适合生产绿色食品。选择绿色食品水产品养殖区时需要遵循如下原则。

① 水源充足，常年有足够的新鲜水量；水温适合不同鱼种的养殖；池塘进、排水方便。

② 尽可能选取比较完整的水体，以利于生产控制和污染防治。

③ 水质符合国家《渔业水质标准》。养殖区附近无污染源（工业污染源、生活污染源），养殖区生态环境好，达到绿色食品产地环境质量标准。

④ 海水养殖区应选择潮流畅通、潮差大、盐度相对稳定的区域，注意不得靠近河口，以防洪水期淡水冲击，盐度大幅度下降，导致鱼虾死亡，以及污染物直接进入养殖区，造成污染。

⑤ 交通方便。

第二节　绿色食品产地的环境质量监测方法

一、大气监测

1. 空气污染的时空分布

空气监测中常会出现同一地点不同时刻，或同一时刻不同空间位置所测定的污染物的浓度不同，这种不同时间、不同空间的污染物浓度变化，称之为空气污染物浓度的时空分布。由于空气污染物浓度的时空分布不均，空气质量监测中要十分注意监测（采样）地点和时间的选择。

2. 大气检测方法

大气污染的监测方法很多，应该根据监测的目的、设备、操作人员的技术水平来选择足够准确和灵敏的监测手段。常用的监测方法有以下几种。

（1）化学监测　设备简单、经济、易掌握。有一定的准确性。

（2）物理或物理化学监测　是指建立在仪器分析基础上的监测方法。灵敏度高，操作简便，监测速度快，易于实现自动化和连续监测。但要求一定的技术、设备条件，仪器昂贵，为监测的发展方向。

（3）生物监测　生物监测是指利用动、植物对污染物质的反应对大气进行监测的方法。这种方法可以补充物理、化学监测的不足。但只用于定性或半定量的测定。有些动、植物均可以作为大气污染监测的指示生物。如 SO_2 浓度为 0.3～0.5μl/L 时，棉花、小麦、大豆、梨树叶子变黄或白。而人能嗅到 SO_2 气味时，其浓度已经达到 1～5μl/L，感觉到刺激时的浓度已经达到 20μl/L，说明棉花、小麦、大豆、梨树等植物对 SO_2 很敏感。氟污染可使叶尖、边缘萎缩坏死。O_3 使叶子下表面出现不规则的小点或小斑。

3. 大气监测具体方法和工作程序

（1）监测点分布原则　依据产地环境现状调查分析结论和产品工艺特点，确定是否进行空气质量监测。进行产地环境空气质量监测的地区，可根据当地生物生长期内的主导风向，重点监测可能对产地环境造成污染的污染源的下风向。

（2）点位设置　空气监测点设置在沿主导风走向 45°～90°夹角内，各监测点间距一般不超过 5km。监测点应选择在远离树木、城市建筑及公路、铁路的开阔地带。各监测点之间的设置条件相对一致，保证各监测点所获数据具有可比性。

（3）免测空气的地域

① 种植业。产地周围5km，主导风向20km内没有工矿企业污染源的地域。

② 渔业养殖区。只测养殖原料（饲料）生产区域的空气。

③ 畜禽养殖区。只测养殖原料（饲料）生产区域的空气。

④ 保护地栽培及食用菌生产区。只测保护地－温室大棚外空气。

（4）采样地点　产地布局相对集中，面积较小，无工矿污染源的区域，布设1～3个采样点；产地布局较为分散，面积较大，无工矿污染源的区域，布设3～4个采样点；样点的设置数量还应根据空气质量稳定性以及污染物对原料生长的影响程度适当增减。

（5）采样时间及频率

在采取时间安排上，应选择在空气污染对原料生产质量影响较大的时期进行，一般安排在作物生长期进行。每天四次，上下午各2次，连采2d。上午时间为：8：00～9：00，11：00～12：00；下午时间为：14：00～15：00，17：00～18：00。

（6）采样技术　环境空气质量监测点位的设置还应符合下列要求：具有较好的代表性，能客观反映一定空间范围内的环境空气污染水平和变化规律；各监测点之间设置条件尽可能一致，使各个监测点获取的数据具有可比性；监测点应尽可能均匀分布，同时在布局上应反映生产主要功能区和主要大气污染源的污染现状及变化趋势。

（7）大气环境质量监测主要项目及分析方法　有关大气环境质量监测主要项目及分析方法见表5-1。

表5-1　大气监测项目和分析方法

监测项目	采样方法	分析方法	方法来源
氮氧化物	盐酸萘乙二胺吸收法	盐酸萘乙二胺光度法	GB/T 15436
二氧化硫	甲醛吸收法	盐酸副玫瑰苯胺光度法	GB/T 15262
总悬浮物	滤膜法	重量法	GB/T 15432
氟化物	滤膜法	氟离子选择电极法	GB/T 15434
总铅	滤膜法	火焰原子吸收分光光度法	GB/T 15264

二、水质监测

1. 农田灌溉用水和渔业用水水质监测方法

（1）布点原则　水质监测点的布设要坚持样点的代表性、准确性、合理性和科学性的原则。坚持从水污染对产地环境质量的影响和危害出发，突出重点，照顾一般。即优先布点监测代表性强，最有可能对产地环境造成污染的方位、水源（系）或产品生产过程中对其质量有直接影响的水源。对于水资源丰富，水质相对稳定的同一水源（系），样点布设1～3个，若不同水源（系）则依次叠加。水资源相对贫乏，水质稳定性较差的水源，则根据实际情况适当增设采样点数。生产过程中对水质要求较高或直接食用的产品（如生食蔬菜），采样点数适当增加。对水质要求较低的粮油作物、禾本植物等，采样点数可适当减少，同一水源（系）的采样点数，一般1～2个。对于农业灌溉水是天然降雨的地区，不采农田灌溉水样。深海产品养殖用水不必监测，只对加工水进行采样监测；近海（滩涂）渔业养殖用水布设1～3个采样点；淡水养殖用水，集中养殖区如水源（系）单一，布设1～3个采样点；分散养殖区不同水源（系）布设1个采样点。畜禽养殖用水，属圈养且相对集中的，每个水源（系）布设1个采样点；反之，适当增加采样点数。食用菌生产用水，每个水源（系）各布设 1 个采样点。

（2）布点方法　用地表水进行灌溉的，根据不同情况采用不同的布点方法。直接引用大江大河进行灌溉的，应在灌溉水进入农田前的灌溉渠道附近河流断面设置采样点。以小型河流为灌溉水源的，应根据用水情况分段设置监测断面。

灌溉水系监测断面设置方法：对于常年宽度大于 30m，水深大于 5m 的河流，应在所定监测断面上分左、中、右三处设置采样点，采样时应在水面下 0.3m、0.5m 处各采分样一个，分样混匀后作为一个水样测定；对于一般河流，可在确定的采样断面的中点处，在水面下 0.3～0.5m 处采一个水样即可。

湖、库、塘、洼的布点方法：$10hm^2$（公顷）以下的小型水面，一般在水面中心处设置一个取水断面，在水面下 0.3～0.5m 处采样即可；$10hm^2$（公顷）以上的大中型水面，可根据水面功能实际情况，划分为若干片，按上述方法设置采样点。

引用地下水进行灌溉的，在地下水取井处设置采样点。

（3）采样时间与频率　种植业用水在农作物生长过程中灌溉用水的主要灌期采样一次；水产养殖业用水在其生长期采样一次；畜禽养殖业，可与原料产地灌溉用水同步采集饮用水质一次；绿色食品生产（加工）用水按 GB 5749 规定执行。

（4）地下水样品的采集技术　地下水采样井布设应遵循下列原则。①全面掌握地下水水资源质量状况，对地下水污染进行监视、控制。②根据地下水类型分区与开采强度分区，以主要开采层为主布设，兼顾深层和自流地下水。③尽量与现有地下水水位观测井网相结合。④采样井布设密度为主要供水区密，一般地区稀；城区密，农村稀；污染严重区密，非污染区稀。⑤不同水质特征的地下水区域均应布设采样井。⑥专用站按监测目的与要求布设。

地下水采样井布设方法与要求。在布设地下水采样井之前，应收集本地区有关资料，包括区域自然水文地质单元特征、地下水补给条件、地下水流向及开发利用、污染源及污水排放特征、城镇及工业区分布、土地利用与水利工程状况等。在下列地区应布设采样井：①以地下水为主要供水水源的地区；②饮水型地方病（如高氟病）高发地区；③污水灌溉区，垃圾堆积处理场地区及地下水回灌区；④污染严重区域。

平原（含盆地）地区地下水采样井布设密度一般为 1 眼/$200km^2$，重要水源地或污染严重地区可适当加密；沙漠区、山丘区、岩溶山区等可根据需要，选择典型代表区布设采样井。

（5）监测项目和分析方法　农田灌溉水质监测项目及分析方法见表 5-2。

表 5-2　水质监测项目与分析方示

项　目	分 析 方 法	项　目	分 析 方 法
pH 值	玻璃电极法	锌	原子吸收分光光度法
汞	冷原子吸收分光光度法	氰化物	异烟酸-吡唑啉酮比色法
镉	原子吸收分光光度法	氯化物	硝酸银滴定法
砷	二乙基二硫代氨基甲酸银分光光度法	氧化物	离子选择电极法
六价铬	二苯碳酰二肼分光比色法	溶解氧	碘量法
铅	原子吸收分光光度法	化学需氧量	重铬酸钾法
铜	原子吸收分光光度法		

2. 畜禽养殖用水、加工用水质量监测项目与分析方法

畜禽养殖用水、加工用水质监测项目与分析方法见表 5-3。

表 5-3　畜禽养殖用水、加工用水水质监测项目与分析方法

项　目	分 析 方 法
色度	稀释倍数法、铂钴比色法
混浊度	目视比色法、分光光度法
臭和味	文字描述法
肉眼可见物	肉眼描述法
pH 值	玻璃电极法
氟化物	离子选择电极法
氰化物	异烟酸-吡唑啉酮比色法
总砷	异烟酸-吡唑啉酮比色法、甲酸银法、原子荧光光谱法
总汞	冷原子吸收光谱法、原子荧光光谱法
总镉	无光焰原子吸收光谱法
总铅	无光焰原子吸收光谱法
六价铬	二苯碳酰二肼比色法
细菌总数	平板法
总大肠菌群	多管发酵法

三、土壤监测

1. 监测方法

（1）布点原则　绿色食品产地土壤监测点布设，以能代表整个产地监测区域为原则。不同的功能区采取不同的布点原则。坚持最优秀监测原则，优先选择代表性强、可能造成污染的最不利的方位、地块。

（2）布点方法　在环境因素分布比较均匀的监测区域，采取网格法或梅花法布点；在环境因素分布比较复杂的监测区域，采取随机布点法布点；在可能受污染的监测区域，可采用放射法布点。

（3）样点数量　监测区的采样点数根据监测的目的要求，土壤的污染分布，面积大小及数理统计，土壤环境评价要求而定。

① 大田种植区。对集中连片的大田种植区，产地面积在 2000hm^2（公顷）以内，布设 3～5 个采样点；面积在 2000hm^2（公顷）以上，面积每增加 1000hm^2（公顷），增加一个采样点。如果大田种植区相对分散，则适当增加采样点数。

② 保护地栽培。产地面积在 300hm^2（公顷）以内，布设 3～5 采样点；面积在 300hm^2（公顷）以上，面积每增加 300hm^2（公顷），增加 1～2 个采样点。如果栽培品种较多，管理措施和水平差异较大，应适当增加采样点数。

③ 食用菌栽培。按土壤样品分析测定、评价，一般 1 种基质采集 1 个混合样。

④ 野生产品生产区对土壤地形变化不大、土质均匀、面积在 2000hm^2（公顷）以内的产区，一般布设 3 个采样点。面积在 2000hm^2（公顷）以上的，根据增加的面积，适当地增加采样点数。对于土壤本底元素含量较高、土壤差异较大、特殊地质的区域可因地制宜地酌情布点。

⑤ 近海（滩涂）养殖区底泥监测点布设与水质采样点相同。

⑥ 深海和网箱养殖区。免测海底泥。

⑦ 特殊产品生产区。依据其产品工艺特点，某些环境因子（如水、土、气）可以不进行采样监测，如矿泉水、纯净水、太空水等，可免监测土壤。

（4）采样时间、层次

① 采样时间。原则上土壤样品要求安排在作物生长期内采样。

② 采样时间、层次。一年生作物，土壤采样深度为0～20cm；多年生植物（如果树），土壤采样深度为0～40cm；水产养殖区，底泥采样深度为0～20cm。

（5）采样技术

① 野外选点。首先采样点的自然景观应符合土壤环境背景值研究的要求。采样点选在被采土壤类型特征明显，地形相对平坦、稳定，植被良好的地点；坡脚、洼地等具有从属景观特征的地点不设采样点；城镇、住宅、道路、沟渠、粪坑、坟墓附近等处人为干扰大，失去土壤的代表性，不宜设采样点，采样点离铁路、公路至少300m以上；采样点以剖面发育完整、层次较清楚、无侵入体为准，不在水土流失严重或表土被破坏处设采样点；选择不施或少施化肥、农药的地块作为采样点，以使样品点尽可能少受人为活动的影响；不在多种土类、多种母质母岩交错分布、面积较小的边缘地区布设采样点。

② 混合样采样法。一般农田土壤环境监测采集耕作层土样，种植一般农作物采样深度为0～20cm，种植果林类农作物采样深度为0～60cm。为了保证样品的代表性，减低监测费用，采取采集混合样的方案。每个土壤单元设3～7个采样区，单个采样区可以是自然分割的一个田块，也可以由多个田块所构成，其范围以200m×200m左右为宜。每个采样区的样品为农田土壤混合样。混合样的采集主要有四种方法。

a. 对角线法。适用于污灌农田土壤，对角线分5等份，以等分点为采样分点。

b. 梅花点法。适用于面积较小，地势平坦，土壤组成和受污染程度相对比较均匀的地块，设分点5个左右。

c. 棋盘式法。适宜中等面积、地势平坦、土壤不够均匀的地块，设分点10个左右；受污泥、垃圾等固体废物污染的土壤，分点应在20个以上。

d. 蛇形法。适宜于面积较大、土壤不够均匀且地势不平坦的地块，设分点15个左右，多用于农业污染型土壤。各分点混匀后用四分法取1kg土样装入样品袋，多余部分弃去。

2. 监测项目及分析方法

土壤监测主要项目及分析方法见表5-4。

表5-4　土壤监测项目和分析方法

项　目	分析方法	项　目	分析方法
镉	原子吸收分光光度法	砷	二乙基二硫代氨基甲酸银分光光度法
汞	冷原子吸收分光光度法	六六六	气相色谱法
铅	原子吸收分光光度法	滴滴涕	气相色谱法
铬	二苯碳酰二肼分光比色法		

第三节　绿色食品产地的环境质量现状评价

一、评价标准

中国绿色食品发展中心对申报企业的原料产地进行实地考察，根据考察结果确定是否安排环境监测，然后作出评估、评价报告。产地环境质量现状评价标准包括：空气质量标准、水环境质量标准、土壤环境质量标准等。

二、评价原则

产地环境质量现状评价是绿色食品开发的一项基础工作，在进行该项工作时应该遵循以下原则。

① 评价应在该区域性环境初步优化的基础上进行，同时不应该忽视农业生产过程中的自身污染。

② 绿色食品产地的各项环境质量标准（空气、水质、土壤）是评价产地环境质量合格与否的依据，要从严掌握。

③ 在全面反映产地环境质量现状的前提下，突出对产品生产危害较大的环境因素（严控指标）和高浓度污染物对环境质量的影响。

三、评价方法

1. 评价基本工作程序

(1) 环境质量现状评价概述　环境质量是绿色食品产品质量的基础因素之一。研究环境质量变化规律，评价环境质量的水平，探讨改善环境质量的途径和措施，是绿色食品产地环境监测工作的最终目的。

(2) 环境质量是指生态环境的优劣程度　环境质量现状评价是根据环境（包括污染源）的调查与监测资料，应用环境质量指数系统进行综合处理，然后对这一区域的环境质量现状作出定量描述，并提出该区域环境污染综合防治措施。绿色食品产地环境质量现状评价最直接的意义，是为生产绿色食品选择优良的生态环境，为绿色食品有关管理部门的科学决策提供依据。

(3) 绿色食品产地环境质量现状评价的工作程序　绿色食品产地环境质量现状评价的工作程序随目的、要求不同而不同，最基本工作程序见图 5-1。

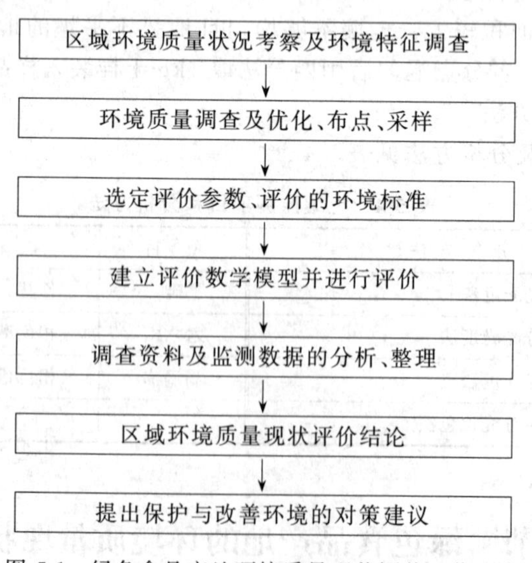

图 5-1　绿色食品产地环境质量现状评价工作程序

2. 评价的基本内容和方法

(1) 评价方法　我国空气质量采用了空气污染指数进行评价。空气污染指数（API）是一种反映和评价空气质量的数量尺度方法，就是将常规监测的几种空气污染物浓度简化成为单一的概念性指数数值形式，并分级表征空气污染程度和空气质量状况。空气污染指数是根据环境空气质量标准和各项污染物对人体健康和生态环境的影响来确定污染指数的分级及相应的污染物浓度值。

衡量环境质量优劣的因素很多，通常用环境中污染物质的含量来表达。人们希望从众多的表述环境质量的数值中找到一个有代表性的数值，简明确切地表达一定时空范围内的环境质量状况。环境质量指数就是这样一个有代表性的数，是质量好坏的表征，既可以表示单因子的，也可以表示多因子的环境质量状况。

① 单项污染指数法。用单因子来表达环境质量状况的方法，它简明确切地表达某一个因子，在一定时空范围内的环境质量状况。

② 综合污染指数法。用多个因子综合来表达环境质量状况的方法，它表达多个因子，在一定时空范围内的环境质量状况。

(2) 计算方法

① 单项污染指数。按式 (1) 计算。

$$I_i=\frac{C_i}{S_i} \tag{1}$$

式中　I_i——单项污染指数；

C_i——单项实测值；

S_i——单项标准值。

② 各环境要素综合污染指数。按式 (2) 计算。

$$P=\sqrt{\frac{\overline{I}_i+I_{\max}^2}{2}} \tag{2}$$

式中　P——综合污染指数；

$\overline{I}_i$——平均分指数；

$I_{\max}$——污染物中最大分指数。

③ 环境质量分级划定。产地环境质量分级划定见表 5-5。

表 5-5　环境质量分级划定

单项污染指数	各环境要素综合污染指数	污染水平	等级划定
$I_i\leqslant 1.0$	$\leqslant 1.0$	清洁	1
$1.0<I_i\leqslant 1.5$	$\leqslant 1.0$	轻污染	2
$1.5<I_i\leqslant 2.0$	$\leqslant 1.5$	中污染	3
$I_i>2.0$	>1.5	重污染	4

注：测得的污染指数，若有一项不在表内规定的某级数值范围内，则该产地环境质量应往下调整至相应级别。

3. 生态调查评估内容

(1) 边缘效应评估　通过以上调查，只对一级生态系统的结构和功能、生物多样性与病虫害防治情况进行定性描述。在评估时，如果一时选择不到比较完美的环境条件，也需要选择在短期内可以建设好的区域，即通过生态建设，可逐步完善其组成结构使生态环境在三五年内能够有明显改观的区域；相反，区域小，生物多样性差，生态结构简单，生态平衡趋于脆弱或在短期内生态恢复的可能性小，一般不适合选择为绿色食品产地。

（2）二级系统评估　对二级系统的物资循环能量流动情况，即系统内的农林牧渔和加工各业的比例情况，投入与产出情况进行分析。

（3）三级系统评估　对土壤环境质量与土壤肥力进行定性描述。

（4）发展绿色食品与资源的协调性评估　绿色食品的检查人员在规定的时间内对隔离带进行检查确认，保证该地区边界明确。并对生态环境建设提出资源利用与保护的导向性意见。

第四节　绿色食品产地的污染控制

一、绿色食品产地的环境污染

绿色食品产地污染主要来自四个方面。①工业废弃物污染农田、水源和大气，导致有害物质在农产品中聚集。②随着农业生产中化学肥料、化学农药等化学产品使用量的增加，一些有害的化学物质残留在农产品中。③食品生产、加工过程中，一些化学色素、化学添加剂的不适当适用，使食品中有害物质增加。④贮存、加工不当导致的微生物污染。目前我国绿色食品产地造成环境污染的主要原因如下所述。

1. 过量使用化学肥料

农谚有云："化肥是个宝，增产少不了，用得好是个宝，用不好不得了"。20 世纪 80 年代末中国已成为世界上化学肥料最大的使用国，以 20 世纪 90 年代中期计，单位面积平均施肥量是世界平均水平的 3.8 倍，其施用量还在逐渐增多，仅 3 年（1995～1998 年）的时间又提高近 10%，其中氮素化肥占 56%。化学肥料使用量过多，植株利用率越低，进入环境的残留量越多。20 世纪 90 年代以来，化肥的利用率只有 30%，即 70%进入了环境，既是资源的浪费，又是造成当前生态环境严重污染的主要原因之一。盲目过量、不合理施用的另一结果是降低土壤肥力，土壤有机质减少、板结、生物活性降低。特别是土壤中过多的硝酸盐和有害化学物通过土壤—作物—人类的食物链和土壤—水—人类的饮水而进入体内。在体内形成强致癌物——亚硝胺而严重威胁人类健康。对于安全、优质、营养的绿色食品来说，化肥是最敏感的非绿性化学物质，AA 级绿色食品是禁用的，对 A 级绿色食品有严格的规定，应不用或少用或以有机肥料代替。

2. 过量使用化学农药

农药虽能够防治农业病虫害，调节植物生长，抑制杂草繁殖，对于促进农业生产发展功不可没。但施用不当，会造成产地环境污染。农药对植物会造成直接的药害，还会影响生态系统平衡，影响植物的生长。会导致病虫抗药性增强。天敌数量剧减，导致盲目增加用药量。据专家调查证实：20 世纪 90 年代以来，我国的农药使用量已高达 100 万吨/年，农药真正到达目的物上的只有 10%～20%，最多可达 30%，落到地面的为 40%～60%，飘浮于大气中的为 5%～30%。也就是说进入环境中的化学农药高达 70%以上。进入环境中的化学农药会随着气流和水流在各处环流，污染水体、大气环境资源。一些难降解的化学农药、除草剂、杀虫剂等几乎得不到任何分解而在环境中蓄积循环，破坏生态平衡，并通过食物、饮用水进入人体和生物体，其影响范围极大。据资料报道：从南极的企鹅、海豹到北极的爱斯基摩人的体内都可检出农药 DDT，因为它具有在脂肪组织内蓄积的特点，以致禁用 10 年后仍可检出其存量。我国南方某城市在 20 世纪 90 年代在 52 位哺乳妇女的母乳中 100%检出含有 DDT，其母乳中 DDT 含量不断地传到婴儿体内被吸收。因此化学农药过量施用严重地威胁着生态平衡、生物多样性和人类的健康。化学农药也是绿色食品最敏感的外源物化学物质，控制极严，如极难降解的DDT、六六六不仅禁用，就连施用过的土壤也不能作为绿色食品生产用地。AA级绿色食品禁用化学农药，A级绿色食品也严格控制品种和数量，要求以生物农药代之。

3. 环境激素的危害

环境激素是指由于人类活动而释放在环境中的化学物质和放射性物质。它在动物体内发挥着类似雌性激素的作用，干扰体内激素，使生殖机能失常，故又称为扰乱体内分泌化学物质。这是个崭新的名词，带有崭新的毒性和危害进入环境，破坏环境，最具代表性的是有机氯类物质，如二𫫇英、DDT、多氯联苯（PCB），塑料制品类，如苯乙烯、联苯酚A、邻苯二（甲）酸化合物，还有一些生长刺激素。

除农药DDT、六六六和生长激素直接喷洒外，二𫫇英类物质既可随有机氯除草剂，也可随垃圾焚烧的废气和垃圾填埋的渗漏水进入农田环境，恶化水、土资源，最后被植物吸收。而塑料制品中所含邻苯二甲酸酯和联苯酚A，则常因塑料大棚、农田中的废弃塑料薄膜经日晒雨淋、高温高湿或其他条件溶解出来，重金属类的环境激素物质常伴随着工农业三废物质、化学肥料、农药，同其他所有激素物质一样均可通过食物链逐级生物浓缩，即使在环境中极微量的有害成分也会通过这种恶性富集最终达到极高的浓度，对环境、人类产生极大的破坏性。这些环境激素是绿色食品生产的大忌，不要因为其量极微而放松警惕，要知道食物链的生物浓缩或称恶性富集机制，会毁掉绿色食品的品质和价值。

二、产地环境污染对绿色食品生产的影响

1. 大气污染对绿色食品生产的影响

大气污染物种类繁多，在我国的大气环境中，对环境质量影响较多的污染物有总悬浮微粒（TSP）、二氧化硫（SO_2）、氮氧化物（NO_x）、氟化物、一氧化碳（CO）和光化学氧化剂（O_3）等。如果大气环境受到污染，就会对农业和绿色食品产生影响和危害。植物受大气污染影响后，会使植物的细胞和组织器官受到伤害，生理机能和生长发育受阻，产量下降，产品品质变坏。如水果蔬菜失去固有的色泽、口感变劣、营养价值降低。有害重金属积累过多，如饲料牧草的含氟量过高，不仅对畜禽造成危害，还导致土壤污染。大气污染会使绿色食品的品质、安全和营养降低乃至失去绿色食品的本质属性和价值。

二氧化硫（SO_2）在干燥的空气中较稳定，但在湿度较大的空气中即被氧化成三氧化硫。三氧化硫再经过一系列反应，形成硫酸雾和酸雨，造成更大的危害。我国酸雨多发区面积极大，危害严重，是绿色食品生产的大忌，应极力避开这类生产地。

大气氟污染物主要为氟化氢（HF）。它对植物的毒性很强，植物受害的典型症状是叶尖和叶缘坏死，主要在嫩叶、幼芽上首先发生。试验表明：氟化物对花粉粒发芽和花粉管伸长有抑制作用。氟化氢还是一种积累性毒物，即使在大气中浓度不高，也可通过植物吸收而富集，然后通过食物链影响动物和人类健康。

大气中的微粒物质除了沉淀于土壤外，还可沉淀于植株体上或被作物吸收，造成粮食、蔬菜污染、减产和品质下降。大气氟污染和颗粒物污染必须在绿色食品生产前监测，要求达标生产。

2. 土壤污染对绿色食品生产的影响

万物土中生，土壤是绿色植物的基体。土壤受到污染，就会对绿色植物的生长繁殖带来影响，影响农作物的产量和质量；通过食物链，还会影响到养殖业和畜牧业，危及人类的身体健康。土壤污染主要有：化学污染、生物污染、物理污染3个方面。

（1）土壤化学污染　化学肥料对土壤污染主要是磷肥和氮肥等。磷肥的原料磷矿石，含

有其他无机元素如砷、镉、铬、氟、钯等，主要是镉和氟，含量因矿源而异。无论含量大小，镉均会随磷肥一起施入到土壤中，长期积累的效应值得引起注意。氮的化学污染主要是硝酸盐肥料，如硝酸铵和尿素等化学肥料，产生硝酸和亚硝酸离子，污染作物和地下水，而致病、致癌和致畸。

土壤的化学污染还包括垃圾、污泥、污水造成的污染。大型畜禽加工厂、制纸、制革厂的废水，均含有某些污染化学成分，过量集中输入农田，也会使有毒物质积累和重金属超标，导致人畜致病。其他的重金属如镉、汞、铬、铅等，在电池、电器、油漆、颜料中都存在着。有机污染物的多氯联苯（PCB）、多元酚类多存在于洗涤剂、油墨、塑料添加剂中。这些东西一旦进入土壤，会严重地污染整个食物链。绿色食品生产前必须进行土壤环境监测。

（2）土壤生物污染　关于生物污染方面，主要是城市垃圾，特别是人畜粪、医疗单位的废弃物中，含有大量病原体，它们若不经过无害化处理，必然会导致土壤严重污染。据有关资料表明，有些病源菌在土壤中能存活相当长的时间，对蔬菜的危害最大。如痢疾杆菌可存活22～142d，沙门氏菌生存35～70d，结核杆菌在1年左右，蛔虫卵为315～420d以上。国内外因之而爆发的流行病年年皆有发生。

（3）土壤的物理污染　主要是施入土壤中的有机物料，如未经过清理的碎玻璃、旧金属片、煤渣等，这些物料大量使用会使土壤渣砾化，降低土壤的保水、保肥能力。近年来城市垃圾中聚乙烯薄膜袋、破碎塑料等数量日益增加，在连续使用农药薄膜的地区的土壤中大量残留的塑料碎片，使土壤水分运动受阻，作物根系生长不良，这一土壤物理污染现象，也是值得重视和需要研究解决的问题。

3. 水质污染对绿色食品生产的影响

农业生产离不开水，水质的好坏对种植业、养殖业以及食品加工业都会产生重要影响。水质污染对农作物会产生直接影响，使作物减产、品质降低，还会通过土壤间接影响农作物生长。主要表现在以下几方面。

① 作物叶片或其他器官受害，导致生长发育障碍，产量降低。

② 产品中有毒物质积累使品质下降，不能食用。

③ 农产品质劣价格低，没有竞争力。

对养殖业主要表现在以下几方面。

① 水中大量的溶解性有机物分解时消耗溶解氧，由于富营养化造成水中溶解氧不足，使水生生物和鱼类缺氧死亡。

② 重金属直接危害水生生物或通过富集作用使水生生物体内重金属含量倍增，超标几十倍甚至几百倍。

③ 农药和其他有毒化产品使鱼类中毒。

4. 食物污染对人体的危害

由于环境受到污染，势必整个食物链也受到污染。人们食用被污染的物质后绝大多数会引发慢性中毒，会有致癌、致病和致畸变的危害。据有关人士统计，因接触化学农药和污染食物，全球每年死亡人数高达500万之多，我国农村儿童白血病患者近50%的诱因是化学农药，严重地危害人们的身体健康。如果食用动、植物的生长环境受到污染，引起有毒物质残留，则会对人体产生多方面的危害，一次性大量摄入受污染的食品，可引起急性中毒，如农药食物中毒、氰化物食物中毒、铬食物中毒和砷食物中毒。长期（一般指半年到一年以上）少量摄入含污染物的食品，可引起慢性中毒，如摄入残留有机汞农药的粮食数月后，会出现周身乏力、尿汞含量高等症状；含有醋酸汞、甲基汞、狄氏汞、DDT、氯丹和敌枯双等致畸物质的食品，可通过母体使胎儿发生畸形；含有亚硝胺化合物、无机盐类（某些砷化合物等）致癌物的食品，可诱发癌症。由于在短时间内不易觉察，因此也难以引起人们的高度重视。

三、大气污染的控制

大气污染对人类及其生存环境造成的危害与影响，已逐渐为人们所认识，归结起来有如下几个方面。①对人体健康的危害。人体受害有三条途径，即吸入污染空气、表面皮肤接触污染空气和食用含大气污染物的食物，除可引起呼吸道和肺部疾病外，还可对心血管系统、肝等产生危害，严重的可夺去人的生命。②对生物的危害。动物因吸入污染空气或吃含污染物的食物而发病或死亡，大气污染物可使植物抗病力下降、影响生长发育、叶面产生伤斑或枯萎死亡。③对物品的危害。如对纺织衣物、皮革、金属制品、建筑材料、文化艺术品等，造成化学性损害和玷污损害。④造成酸性降雨，对农业、林业、淡水养殖业等产生不利影响。⑤破坏高空臭氧层，形成臭氧空洞，对人类和生物的生存环境产生危害。⑥对全球气候产生影响，如二氧化碳等温室气体的增多会导致地球大气变暖，导致全球气象灾害增多；又如烟尘等气溶胶粒子增多，使大气混浊度增加，减弱太阳辐射，影响地球长波辐射，可能导致气候异常。

防治大气污染是一个庞大的系统工程，需要个人、集体、国家、乃至全球各国的共同努力，可考虑采取如下几方面措施。

1. 产地及产地周围不得有大气污染源

特别是产地上风头不得有污染源，如化工厂、水泥厂、钢铁厂、垃圾堆积场、工矿废渣场等，不得有有毒气体排放，也不得有烟尘和粉尘，避开交通繁华的要道。要求大气环境质量稳定，符合大气质量标准。按绿色食品级别生产要求，AA级绿色食品要求一级清洁标准，A级则要求1～2级清洁标准。

2. 减少污染物排放量

多采用无污染能源（如太阳能、风能、水力发电），改革能源结构，用低污染能源（如天然气）对燃料进行预处理（如烧煤前先进行脱硫）、改进燃烧技术等均可减少排污量。另外，在污染物未进入大气之前，使用除尘消烟技术、冷凝技术、液体吸收技术、回收处理技术等消除废气中的部分污染物，可减少进入大气的污染物数量。

3. 厂址选择、烟囱设计、城区与工业区规划等要合理

不让排放大户过度集中，不要造成重复污染，形成局部地区严重污染事件发生。

4. 绿化造林，使有更多植物吸收污染物，减轻大气污染程度

四、农田水污染的控制

1. 坚持有法必依，尤其要做到“三同时”和限期治理

对于水污染控制，环境保护法和水污染防治法中都有明确的规定。一是坚持污染防治设施与生产企业的主体工程同时设计、同时施工、同时投入使用，也就是通常所说的“三同时”。只要真正坚持了“三同时”，许多污染物就会得到有效控制，也就做到了预防为主；二是对原有污染进行治理，对于污染严重的，要依法进行限期治理，对限期治理不达标或拒不进行治理的企业，要依法责令其停产或关闭。

2. 对水质的要求是生产用水质量必须要有保证

产地应选择在地表水、地下水水质清洁无污染的地区；水域、上游没有对该产地构成污染威胁的污染源；要远离对水体容易造成污染的工矿企业。绿色食品水质的（农田灌溉水、

渔业水、畜禽饮用水、加工用水）环境质量标准，AA 级绿色食品要求 $P \leq 0.5$，A 级绿色食品要求 P 的范围在 0.5～1.0。

3. 坚持分散治理和集中控制相结合

在现实生活中，有些污染源，如家庭污染源的污染物种类基本相同，有些污染源的污染物种类又有很大区别，如造纸废水和电镀废水就大不一样。对家庭这样的污染源就应该采取集中治理的方法解决污染问题；而对于那些有特殊污染物的污染源，则必须采取分散治理的方法。当然，有些污染源，如造纸废水，如果几家造纸厂相距不远，就可以几家联合投资建设一个污水处理厂，实施由分散治理到相对集中治理。

4. 提高废水处理技术水平

工业废水处理正向设备化、自动化的方向发展。传统的处理方法，包括用以进行沉淀和曝气的大型混凝系统也在不断地更新。近年来广泛发展起来的气浮、高梯度电磁过滤、臭氧氧化、离子交换等技术，都为工业废水处理提供了新的方法。特别是目前废水处理装置自动化控制技术正在得到广泛应用和发展，这在提高废水处理装置的稳定性和改善出水水质等方面将起到重要作用。

5. 在生产和生活中大力提倡节约用水

首先是厂矿企业要不断提高节水意识，积极采用先进的节水工艺设备，提高水的重复利用率。其次是广大居民和社会各界都要增强节水观念，千方百计节约水资源。道理很简单，水的消耗减少了，废水、污水自然减少了，废水、污水处理问题也就相对容易一些。

五、化学农药污染的控制

所谓农药污染，主要是指化学农药污染。凡用于防治病、虫、草、鼠害和其他有害生物以及调节植物生长的药剂及加工制剂统称化学农药。20 世纪，化学农药作为防治病虫草害的主要手段，对世界粮食生产的发展作出了重大贡献，但同时，由于化学农药的过度及不合理使用，也对农业生态环境造成巨大负面影响，导致农药污染。农药污染是指由于人类活动直接或间接地向环境中排入了超过其自净能力的农药，从而使环境质量降低，以至影响人类及其他环境生物安全的现象。

绿色食品生产应严格控制化学农药使用，尤其严格控制国家明令禁止的高毒、高残留农药使用。必须使用农药时，应严格遵守中国绿色食品中心规定的有关要求，科学合理使用。在 AA 级绿色食品生产中允许使用生物源农药和矿物源农药中的硫制剂、铜制剂和矿物油乳剂；在 A 级绿色食品生产中还允许限量使用限定的化学合成农药。由于一些农药高毒、高残留，高生物富集性和各种慢性毒性作用，或能引起二次中毒、致畸、致突变，或对植物不安全，对环境、非靶标生物有害而被禁用或限用。化学农药污染防治对策介绍如下。

1. 加强法制建设，依法保护农业环境

加快化肥、农药污染控制的立法工作，在国家现有的环保、农业法规基础上，尽快出台综合性的农业环境保护地方性法规、有机食品管理法规，制订农业污染物排放标准、农用化肥使用规程、农产品安全生产技术规程和质量管理标准，及时修订农药安全使用标准。

2. 有关职能部门应加强农药使用的监督管理

近几年来，我国许多城市，特别是一些大中城市为了加强农药使用的监督管理，成立执法大队，对绿色食品生产集中区的农药使用、销售实行执法检查，制定了一系列奖罚措施，收到很好效果。

3. 发展生态农业，提高化肥、农药污染的防治水平

① 根据市场需求，调整粮经作物的比例和种植业、养殖业结构，大力推进有机、绿色

及无公害农产品基地的建设和发展，多形式、多层次建设现代农业示范区。

② 推广以平衡配套施肥和氮肥深施为主的科学施肥技术，调整氮、磷、钾的施用比例，控制氮肥的使用量。全面实施“沃土计划”，主攻秸秆还田，发展绿肥生产，抓好农家肥积造，以增加有机肥投入。重点抓好有机生物活性肥料、叶面液肥、氨基酸微肥、生物土壤增肥剂等新型肥料的试验、示范和推广工作。

③ 全面推广病虫害综合防治技术，倡导对农作物有害生物采取综合治理策略，减轻农药污染。利用耕作、栽培、育种等农业措施，防治农作物病虫害；利用有益的活体生物防治农业有害生物。

4. 严格农药使用管理，积极研制和开发高效、低毒、低残留农药

以“控害、降残、增效”为目标，推行依法治菜，全面禁止生产和使用剧毒、高毒残留农药和控制农业生产全程农药的施用。以国际先进水平为目标，稳步发展杀虫剂生产，适当发展杀菌剂生产，大力发展除草剂生产，以及开发高活性、高纯度农药，形成若干具有国际先进水平的农药新品种。积极开发低毒、低污染的农药新剂型，提高制剂比重，增加制剂品种，提高农药使用率。加快发展生物源农药，减轻环境污染。

5. 推广生物农药

生物农药是指可用来防除病、虫、草、鼠等有害生物的生物体本身，及来源于生物体内并可作为“农药”的各种生理活性物质，主要包括生物体农药和生物化学农药。

生物体农药指用来防除病、虫、草、鼠等有害生物的活体生物，可以工厂化生产，有完善的登记管理方法及质量检测标准，这样的活体生物称为生物体农药。具体可分为微生物体农药、动物体农药、植物体农药。

生物化学农药是指从生物体中分离出的具有一定化学结构的、对有害生物有控制作用的生物活性物质。该物质若可以人工合成，则合成物结构必须与天然物质完全相同（但允许所含异构体在比例上的差异），这类物质开发而成的农药可称为生物化学农药。

生物农药的分类从来源上讲，有植物源农药、动物源农药、微生物源农药。从功能上讲，包括抗生素类、信息素类、激素类、毒蛋白类、生长调节剂类和酶类等。

（1）生物体农药　包括微生物体农药、动物体农药、植物体农药三大类。微生物体农药指用来防治有害生物的活体生物，主要有真菌、细菌、病毒、线虫、微孢子虫等。动物体农药主要指天敌昆虫、捕食性螨类，及采用物理方法或生物技术方法改造的昆虫等。植物体农药指具有防治农业有害生物功能的活体植物。目前，仅转基因抗有害生物的活体植物或抗除草剂的作物可称为植物体农药。

（2）生物化学农药　包括植物源生物化学农药、动物源生物化学农药、微生物源生物化学农药三大类。植物源生物化学农药主要包括植物毒素，即植物产生的对有害生物有毒杀作用及特异作用（如拒食、抑制生长发育、忌避、驱避、抑制产卵等）的物质；植物内源激素，如乙烯、赤霉素、细胞分裂素、脱落酸、芸薹素内酯等；植物源昆虫激素，如早熟素；异株克生物质，即植物体内产生并释放到环境中的能影响附近同种或异种植物生长的物质；防卫素，如豌豆素。动物源生物化学农药指将昆虫产生的激素、毒素、信息素或其他动物产生的毒素经提取或完全仿生合成加工而成的农药，如昆虫保幼激素、性信息素、蜂毒等。微生物源生物化学农药主要是指微生物产生的抗生素、毒蛋白等物质。

六、肥料污染的控制

绿色食品生产的肥料选择的基本原则：保护和促进使用对象的生长及品质的提高；不造成使用对象产生和积累有害物质；不影响人体健康；对生态环境无不良影响。

实际生产当中，施肥不当可通过生物污染和化学污染两条途径对农产品安全生产构成威胁。所谓生物污染是指未经无害化处理的人畜粪便，或堆制腐熟不透的有机肥料直接浇施在蔬菜作物的食用部分，可使蛔虫卵、大肠杆菌及其他有害病原体附着在作物体上造成污染，传播有害病菌威胁人们健康。城乡工业废水和生活污水的不合理灌溉，生活垃圾及重金属含量较高的化学肥料长期施用可造成蔬菜中铅、砷等重金属的污染；过量施用化肥尤其是偏施氮肥可使蔬菜中的硝酸大量积累，两者统称为化学污染。氮肥用量越多，蔬菜体内硝态氮含量也越高。此外，钾、钼等元素缺乏也会导致蔬菜体内硝态氮含量增加。虽然硝态氮对人没有直接危害，但被人食用后，经胃的作用会产生亚硝酸盐，进而转化成亚甲胺，这是一种强致癌物质，严重威胁人的健康。

俗话说：有收无收在于水，多收少收在于肥。肥料是农业生产中投入最多的生产资料之一。肥料施用要讲究科学，配比合理。施用过少，达不到应有的增产效果；过多，不仅是浪费，还污染环境。平衡的肥料投入不仅能满足人们对农产品数量上的需要，而且能满足人们对品质的要求。

1. 平衡施肥在无公害农产品生产中的作用

平衡施肥是根据土壤的供肥性能、作物需肥规律和肥料效应，在有机肥为基础的条件下，来合理供应和调节作物必需的各种营养元素，以满足作物生长发育的需要，达到提高产量、改善品质、减少肥料浪费和防止环境污染的目的。

（1）提高耕地质量　科学合理地施用肥料可增加作物的经济产量和生物产量，因此增加了留在土壤中的作物残体量，这对改善土壤理化性状，提高易耕性和保水性能，增强养分供应能力都有促进作用。长期施用单一肥料是造成土壤板结的主要原因，通过合理、平衡施用化肥，就可以保持和增加土壤孔隙度和持水量，避免板结情况的发生。

（2）改善农产品品质　农产品品质包括外观、营养价值（蛋白质、氨基酸、维生素等）、耐贮性等都与肥料有密切的关系。施肥对农产品品质产生正面影响还是负面影响，取决于施用方法。过多地施用单一化肥，会对农产品品质产生负面影响，但如果能够平衡施肥，则会促进农产品品质的提高。如氮磷配施能提高糙米中蛋白质含量，施钾后茶叶中茶多酚、茶氨酸含量提高，钾对水果蔬菜中糖分、维生素C、氨基酸等物质的含量以及耐贮性、色泽等都有很大影响。

（3）确保农产品安全　控制硝酸盐的过多积累，是无公害农产品生产的关键。农产品中硝酸盐超标主要是过量使用氮肥所致，而合理施肥可大大降低硝酸盐含量。因此，改进施肥技术，能有效控制硝酸盐积累，实现优质高产。

（4）减少污染　由于平衡施肥技术综合考虑了土壤、肥料、作物三方面的关系，考虑了有机肥与无机肥的配合施用，考虑了无机肥中氮、磷、钾及微量元素的合理配比，因此作物能均衡吸收利用，提高了肥料利用率，减少肥料流失，保护了农业生态环境，有利于农业可持续发展。

2. 无公害农产品的平衡施肥技术

（1）增施有机肥　提倡施用经过堆制腐熟或生物高温发酵等无害化处理的人畜粪便、生活垃圾及商品有机无机复合肥。通过秸秆还田、种植绿肥等措施提高土壤肥力。

（2）平衡施用大量和中微量元素肥料，重点控制氮肥用量　作物生长必需的氮磷钾大量元素和中微量元素，作用不可互相替代，任何一种营养元素的缺乏都会影响作物的产量和品质。根据有关资料，花椰菜、韭菜、大蒜、白菜等相对需氮较多，菜豆、豇豆、萝卜、长瓜、黄瓜、芹菜、大白菜等相对需磷较多，菠菜、胡萝卜、豇豆、菜豆、茭白、莴笋、冬瓜等相对需钾较多，洋葱、大葱、大蒜、生姜等对硫的需要量较大。十字花科的蔬菜如油菜对硼的需要量较大。鲜食性的瓜菜如西瓜、甜瓜等对氯毒害敏感，不宜选用含氯化肥如氯化铵、氯化钾等。大白菜、番茄等易出现缺钙症状（干烧心、蒂腐病），宜用含有效钙较多的过磷酸钙等肥料。

（3）应用新型肥料和肥料增效剂　提倡使用缓释控释型肥料，在氮肥中加入硝化抑制剂，防止化肥的淋失、挥发损失。无公害农产品生产允许使用的微生物肥包括根瘤菌肥、固氮菌肥、磷细菌肥、硅酸盐细菌肥、复合微生物肥等。微生物肥可扩大和加强作物根际有益微生物的活动，改善作物营养条件，是一种辅助性肥料，使用时应选择国家允许使用的优质产品。腐殖酸肥料等，也是无公害蔬菜生产的辅助性肥料，应根据生产的实际需要选择使用。

（4）注意肥料施用的时间　一般来讲，蔬菜不得在收获前 8d，果树不得在收获前 20d，粮食作物不得在收获前 15d 追施氮肥及其他叶面肥，防止农产品中硝酸盐及重金属含量超标。

七、兽药污染的控制

在 AA 级绿色食品生产中，疾病的预防不允许使用对动物生理活动产生直接危害的治疗方法，以降低人为因素对动物的危害，让动物能够按照自己的生理方式生存。

绿色食品生产中畜禽的疾病防治方法：①通过选择优良品种和良好的饲养条件来预防疾病；②治病尽可能采用自然治疗方法，如针灸、推拿；③在特殊情况下可以采取化学药物治疗。允许使用的疾病防治材料包括生物制品、生物源药物、无机及矿物性药物等。禁止使用的疾病防治材料包括化学合成促生长剂和促繁殖剂、天然以及合成的激素性药物（如可的松、催产素等）以及有机化学合成药物等。同时，应严格控制预防性药物，比如疫苗的使用。

绿色食品对畜禽的运输和屠宰也有规定。运输前，运输车应彻底清洗干净。在运输过程中，保证良好的通风和环境卫生，并根据气候条件和过程长短给动物喂水喂食；运输者要善待动物，不能使用任何电驱赶设备；运输过程中不得使用化学合成的镇静剂和兴奋剂；运输的时间尽可能缩短。如 AA 级绿色食品标准规定，在使用车辆运输时，将动物运送到屠宰场的时间不得超过 24h。畜禽的屠宰应先接受检验和检查，合格的畜禽必须在绿色食品定点屠宰场屠宰。屠宰时动物开始昏迷到开始放血致死的时间要尽量缩短，减轻由于屠宰引起的动物痛苦。

八、水产品养殖环境的污染控制

绿色食品水产品养殖的疾病防治用药应严格按照《绿色食品　渔药使用准则》的规定，禁止使用对人体和环境有害的化学物质、激素、抗生素等，提倡使用中草药、中成药、矿物源药物、动物源药物及活的微生物制剂。

水产品动物生活在水中，既不容易发现疾病，又不容易治疗。因此，应以预防为主。可选择适应当地生态条件的、抗御能力强的优良品种，以提高对病害的自然抗御能力。

九、野生农产品产地环境保护

1. 严格禁止超采

野生农产品采集的基本原则是，按照采收对象的生物学特点和采收地区的环境条件，在不超过采集对象每年能够自然恢复的数量范围内进行采集生产。也就是说，每年采收的数量不能超过每年自然生长增长的数量。这样做的目的是为了保证这种生物资源得到持续地保护和利用。近年来，受经济利益的驱动，我国不少地区的野生动物资源被不加限制地采集和利用，造成了严重的资源破坏问题，这在绿色食品生产过程中是绝对不允许的。比如20世纪70年代以来，我国渤海、黄海的小黄鱼，东海和黄海的大黄鱼、带鱼产量大幅度下降，国家不得不采取措施限制捕捞时间和数量。

2. 在无污染的地区采集

采集地区在采集前和采收过程中没有施用过化学合成物质，没有受到三废或其他任何禁用物质的污染。采集过程中如施用过化学合成物质如农药，绿色食品的产品检测机构应该对产品残留物质进行分析，以确保农产品的品质。

3. 严格控制采集过程中的污染

除了基地的环境条件外，野生农产品的采集过程的污染控制更为重要。这是因为，当前我国野生农产品的生产基地大多处于边缘地区，远离城市和工业污染源，生态环境质量一般较好，很容易控制在绿色食品产地环境质量标准所要求的范围内。但产品的采集就不一样，野生农产品的采集地域范围广，涉及的采收人员文化素质差异大，时间跨度长，采集过程很难控制，很容易出现不符合要求的操作行为。因此，需要对野生农产品的采集原则和方法有深入的了解。

十、绿色食品生产中的二次污染及控制

二次污染是指在绿色食品加工过程中，从原料进厂到成品出厂（一般可分为原料及辅料处理、生产加工及产品包装3个主要环节），由于原料的污染、添加剂的使用、不当的生产工艺、不良的卫生状况、机械设备材料的污染等对最终产品造成的污染。因此，对于加工的每个环节和工序，都必须严格控制，防止加工过程的二次污染。

1. 绿色食品产品加工过程的主要污染途径

(1) 原料的污染　绿色食品加工的原料包括农林产品、畜禽产品、水产品和加工用水等，由于生产和贮存不当而携带有害物质、致病微生物或原料本身农药和重金属的富集或残留等，都可能导致最终产品不符合绿色食品标准。如粮食产品在贮运过程由于霉变产生黄曲霉素；果汁产品使用已腐败的水果原料制汁，霉菌会使水果原汁产生棒曲霉毒素等等。

(2) 生产企业地理环境和厂房的污染　生产企业的厂址环境周边存在的污染源，如厂址位于重工业区或居民区等，可能对产品的生产造成污染。企业的车间布局、供排系统、卫生条件、管理制度的科学合理也是保证生产免受污染的重要因素。

(3) 生产工艺和设备造成的污染　绿色食品产品在加工过程中，必须注意工艺的连续性和合理性，如果生产工艺脱节或工序之间间歇时间过长，原料、半成品和成品长时间暴露于空气中会增加产品污染的机会。生产设备落后或不适合工艺技术的要求，达不到有效的温度、时间等，或者工艺技术不合理，都会给产品造成污染，如采用有机溶剂浸出植物油的工艺，溶剂的残留量过多或溶剂所含的多环芳烃等有毒物质超过卫生标准。加工设备采用了铜、铅、锌、陶瓷等材料，在酸、碱、高温高压条件下容易因铅、砷的溶出而造成污染。

(4) 化学合成添加剂使用不当造成的污染　食品添加剂是为改善食品的色、香、味、形、营养价值以及为保存和加工的需要而加入食品中的化学合成或天然物质。绿色食品加工主要关注添加剂的安全性。添加剂主要有防腐剂、抗氧化剂、酶制剂、营养强化剂、风味剂、发色剂等。如在粉丝生产中加入明矾作为增稠剂和稳定剂，在食品加工中使用苯甲酸钠、亚硝酸盐等防腐剂，均由于其具有慢性毒性或“三致作用”（致癌、致畸、致突变）而不符合绿色食品标准的要求。

(5) 产品包装不当造成的污染　在食品包装过程中由于包装技术、包装材料不能满足加工工艺的要求，如灭菌技术落后、包装阻隔性和密封性不够造成食品中的微生物超标；或包

装材料中含有毒物质，如包装图案的油墨中可能含有的多氯联苯，易被油脂类的食品吸收；陶瓷容器中的铅；聚氯乙烯塑料包装中的氯烯单体等，也会给食品造成污染。

2. 绿色食品加工过程主要污染的控制措施

绿色食品产品的加工应采用先进科学的工艺，才能最大限度地保留食品的自然属性、营养和原汁原味，并避免在加工中受到二次污染。

（1）原辅料严格检测，生产过程严格管理　绿色食品加工原料首先应具备食品级的质量，主要原料必须来自通过绿色食品认证的原料基地，辅料如盐、糖等应有固定的供应来源，并出具经权威机构根据绿色食品标准检验的报告。加工用水作为加工中的常见原料，必须经过检测，符合我国饮用水的卫生标准。应选用新鲜清洁、无霉变、无有毒物质（如农药和重金属残留）、品质优良的原材料，特别是水果和蔬菜类，只有在其新鲜时维生素含量最高，营养风味最好，这样才能保证加工出质量上乘的食品。绿色食品生产厂家应严格按照食品工厂的设计要求，科学合理地选择厂址、设计车间仓库等设施，严格生产加工过程的卫生管理，避免环境对生产的污染和产品加工过程的二次污染。

（2）采用先进的加工工艺和设备　绿色食品加工必须针对自身特点，采用适合的新技术、新工艺和先进设备，提高绿色食品品质。采用先进的工艺和设备可以从2个方面控制污染。①确保加工过程的连续性。生产加工过程的各个工序紧凑、合理，可缩短加工周期，避免二次污染和食品营养成分的损失。②严格控制生产工艺参数。先进的工艺技术通常都在最大限度地保留食品营养成分的前提下，设定科学的加工时间、温度、速度和酸碱度等参数，有利于减少污染，提高产品质量和卫生水平。

（3）绿色食品加工中可采用的先进技术　绿色食品加工要研究、采用先进的现代生物技术，如酶工程、发酵工程；膜分离技术；冷冻干燥技术；真空处理技术；无菌包装技术；超临界提取技术；低温浓缩技术等等。例如利用二氧化碳超临界萃取技术生产植物油，可解决普通浸出工艺中有机溶剂残留的问题。在果汁饮料生产中采用物理杀菌和无菌包装的方法，可减少对营养物质的破坏，并达到不加防腐剂、无污染的目的。随着科学技术的不断发展，绿色食品加工可采用电脑控制技术，使食品加工过程更加专业化、集约化、连续化和自动化，更好地控制生产过程，减少污染产生。但先进工艺必须符合绿色食品的加工原则，如绿色食品严禁基因工程技术，严禁用辐射、微波的方法进行加工等。

（4）合理使用食品添加剂　绿色食品加工工艺中添加剂的使用，是产品能否符合绿色食品标准的一个关键。绿色食品加工时，对于酶制剂、营养强化剂等一般符合国家标准即可，而防腐剂、抗氧化剂、色素和香精等，则要求十分严格。若加工中必须使用添加剂的，必须严格按照《绿色食品　添加剂使用准则》选定合适的种类及用量，AA级绿色食品在生产中禁止使用任何化学合成食品添加剂，A级绿色食品在生产中仅允许限量使用限定的化学合成食品添加剂，最大允许使用量为普通食品中最大使用量的60%，因为在GB 2760—1996标准中食品添加剂的最大使用量，是无副作用的上限，在实际生产中只要达到效果即可。因此，对A级绿色食品中化学合成添加剂的最大使用量作了较大比例的降低，体现绿色食品的安全性。

第五节　绿色食品产地的生态建设

一、生态农业及其特点

1. 生态农业的概念

生态农业，指的是主要或完全依靠生物生产的有机物来提高农作物产量，通过人工设计生态工程，应用现代化科学技术，在有效提高农业生产力的同时，促进资源和环境良性循环的形成，从而获得生产发展、生态环境保护、能源再生利用、经济效益提高四者统一的综合效果。

中国生态农业的基本内涵是，按照生态学原理和生态经济规律，因地制宜地设计、组装、调整和管理农业生产和农村经济的系统工程体系。它要求把发展粮食与多种经济作物生产，发展大田种植与林牧副渔业，发展大农业与第二、三产业结合起来，利用传统农业精华和现代科技成果，通过人工设计生态工程，协调发展与环境之间、资源利用与保护之间的矛盾，形成生态上与经济上两个良性循环，经济、生态、社会三大效益的统一。

2. 生态农业的特点

（1）综合性　生态农业强调发挥农业生态系统的整体功能，以大农业为出发点，按“整体、协调、循环、再生”的原则，全面规划、调整和优化农业结构，使农林牧副渔各业和农村一、二、三产业综合发展，并使各业之间互相支持，相得益彰，提高综合生产能力。

（2）多样性　生态农业针对我国地域辽阔，各地自然条件、资源基础、经济与社会发展水平差异较大的情况，充分吸收我国传统农业精华，结合现代科学技术，以多种生态模式、生态工程和丰富多彩的技术类型装备农业生产，使各区域都能扬长避短，充分发挥地区优势，各产业都根据社会需要与当地实际协调发展。

（3）高效性　生态农业通过物质循环和能量多层次综合利用和系列化深加工，实现经济增值，实行废弃物资源化利用，降低农业成本，提高效益，为农村大量剩余劳动力创造农业内部就业机会，保护农民从事农业的积极性。

（4）持续性　发展生态农业能够保护和改善生态环境，防治污染，维护生态平衡，提高农产品的安全性，变农业和农村经济的常规发展为持续发展，把环境建设同经济发展紧密结合起来，在最大限度地满足人们对农产品日益增长的需求的同时，提高生态系统的稳定性和持续性，增强农业发展后劲。

生态农业最鲜明的特点在于纯自然性，一是不使用基因作物；二是拒绝化肥、农药和辐射技术；三是实行作物轮作，饲养也必须用生态农产品做饲料，禁止对牲畜注射激素和抗生素。它利用人、生物与环境之间的能量转换定律和生物之间的共生、互养规律，结合本地资源结构，建立一个或多个“一业为主、综合发展、多级转换、良性循环”的高效无废料系统。

农业作为人类最古老的产业，经历了原始农业、传统农业、现代农业的漫长的发展历程。在现代农业的发展过程中，又经历了由“产量型”农业转向“质量效益型”农业，现在又开始迈进向生态农业探索的历史发展新时期。

为了使农业生产实现现代化，世界各国都对农业生产进行了许多探索，研究出许多理论和模式，比如有机农业、绿色食品农业、可持续发展农业等。可以说这些研究都在某个领域里，对农业的发展起了一些推动作用，但是，这些农业还不是很完整的农业生产体系。从20世纪80年代开始，世界上一些农业发达国家出现了生态农业，引起了各国普遍重视，且发展势头很快，大有不可阻挡之势。许多专家指出，生态农业不仅高度地涵盖了各种先进农业的理论和模式，而且又使各种先进的理论和模式紧密地结合在一起，高度地融合在一起，从而产生出三个效益的统一，可以说这是农业理论和农业生产上的一大突破，是人类长期追求的一种最为理想的农业。

二、生态农业建设的模式

农业部科技司2006年向全国征集到370种生态农业模式或技术体系，日前通过专家反复研讨，遴选出经过一定实践运行检验，具有代表性的十大类型生态农业模式，并正式将此十大模式作为今后一段时间农业部的重点任务加以推广。这十大典型模式和配套技术是：北方“四位一体”生态模式及配套技术；南方“猪—沼—果”生态模式及配套技术；平原农林牧复合生态模式及配套技术；草地生态恢复与持续利用生态模式及配套技术；生态种植模式及配套技术；生态畜牧业生产模式及配套技术；生态渔业模式及配套技术；丘陵山区小流域综合治理模式及配套技术；设施生态农业模式及配套技术；观光生态农业模式及配套技术。共分三大类简述如下。

1. 北方“四位一体”生态农业模式

(1) 基本概念　它是一种庭院经济与生态农业相结合的新的生产模式。它以生态学、经济学、系统工程学为原理，以土地资源为基础，以太阳能为动力，以沼气为纽带，种植业和养殖业相结合，通过生物质能转换技术，在农户的土地上，在全封闭的状态下，将沼气池、猪禽舍、厕所和日光温室等组合在一起，所以称为“四位一体”模式。

(2) 具体形式　在一个 $150m^2$ 塑膜日光温室的一侧，建一个约 8～$10m^3$ 的地下沼气池，其上建一个约 $20m^2$ 的猪舍和一个厕所，形成一个封闭状态下的能源生态系统。

(3) 主要的技术特点　圈舍的温度在冬天提高了 3～5℃，为猪等禽畜提供了适宜的生产条件，使猪的生长期从 10～12 个月下降到 5～6 个月；由于饲养量的增加，又为沼气池提供了充足的原料；猪舍下的沼气池由于得到了太阳热能而增温，解决了北方地区在寒冷冬季的产气技术难题；猪呼出大量的 CO_2，使日光温室内的 CO_2 浓度提高了 4～5 倍，大大改善了温室内蔬菜等农作物的生长条件，蔬菜产量可增加，质量也明显提高，成为一类绿色无污染的农产品。“四位一体”模式在辽宁等北方地区已经推广到 21 万户。

2. 南方“猪—沼—果”生态农业模式

(1) 基本概念　以沼气为纽带，带动畜牧业、林果业等相关农业产业共同发展的生态农业模式。

(2) 主要形式　“户建一口沼气池，人均年出栏 2 头猪，人均种好一亩果”。

(3) 主要的技术特点　用沼液加饲料喂猪，猪可提前出栏，节省饲料 20%，大大降低了饲养成本，激发了农民养猪的积极性；施用沼肥的脐橙等果树，要比未施肥的年生长量高 0.2m 多，多长 5～10 个枝梢，植株抗寒、抗旱和抗病能力明显增强，生长的脐橙等水果的品质提高 1～2 个等级。每个沼气池还可节约砍柴工 150 个。在我国南方得到大规模推广，仅江西赣南地区就有 25 万户。

3. 西北“五配套”生态农业模式

(1) 基本概念　以土地为基础，以沼气为纽带，形成以农带牧、以牧促沼、以沼促果、果牧结合的配套发展和良性循环体系。“五配套”生态农业模式是解决西北地区干旱地区的用水，促进农业持续发展，提高农民收入的重要模式。

(2) 具体形式　每户建一个沼气池、一个果园、一个暖圈、一个蓄水窖和一个看营房。实行人厕、沼气、猪圈三结合，圈下建沼气池，池上搞养殖，除养猪外，圈内上层还放笼养鸡，形成鸡粪喂猪、猪粪池产沼气的立体养殖和多种经营系统。

(3) 主要的技术特点　“一净、二少、三增”，即净化环境，减少投资、减少病虫害，增产、增收、增效。

三、生态农业建设的技术和原理

绿色食品生产技术遵循可持续发展和能源循环利用原则。

绿色食品生产由绿色食品自身特性决定，它以生态学为理论依据，要求生产中充分合理地利用资源，保护环境，维护生态平衡。绿色食品生产技术标准要求，绿色食品生产必须在未受污染、洁净的生态环境条件下进行，生产过程中通过先进的无害化栽培、养殖技术措施，最大限度地减少对产品和环境的污染，最终获得无污染、安全的食品和良好的生态环境。

绿色食品生产既不同于现代农业生产，也不同于传统的农业生产，而是综合运用现代农业的各种先进理论和科学技术，排除因高能量投入而过度浪费资源，大量使用化学物质破坏生态环境，威胁食品质量安全等严重弊病。从而达到农产品的安全、优质、高效和资源有效利用。

绿色食品生产技术是以选择未受污染、洁净的生态环境（生产基地）为基础，控制生产过程的化学投入品安全使用为核心，辅之以安全加工、包装和运输的全程质量控制为理念。在这个理念的指导下，因地制宜，扬长避短，发挥地域优势，研究制定适合本地实际情况的绿色食品生产技术规范，对指导本地健康快速发展绿色食品事业具有十分重要的现实意义。

四、产地环境建设的意义

1. 生态农业是绿色食品开发的基础

生态农业是在石油农业产生一系列危机的情况下发展起来的。石油农业除高投入、造成能源紧张外，还造成农业生态环境的破坏。化肥不能全被植物完全吸收，大部分留在土壤里、转化为可溶性盐，成为地下水和河流的污染源，并可造成农产品和渔业产品质量下降。大量使用杀虫剂、杀菌剂、除草剂等农药，会增加害虫的抗药性，同时杀死天敌，结果害虫越来越难控制，往往更加蔓延和猖獗，不但不利于防治病虫害，还增加了农药残留和环境污染，直接影响食物卫生并危及人体健康。

生态农业的基础是生态平衡，生态农业是有机农业与无机农业结合的农业，它强调有机肥与化肥的结合，生物防治与化学防治的结合；强调充分利用太阳能，加速物质循环和能量转化，提高生物能的利用率和废弃物的再循环率，实现多次增值，合理利用，达到投入少、产出多、能耗低、保护和改善生态环境的目的。由于生态农业可控制污染物进入农产品使生态农业产品优质无毒，因此它是绿色食品生产的基础。

2. 绿色食品的开发促进生态农业的建设

由于绿色食品是出自良好生态环境的无公害、优质营养类食品，因此绿色食品的开发必须以各种先进技术保证绿色食品生产的各个环节不会受到污染。在农业生产过程中不仅要限制各种化学农药和化学肥料的施用，提倡生物防治和资源的多级利用等，而且要以开发的绿色食品来带动整个农业生态系统的周转水平，达到生态效应和经济利益的统一。可以说，没有优质、高效绿色食品市场拉动的生态农业，是没有前途的农业。因此，绿色食品的开发必将促进生态农业的建设。四川省眉山县是典型的农业丘陵地区，实施生态农业多年，仍没能彻底走出传统农业模式。由于缺乏拳头产品带动农村经济发展，从而影响了生态农业实施的进程。但自 1990 年开发申报使用苏城牌“四川泡菜”绿色食品标志以来，不仅带动了广大农民实施生态农业的积极性，而且也推动了地方经济的发展。

五、生态农业建设的技术工艺

在产地生态建设中，种植业、养殖业产地环境质量的转化（这个转化过程实质就是生态农业建设的技术工艺）是指在一定区域范围内，将一个常规农业生产方式转化为绿色食品生产方式的过程。从常规农业方式开始进行绿色食品管理，直到种植业和养殖业生产被确认为符合绿色食品生产要求的时期称为转化期。

1. 周边生态建设

周边生态环境除在产地选择时把握好生态条件外，在绿色食品生产的同时，需要完善其环境建设，包含生态多样性建设，植树种草，建设一个有明显标志的生态隔离带，并同时在第一级生态环境进行水土流失治理。

2. 产地生态建设

(1) 耕作技术　间作套种，是我国传统农业的精华，合理的间套作比单作有很多优越性。我国黄河故道地区在粮田间种泡桐，由于泡桐与作物根、茎、叶在深度、高度、大小方面的差异，竞争少，而泡桐又能减少田间风速，减轻风害和土壤水分的蒸发，提高空气湿度，使炎热的夏季田间温度有所下降，减轻干热的危害，为粮田创造了一个较好的生态环境，有利于农作物生长。

此外，我国劳动人民在实际生产中，还采用耙、中耕、耢、镇压等措施，改善农田土壤的物理化学条件，为作物生长创造了良好的环境。所有以上这些耕作措施，都应按作物生长对土壤环境的要求，灵活地加以运用。

(2) 生态优化的农业防治技术　生态优化的农业防治技术是利用物种相生相克原理，即用生物多样性增强系统的稳定性，提高病虫害的防治能力；利用化学生态学原理，用某些植物所分泌的化学物质吸引或排斥病虫害，保护天敌，减少病虫草害等。

农业防治的防治技术很多，如选择抗性作物品种；清洁田园，深翻土地，促进残枝败叶腐烂，破坏病虫害越冬条件；科学施肥，施彻底腐熟的有机肥；轮作、间作、倒茬，使一些食性单一的害虫的繁殖能力减弱；嫁接防病，如把黄瓜嫁接在南瓜上，防病效果达95%左右；作物种植时间、空间变化，打乱害虫的生活周期，减少害虫的有效袭击时间；在农田周边种植天敌食用植物繁衍天敌，增加天敌的丰度和捕杀害虫的能力；在周边种植害虫喜欢的食用植物，引诱害虫离开产地等。

(3) 物质的多层次利用技术　生物物质的多层次利用是建立在生态学食物链原理基础上的。生态技术将各营养级生物因为食物选择所废弃的或排泄的物质作为其他生物的食物加以利用、转化、增殖，能提高生物能的转化率及资源利用率。例如，秸秆的多途径综合利用，畜禽粪便综合利用技术，加工业下脚料综合利用技术等，组装成基塘立体种/养系统，以沼气为纽带的能源-生态工程系统等。

(4) 节水灌溉技术　改变农田灌溉方式，使用滴灌、微灌等节水灌溉方式；改变农田引水渠道，防止跑水、漏水；整修农田水利，保水、蓄水与用水结合，提高农田降水利用率；建立土壤水库，提高纳雨保墒能力。

(5) 动物的立体共生养殖技术　根据生态环境条件，选择多种个体大小和取食习性等方面不同的畜、禽混养，或将食性和栖息层次不同的水生动物混合养殖，以充分利用农业生物的多样性，发挥物种间相互促进、相互补充的作用。更复杂的动、植物配合的多种结构的综合集体中，生物间的立体共生、相互促进的技术将会得到更充分的发挥，可使这些生长混杂体中的动、植物都能持续地获得最大限度的生物产量。

3. 土壤生态建设

土壤生态建设主要指土壤肥力的建设。土壤肥力是指土壤对植物的供水、供营养物质、供生物体所需的能力。农业生态系统是一个经济生产系统，营养物质和能量的输入与输出要趋于平衡，既要有机肥、无机肥的平衡，也要氮磷钾和微量元素的平衡。作物生产的施肥绝不仅仅是给作物提供养分，更重要的是培育健康、有活性的土壤，健康的土壤需具有完善的土壤生态结构，具有生产者（植物）、小型消费者（微型动物）和分解者（微生物），相互间的数量比要协调。用一句通俗的话来说："施肥不是喂植物，而是喂土壤"。因此，绿色食品生产中肥料施用的基本思想是：创造农业生态系统的良性循环，充分开发和利用本地区、本单位的有机肥源，合理循环使用有机物质；充分发挥土壤中有益微生物在提高土壤肥力中的作用；尽量减少化学合成肥料的施用。

思考题

1. 绿色食品产地选择的基本原则有哪些？
2. 绿色食品产地污染源分几种，调查的基本内容分别是什么？
3. 绿色食品产地环境监测的主要内容及主要监测方法有哪些？
4. 绿色食品产地环境质量现状评价的基本程序有哪些？
5. 到学校或家乡附近绿色食品产地制定产地环境的监测方案。
6. 绿色食品生产、加工过程中可能产生哪些污染？如何控制？
7. 我国生态农业建设的模式有哪几类？各有什么特点？
8. 生态农业建设的技术和原理有哪些？
9. 到学校所在地或附近城市蔬菜（果品、畜产品等）质量监测站（中心）参观调查，现场了解绿色食品质量监测的基本程序、内容及主要监测方法，写出书面报告。

第六章　绿色食品生产

学习目标

1. 掌握绿色食品的生产技术。
2. 熟悉绿色食品畜禽生产的关键措施。
3. 能够全面掌握当地绿色食品种植业的生产技术要点。
4. 了解绿色野生植物产品和蜂产品的生产管理要点。
5. 能够设计适合当地农业发展的绿色食品生产技术的方案。

第一节　绿色食品种植业生产

一、种植业生产操作规程

种植业生产操作规程是指农作物的整地播种、施肥、浇水、喷药及收获五个环节中必须遵守的规定。其主要内容是：品种选育方面，选育尽可能适应当地土壤和气候条件，并对病虫草害抵抗力高的高品质优良品种；植保生态条件方面，农药的使用在种类、剂量、时间和残留量方面都必须符合生产绿色食品的农药使用准则，肥料的使用必须符合生产绿色食品的肥料使用准则，有机肥的施用量必须达到保持或增加土壤有机质含量的程度；在耕作制度方面，尽可能采用生态学原理，保持物种的多样性，减少化学物质的投入。

1. 品种选育

（1）品种与绿色食品生产的关系　品种是农业生产中重要的生产资料，在绿色食品生产中发挥着重要的作用，通过新的优良品种的推广应用，可以极大地提高作物的产量和改善产品的品质，丰富农产品的种类，满足市场的需要，从而为绿色食品的开发提供充实的资源。由于绿色食品产品特定的标准及生产规程要求，限制速效性化肥和化学农药的应用，在这样的栽培条件下，不仅需要高产优质的优良品种，而且需要抗性强的优良品种。抗性强的品种在减轻自然灾害方面起很大作用，选用抗病虫或耐病虫的品种，可减少或避免一些病虫害的发生，也就能减少农药的施用和污染。因此绿色食品种植业生产首先要抓好品种工作，每个地区及各生产单位都必须根据当地情况，切实做好品种工作。

（2）绿色食品种植业生产对品种工作的基本要求

① 选择、应用品种时，在兼顾高产、优质性状的同时，要注意高光效及抗性强的品种的选用，以增强抗病虫和抗逆的能力，发挥品种的作用。

② 在不断充实、更新品种的同时，要注意保存原有地方优良品种，保持遗传多样性。

③ 加速良种繁育，为扩大绿色食品再生产提供物质基础。

（3）具体措施

① 引种。生产性的引种是指将外地或国外的新作物、新优良品种引入当地，供生产推广应用。通过引种可丰富当地的作物种类，是解决当地对优良品种迫切需要的有效途径。生产上，一方面原来的品种长期栽种可能会退化；另一方面新的、更优良的品种不断培育出

现，通过引种就可使作物品种不断更新。引种具有简便易行、见效快的优点，绿色食品产地为了保持较高的生产水平，应有计划地做好引种工作。

② 良种繁育。良种应该是优良的品种，具备优良的品种特性，同时也应是优良的种子，是统一纯度高、杂质少、种粒饱满、生命力强的种子，优良种子才能使优良品种的特性充分表现，发挥其作用。因此绿色食品生产要把良种繁育工作作为一项基本建设来抓，健全防杂保纯制度，采取有效的措施防止良种混杂退化，并要有计划地做好去杂选种、良种提纯复壮工作。加速良种繁育、迅速推广良种是提高生产水平的重要步骤。种子生产基地至关重要，县级绿色食品生产基地要抓好种子田和良种繁育体系的建设。应根据本地区条件，采用多种形式，加速良种的繁育。

③ 种子检验。为了保证为生产提供高纯度的优良种子，严防病虫害的传播，就需要对种子进行检查。进行种子检验是检查种子质量的一项技术措施。绿色食品产地或基地都应重视此项工作，建立起检验制度，对自繁的种子或外调种子按规定进行检验，以避免种子质量下降造成的损失。

2. 植保技术

（1）植保与绿色食品的关系　农作物在种植生长期间经常受到有害生物或不良环境条件的影响，常因发生病虫害而造成损失。全世界农产品每年都会因病虫草害而减产或变质，不堪食用和加工，或影响贮运和销售。带有某些病害的产品，如带有黑斑病的甘薯食用后，会引起人畜中毒，甚至死亡。长期以来，随着现代化工业的发展，农业大量投入人工化学合成物质，其结果固然是劳动生产率、土地利用率不断提高，但同时也打破了自然界中原有的生态平衡，诱发和加剧了某些病虫害的产生，工业三废所导致的非侵染性病害削弱了植物抗病性的能力，又加重了病虫害的发生。有机合成化学农药大量而普遍地应用，在防治有害病虫的同时，也杀伤了控制害虫的天敌生物和有益生物。而有害的昆虫和各种病原菌一般个体小、数量大、世代多，与大型生物相比容易对农药产生抗性，需要人们不断更换农药种类或提高浓度，这就加重了对环境和产品的污染，形成了恶性循环，与绿色食品生产的宗旨及要求背道而驰。因此，植物保护是绿色食品生产过程中避免和减少病害危害，确保丰收和产品质量的一项极其重要的工作。

（2）绿色食品生产中植保工作的基本原则

① 要创造和建立有利于作物生长，抑制病虫害的良好生态环境。病虫害的发生和发展离不开寄主植物，它们又同时受着周围环境条件及其他生物条件的多方面影响。绿色食品种植业生产中，应考虑三者的关系，采用合理种植制度和措施，促进农作物生长健壮，增强其自身抗病虫的能力。应恶化病虫繁殖蔓延的生活条件，改变生物群落，保持生产基地周围环境内遗传多样性，保护和提供天敌的栖息地，有利它们的繁衍，以创造良好的生态环境，恢复农业生态平衡，增强和发挥生态系统的自然控制能力，并促进其发展。绿色食品种植业生产的植保工作决不能采取以消灭病虫等有害生物为中心的植物保护方法，也就是说，不能只考虑杀灭有害生物的效果，不考虑保护对象——栽培作物及为栽培作物提供能源、生长条件和有利因素的影响与效果，必须树立以栽培作物为中心、建立良好农业生态系统的观念。

② 预防为主，防重于治。“预防为主，综合防治”是在1975年全国植保会上就提出的植物保护的方针之一。预防就是通过合理的耕作、栽培措施，提高作物的健康水平和抗害、免疫能力，创造不利病虫发生的条件，减少病虫的发生并减轻其危害。绿色食品种植业生产中，必须贯彻以农业防治为基础、预防为主的方针，禁止打预防药，包括非有机化学合成农药在内的一切农药。为了做好预防工作，应通过改善农田生产管理体系，改变农田生物群落

来恶化病虫的生活环境；控制病虫的来源及其种群数量，调节作物种类品种及其生育期；保护和创造有益生物繁殖的环境条件。

③ 综合防治。综合防治是以农业生态学为理论依据的。就是从农业生产全局出发，根据病虫与农作物、耕作制度、有益生物与环境等各种因素之间辩证关系，充分发挥自然控制因素的作用，因地制宜，合理利用必要的防治措施，将有害生物控制在经济危害水平以下，经济、安全、有效地消灭和控制病虫害的危害，以获得最佳的经济效益、生态效益和社会效益。这与国际上有害生物综合治理（IPM）的实质和内容是相同的，也是我国植物保护工作的方针。在绿色食品生产中，综合防治具有重要意义。开发绿色食品最基本的目的是通过生产绿色食品保护自然资源和生态环境；通过消费绿色食品保护自然资源和人们的身体健康。而绿色食品生产的基础种植业生产中，必不可少的植保措施直接影响到开发绿色食品目的实现。实施综合防治管理体系才可能体现出具有经济效益、社会效益、包括环境保护在内的生态效益及综合协调四方面的统一，其宗旨和效果都与绿色食品的生产开发一致，因此绿色食品生产中必须特别强调综合防治这一植保方针。

④ 优先使用生物防治技术和生物农药。绿色食品种植过程中，要充分利用有益生物资源即天敌对有害生物的抑制作用，培养或释放天敌，创造有利天敌的条件；优先进行生物防治，发挥天敌的自然控制作用，可大大降低农药的施用量，减少对产品环境的污染。这些自然界本身就存在的活体，随着自身死亡而降解，不会大量积累，较安全，对环境无污染，符合绿色食品生产的要求。在必须使用药剂防治时，也应优先使用生物农药。与化学农药相比，虽然生物农药作用缓慢，但它们都来自天然存在的动物、植物和微生物，一般来说它们毒性较小，杀虫、治菌谱较窄，不易伤害病虫害的天敌、鸟类等，对作物不致产生药害，有利于生物多样性的发展，增强生态系统的自然控制能力。病虫一般对生物农药较少产生或不产生抗性，因此，在A级绿色食品生产中要优先使用，而在AA级绿色食品生产中只能使用生物农药。

⑤ 必须进行化学防治时，要合理使用化学农药。利用各种来源的化学物质及其加工品进行化学防治的方法相对于其他防治方法具有速效直观、杀虫治病范围广、使用方法简便的优点，在绿色食品生产基地建设之初，尚未形成良好的农业生态环境状况下，当病虫害大量发生或某些特殊病虫害发生时，鉴于我国目前经济和技术水平，某些还需要使用部分化学农药作为应急措施来达到保护作物的目的，但必须严格按生产绿色食品的农药使用准则，科学、合理地使用。所谓合理施药，就是要根据绿色食品质量的要求，在与其他防治措施相协调的前提下，严格选择农药种类和剂型，限定施药时间、用量及方法，达到既充分发挥化学药剂的作用，而又实现将其消极作用减少到最低范围的目的。化学农药包括自然的和人工化学合成的两种，自然的主要来自矿物，是无机的，一般对作物和环境污染较少，可以在绿色食品包括AA级绿色食品生产中应用，而所有人工化学合成的农药则禁止在AA级绿色食品生产中施用。A级绿色食品生产中作为其他防治方法的补充，允许施用部分化学农药。

（3）综合防治的技术措施　综合防治技术策略原则：①充分发挥自然控制因素的作用，不孤立地从病虫本身单方面去研究对策和措施，不过分强调病虫的作用，而是从农业生态系统中绿色作物、动物、微生物和无机环境条件四个组成成分出发，调控其平衡；②强调对病虫进行控制，将其危害控制在不足以造成经济损失的程度，不是一味要求彻底消灭。具体措施介绍如下。

① 植物检疫。植物检疫是植保工作的第一道防线，也是贯彻“预防为主、综合防治”植保方针的关键措施。通过植检可以防止危险性病虫杂草等有害生物，经人为传播在地区间

或国家间扩散蔓延。病虫分布具有一定的地区性，但也存在扩大分布的可能性，传播途径主要随农产品（种子、苗木、栽培材料等）的调运而扩大蔓延。一种病虫传入新地区，一旦环境（气候、生物等）适合时，便会大量繁殖，其危害程度有时比在原产地更为严重。绿色食品生产基地在引种和调运种苗中，必须依靠植检机构，根据《植物检疫法》的规定，做好植检工作。

② 农业防治法。通过农业栽培技术防治病虫害是古老而有效的方法，是综合防治的基础。绿色食品生产中栽培管理技术可以起到调节作物地上、地下部分和生物环境的作用，有利于作物的健壮生长，不利病虫等有害生物的生存和繁衍，从而达到保健和防治病虫的目的。农业防治措施与正常栽培管理措施是一致的，不增加额外的防治成本，一般不会产生病虫抗性，出现杀伤天敌、污染环境等副作用，有效措施易于大面积应用，其防治效果是积累的并且相对稳定。它在综合防治中属于一种起到自然控制作用的因素，其缺点是效果不够迅速和直观，此外易受到地区和季节的限制。农业防治法包括如下几点。

a. 选用抗病虫的优良品种。同一作物不同品种之间对病虫的抗性和耐性表现是不一样的，选用抗性强的品种则是综合防治的一项基本措施。绿色食品生产基地应充分利用国内外优良的品种资源，来增强自然灾害的能力，同时在栽培过程中应注意田间植株对病虫抗性的差异，选留抗性强的单株作为繁殖材料。在选用抗性强的品种的同时，还必须注意品种高产优质的农艺性状，这是农业生产的需要。

b. 改进和采用合理的耕作制度。合理的作物布局、轮作和间作套种制度，不仅有利于作物增产，而且是抑制病虫害发生的有效方法。轮作对土传病害，对食性专一或比较简单的害虫及底下害虫都具抑制和防治的效果，它通过非寄主作物的种植，直接排斥病虫或病原物，使之处于“饥饿”状态，恶化害虫的营养条件，从而削弱致病力或减少病虫的传播数量。间作套种则是利用不同作物适应能力和抗性不同，或因改变了田间小气候、天敌和根际微生物组成数量等生态环境，变更了作物生育期而减轻病虫的灾害，实现稳产。轮作间隔的年限、轮作和间作套种的种类则要根据危害作物的主要病虫害种类以及当地种植习惯而定。

c. 加强田间管理，提高寄主作物的抗性。加强田间管理既是防治病虫害的需要，也是获得优质高产的需要。田间管理应做到及时和合理，主要包括秋冬深翻土地，清洁田间，合理施肥、灌水，及时排水，加强保护设施内保温和放风管理，及时中耕锄草等。栽培技术措施一方面由于改善绿色作物生长的大气、土壤生态环境条件，提高作物自身的抗性及自然控制因素的作用，抑制病虫害危害，同时有些技术措施本身就具有直接杀伤和防治病虫的效果。例如秋冬深翻掘土，就直接杀伤、消灭一些病虫，同时还将原来土层下害虫和在地下越冬休眠的病原物翻至地表，受光、温度、湿度等物理因子作用以及天敌捕食而大量死亡。还有一些在地下越冬休眠的病原物因暴露于地表而失去萌发侵染的有利条件，从而减少侵染来源；而地表害虫和病残组织翻入土中，难以羽化或易被重寄生生物或腐生生物消解。又如高温季节，覆膜晒土的措施具有杀灭病虫的作用，同时可增强土中腐生微生物和拮抗性微生物的活性，有利于作物根系发育并加强对土中病原物及害虫的重寄生和消解作用。因此该措施可以有效控制某些严重的土传病害的发生及降低地下害虫尤其是线虫的危害。

③ 物理机械防治及其他防治技术。利用物理因子或机械来防治病虫，包括从人工、简单器械到应用近代生物物理技术，指人工捕捉、诱集诱杀、高低温的利用及高频电、微波、激光等。这类防治措施通常作为辅助措施，一般也无不良副作用产生。随着现代科学技术的发展，人们也在不断开拓新的防治技术，力求充实综合防治技术内容，提高综合防治技术水平。例如用生物生理方法使病虫失去繁殖后代能力，利用昆虫性外激素诱杀，利用几丁质抑

制剂或拒食剂抑制昆虫正常生长发育等。

④ 生物防治法。生物防治一般是指以有益生物控制有害生物数量的方法，也就是利用天敌来防治病虫的方法。自然界中天敌依赖于有害的生物病虫而生活是自然现象，但现在人类可以利用天敌，发挥天敌的自然控制作用进行生物防治。病虫的生物防治主要是以虫治虫（包括捕食性和寄生性昆虫）和以少量脊椎动物治虫（如鸟、蛙等）两种方法。病害的生物防治主要是利用重寄生包括重寄生真菌、寄生真菌的病毒寄生于植物病原菌，使病原菌丧失侵染致病能力，甚至将其置于死地。生物防治是利用农业生态系统的有益的生物资源，不对农作物和环境造成污染，是综合防治中的重要组成部分，在绿色食品综合防治中应优先使用。为此，可以采取下列措施。a. 保护天敌，使其自然繁殖或根据天敌特性，制定和采用特定的措施，如创造天敌的栖息条件，以增加其繁殖。一般好的耕作措施往往能起到很好地保护、利用天敌的效果。b. 人工大量繁殖，释放天敌。这通常是在经过保护自然界中的天敌后，仍不足以控制某些害虫数量处于经济受害水平以下时才使用。c. 从外地引进天敌。目的在于改善、加强本地的天敌组成，提高自然控制效能。这往往用来对付新流入的病虫。

⑤ 药剂防治。采用药剂控制病虫等有害生物的数量，这实际也是综合防治的一个组成部分。药剂的选择，要优先选用生物源和矿物源的农药，因为它们对作物的污染相对少。由于绿色食品质量的特殊要求，在绿色食品生产中使用药剂，尤其人工化学合成的农药的应用有许多特殊限制，整体上要遵循生产绿色食品的农药使用准则。

3. 施肥技术

（1）施肥与绿色食品的关系　施肥→农作物饲料→动物饲养食物→人类生存是紧密相连的环节，其中肥料是基础，没有足够的肥料，农作物难以提供大量产品，动物没有足够的饲料，人类也就不能得到足够的畜禽产品、水产品等优质食物，从这个意义讲，肥料是自然生态循环中的基础环节，它对农作物绿色食品生产有重要作用，表现在以下几个方面。

① 通过施肥能提高土壤肥力和改良土壤。土壤肥力是土壤的基本特性，是作物生产转化太阳能为化学能的物质基础。它来自自然肥力和人为肥力，前者是在自然因素下，土壤发生和形成过程中产生的，后者是在人为因素下形成的。自然肥力可以无偿地被利用，但随着使用年限的延长将逐渐降低变瘠薄，必须经常人工配肥，保持和提高土壤肥力，才能满足作物的需要。提高土壤肥力最有效的方法就是施肥。施肥，尤其施用有机肥，能增加土壤中有机质含量，改善土壤结构，调整土壤 pH，保持作物生育和土壤微生物活动的适宜环境，还可以缓解土壤中不良因素如酸碱或盐分的影响，改良土壤。土壤改良及土壤肥力的提高，为绿色食品作物生长创造了良好环境。

② 施肥是增加产量的基础和保证。增加绿色食品农产品单位面积产量，需从多方面综合考虑，通过培肥，提高土壤生产力，平衡和改造农作物所必需的营养物质的供应状况，使作物生长健壮，获得好收成，是提高单位面积产量极为重要的措施。据大量试验数据估算，世界粮食产量的增加 40%～50%是依赖于肥料的施用。同时通过施肥可以增强作物抗逆能力，例如，充足的磷、钾营养，有利于作物大量贮存矿物质、糖分和可溶性蛋白质等，提高和促进细胞的渗透作用，降低霜冻造成的损失。又如，增施腐殖酸肥，能调节气孔的关闭，减缓作物体的水分蒸腾，减少作物生长后期干旱及干热风所造成的损失。合理的施肥，使植株健壮，增强作物抗病虫的能力，从而减少农药的使用量，减少对产品和环境的污染，并有利于绿色食品产量的提高。

③ 合理的施肥可促进绿色食品农产品品质的进一步提高。通过施肥可以改善农产品品质已逐渐被人们认识，尤其是发展商品生产和绿色食品生产的今天，已引起了普遍的关注。

例如小麦生长开花期施用氮肥不仅提高籽粒产量，还能改善和提高蛋白质含量，并提高其烘烤加工产品的质量。钾肥能增强甜菜等根用作物光合作用产物向根部运输，利于加工时糖分的提炼。施用磷肥能促进根类作物的块根生长。此外，越来越多的研究表明，许多微量元素与人体健康有密切关系，与作物抗性也有关。例如通过施肥，提高蔬菜水果中锌的含量，有利幼儿智力的发育，并有免疫的作用。钙元素能减少苹果苦痘病，提高品质及贮存效果。施肥有改良土壤、增加农产品产量、改善品质等作用。但同时由于施用肥料种类及施用量不当，也会带来许多不良影响。例如氮肥是作物生长必需的元素，但是施用量过大，特别是作物生长后期大量施用会使作物地上部营养生长过旺，根系变短，作物贪青晚熟，抗逆性减弱，赶上早霜冻大风时可能造成减产；在甜菜上则抑制糖分向根部运输，影响产品品质。又如果树苗期氮过多抑制根的生长，秋季过量的氮肥会使枝条不成熟，越冬能力下降，造成枝条甚至树体的死亡。不合理施肥不仅起不到应有的肥效，还会造成极大浪费，更重要的是污染了环境，进而通过食物、饮水给人和畜禽带来灾难。有机肥由于管理不善或未经无害化处理，也会造成污染。

(2) 绿色食品生产的施肥原则和要求

① 创造一个农业生态系统的良性养分循环条件，充分开发和利用本地区域、本单位的有机肥源，合理循环使用有机物质。农业生态系统的养分循环条件有三个基本组成部分，即植物、土壤和动物，应协调与统一好三者的关系，创造条件，充分利用田间植物残余体、植株（绿肥或秸秆）、动物的粪尿、原肥及土壤有益微生物群进行养分转化，不断增加土壤中有机质含量，提高土壤肥力。绿色食品种植业生产基地在发展种植业的同时，要有计划、按比例发展畜禽养殖业和水产养殖业，综合利用资源，开发肥源，促进养分良性循环。

② 经济、合理地施用肥料。绿色食品生产合理施肥就是要按绿色食品质量要求，根据气候、土壤条件以及作物生长形态，正确选用肥料种类、品种，确定施肥时间和方法，以求以较低的投入获得上佳的经济效益。

③ 以有机肥为主体，尽可能使有机肥和养分还田。有机肥料是全营养肥料，不仅含有各种作物所需的大量营养元素和有机质，还含有各种微量元素、氨基酸等；有机肥的吸附量大，被吸附的养分易被作物吸收利用，又不易流失；它还具改良土壤，提高土壤肥力，改善土壤保肥保水和通透性能的作用。

④ 充分发挥土壤中有益微生物在提高土壤肥力方面的作用。土壤的有机物质常常要依靠土壤中有益微生物群的活动，分解成可供作物吸收的养分而被利用，因此要通过耕作、栽培管理如翻耕、灌水、中耕等措施，调节土壤中水分、空气、温度等状态，创造一个适宜有益微生物群繁殖活动的环境，以增加土肥中有效肥力。近年来微生物肥料在我国已悄然兴起，绿色食品生产可有目的地施用不同种类的微生物肥料制品，以增加土壤中有益微生物群，发挥其作用。

⑤ 绿色食品生产要控制化学合成肥料，特别是氮肥的使用，AA 级绿色食品生产中除可使用微量元素和硫酸钾煅烧磷酸盐外，不允许使用其他化学合成肥料。A 级绿色食品生产中，允许限量使用部分化学合成肥料，但禁止使用硝态氮肥。化肥施用时必须与有机肥按氮含量 1∶1 的比例配合施用。最后使用时间为作物收获前 30d。

4. 耕作制度

(1) 绿色食品生产对耕作制度的基本要求

① 通过合理的田间配置，建立绿色食品的种植制度，充分合理利用土地及其相关的自然资源。

② 采取耕作措施，改善生态环境，创造有利于作物生长、有益生物繁衍的条件，抑制和消灭病虫草害的发生，并不断提高土地生产力，保证作物全面持续的增产。

（2）措施

① 实行轮作。同一块地需轮种不同作物的种植方式称为“轮作”。轮作是一项对土地用养结合，持续增产，促进农业发展，经济有效的措施。在绿色食品生产中应大力推行和实施，它的作用表现在以下几个方面。

一是减轻农作物的病虫草害，二是调节土壤养分和水分的供应，三是改善土壤物理化学性状。由于不同作物根系分布不一，遗留于地中的茎秆残茬、根系和落叶等补充土壤有机质和养分的数量和质量不同，从而影响到土壤理化状况，而水旱轮作对改善稻田的土壤结构状况更有特殊意义。绿色食品生产地在安排种植计划和地块时，就应将轮作计划列入其中。尽量采用轮作，减少连作，以充分利用轮作的优点，克服连作的弊端。轮种作物应选择不同类型，非同科、同属的作物，避免有相同病虫；养地作物安排在前，为后作创造良好条件；产地主作物安排在最好的茬口位置。绿色食品生产地一些作物在需连作的情况下，也只能根据不同作物对连作的反应适当延长在轮换周期中的连作时间。不同作物对连作产生的弊端和程度反应不同，例如甜菜、西瓜等作物，忌连作，必须间隔 5～6 年以上方能再种；豆科中的豌豆、大豆、蚕豆等不宜连作的作物一般要间隔 3～4 年；麦类、水稻、玉米等耐连作的作物，在无障碍性病害的情况下，可较长期地连作。在连作情况下更应加强栽培管理，根据土壤养分状况，增施有机肥和亏缺的营养元素；改善土壤耕作；尽量利用短暂的季节休闲和复种生长期短的绿肥蔬菜等作物；采用复种式连作如小麦—玉米，小麦—水稻或复种式轮作如小麦—玉米—小麦—大豆—小麦—芝麻；有步骤地选用抗病品种。

② 提高复种指数。复种，是指在同一块田地上，一年内种植两季或两季以上的种植方式。在自然条件允许的前提下，绿色食品种植业生产应充分利用农田时间和空间，科学合理地提高复种指数，实行种植集约化，不仅可增加绿色食品的产量，而且有利于扩大土壤碳源的循环。一方面通过田间多茬作物根茬遗留的有机物的增加，增多土壤的有益微生物群；另一方面通过作物秸秆“沤肥”、“过腹还田”等各种途径，直接、间接归还土壤，增大潜在的有机物输出量。也就是说通过复种可扩大有机肥的肥源，促进农田有机物的分解循环，提高土壤肥力。从而可降低化肥及其他有关化学物的施用量，进而减少环境遭受污染的可能性；同时扩大复种面积，增加种植种类与综合利用。但是，不合理的复种再加上未采取相应的耕作措施，也会造成土壤肥力下降，产生多种不多收、甚至少收的恶果，有时还会由于复种作物选择不当，引起或加剧病虫害的发生。绿色食品产地在确定采用复种方式时必须因地制宜，要根据当地年积温高低、作物生长期长短、水分条件包括降水量及其季节分布、地下水资源状况、地力和肥源等条件综合平衡而确定复种方式。绿色食品产地要重视对复种作物的选择和配置，一是要充分考虑前茬给后作、复种作物给主作物创造良好的耕作层及土壤肥力条件。例如前茬、复种作物选择豆科作物，它本身较耐瘠薄，对地力要求不高，能固定空气中的氮素，其根系及根瘤菌遗留于田地中，使生物固氮的机会增多，有利后作和主作的生长。绿肥可以利用主作物收获后季节间隙或土地间隙生长，遗留较多的有机物于土壤中，地上部可作饲料，且有利田间害虫天敌的繁衍。二是考虑复种中同期或先后种植的作物不应具有相同的病虫害，否则会因相互交叉感染而加剧病虫害发生。在增加复种作物的生产地，应利用前、后作生长间隙期、休闲期，不失时机地通过耕作技术，创造良好的生态环境，主要包括以下几点。

a. 施用有机肥。绿色食品生产要求以有机肥为主，尽量减少或完全不用化学肥料，而有机肥在作物生长期内施用费工且困难，休闲期内施入则简便易行，而且可结合其他操作措施如耕掘进行，减少养分的损失。同时在作物种植前施入经一段分解过程，正好为稍后生长的作物提供养分。

b. 翻耕土地。作物经过一个生长季节的生长，频繁的田间农事操作活动，造成土壤板结、肥力有所下降，须在休闲期结合施肥及时翻耕土地，将肥料翻入土中，加速肥料的分解，提高土壤肥力。通过翻耕这项操作将前作根茬及杂草翻入土中，既增加了土壤有机质，又清洁了田园，减少和清除了杂草的危害，有利于减少病虫害的发生。翻耕还可以疏松土壤，改善土壤物理结构，有利于微生物群落的生存和活动。这样就为绿色食品产地创造了一个良好的生态环境。

c. 防除病虫。绿色食品生产中为了减少农药的使用，一定要在作物生长间隙期内采取措施做好对病虫的预防工作，果园、菜地尤显重要。果园冬闲期通过"刮皮"去除隐藏于老树皮下越冬的害虫或虫卵；在树干上涂白，阻止害虫产卵；清洁田园，收集和销毁园内残枝落叶，清除病虫源；菜地保护设施内，夏季高温时密闭或降水后密闭，利用高温或高湿杀菌灭虫。

③ 合理间作套种。间套作作物群体之间有互补的一面，同时也存在着竞争的一面，不合理地滥用，非但无利，反而有害。例如由于作物种类选择不当，可能出现作物争肥、争水现象，或因种植方式不当，造成光照不足、通风不良，以致加重病虫害。

间套作物要为主作物创造一个良好的田间生态环境，有利于作物群体之间互补。以玉米间作马铃薯为例，玉米高秆、根深，需氮多，而马铃薯株矮、叶小、根浅，需磷、钾多，同时马铃薯为喜光、喜温的玉米改善了行株间通风透光状况，提高其光合作用，而玉米又为耐阴、需冷凉气候的马铃薯遮阴降温，改善了生态环境条件，有利块茎形成和生长。它们就能较好地发挥在空间利用、养分吸收上的互补作用，减少竞争。

选择间套作作物种类或品种时，应选对大范围环境条件适应性在其共生期间大体相同的作物；选择特征特性相对应的作物，如株高为高低，株形为大小，叶为圆尖，根为深浅，生长期为长短，收获期为早晚等，以削弱其竞争；还应优先保证主作物的生长。

间套作有利于病虫草害的抑制和防除，以及对自然灾害的防御。实行间套作后，群体结构及生态条件随之改变，对病虫等自然灾害及其程度都有不同的影响。因此应选择有利于减少和抑制病虫发生的作物和合理的田间配置。例如，玉米和菜豆间作。

绿色食品产地应尽量利用空间和时间的间隙，通过间套作发展绿肥作物。绿肥种类多，适应性强，生长期可长可短，它可直接作为田间肥料，具有养地提高土壤肥力的作用。同时又是饲料，促进畜牧业的发展，促进农业生态系统良性循环，实现农业全面持续增产。

绿色食品生产地块内的所有间套作物种植都必须符合绿色食品生产的操作规程。

④ 土壤耕作。绿色食品生产应根据各耕作措施的作用原理，按作物生长对土壤环境的要求，灵活地加以运用，发挥其养地改善作物营养状况的作用。

⑤ 注意防除杂草。绿色食品生产由于产品质量的要求，生产操作过程中限制化学除草剂的使用，而人工除草很费工，有时由于未能及时安排劳力除草，草害严重恶化农作物生长环境条件，降低农作物的产量和品质，而且还可能影响下一个生长季节或来年，加重杂草的蔓延和危害，增加绿色食品产地杂草防除的困难。因此应在安排本地或本单位种植制度和养地制度的同时对杂草防治予以足够重视，针对当地主要杂草采取综合防除措施。根据预防为主的原则，采取预防措施，如建立严格杂草检疫制度；清除田地边、路旁杂草；施用腐熟的有机肥；防止杂草种子等；尽量杜绝杂草种子进入田间，均是积极有效的方法。采用农业技

术防除，建立合理的轮作制度及土壤耕作制，根据草情和苗情，掌握好灭草时机，适时中耕除草；利用覆盖近光窒息原理除草，如覆盖黑色地膜。绿色食品生产中，应尽量减少和避免使用化学除草剂防除杂草。因为化学除草剂会给环境带来污染，与绿色食品生产宗旨、质量标准要求不相符。在AA级绿色食品生产中也只有在杂草感染度达到临界期，即杂草发生密度足以抑制作物生育，影响收割或造成减产时才使用，并要严格按生产绿色食品的农药使用准则中关于除草剂种类、用药量、使用时间和方法等有关规定进行。病虫草害三者之间相互联系、相互影响，要防病虫应将杂草清除；若不防治病虫，则作物受害，生长不良，也给杂草丛生提供了机会。因此绿色食品产地应根据当地实际情况对病虫草害统一做出具体防治计划，以达到经济、方便、有效。

二、绿色果品生产

绿色果品是遵循可持续发展原则，按照特定生产方式生产，经专门机构认证，许可使用绿色食品标志的无污染的安全、优质、营养果品。无污染是指绿色果品生产、贮运过程中，通过严密监测、控制，防止农药残留、放射性物质、重金属、有害细菌等对果品生产及运销各个环节的污染。从广义上讲，绿色果品应是优质、洁净，而有毒有害物质在安全标准之下的果品，它具有品质、营养价值和卫生安全指标的严格规定。从人体健康出发，国家在食品卫生标准中对果品中有毒有害物的安全指标做了具体规定：六六六≤0.2mg/kg（GB 2763—81），滴滴涕≤0.1mg/kg（GB 2763—81），汞≤0.01mg/kg（GB 2763—81），砷≤0.5mg/kg（GB 4810—84），氟≤0.5mg/kg（GB 4809—84），镉≤0.03mg/kg，钯≤1mg/kg，铜≤4mg/kg，锌≤5mg/kg等。绿色果品应具备下列条件：①果品产地必须符合绿色食品生态环境质量标准；②果树种植必须符合绿色食品生产操作规程；③产品必须符合绿色食品质量和卫生标准；④产品的包装、贮运必须符合绿色食品包装贮运标准。

1. 绿色食品（果品）对生态环境的要求

绿色食品（果品）生产要求大气环境、土壤环境、农田灌溉水质必须符合相关的质量标准。

根据国家GB 3095—82大气环境质量标准，对大气中二氧化硫、氮氧化物、总悬浮微粒物、氟的含量都有严格要求，例如二氧化硫日平均浓度不得超过0.05mg/m^3。根据国家GB 5084—92农田灌溉水质标准，对水的pH值、总汞、总镉、总砷、总铅、铬（六价）、氯化物、氟化物都有严格要求，例如总汞含量不得超过0.001mg/L。土壤中汞、镉、铅、砷、铬的含量，根据土壤种类、深度的不同，对其含量的要求不同，都有严格的限量，而六六六和DDT含量均不得超过0.1mg/kg。

2. 绿色食品（果品）生产基地的选择

绿色食品（果品）生产基地首先要选择在相当大的范围内无粉尘地带，而且附近尤其是在水的上游、上风地段没有如化工厂、造纸厂、水泥厂、硫黄厂、金属镁厂等污染源，并距主干公路50m以外，每隔2～3年经环保部门对果园附近的大气、灌溉水和土壤进行检测。有害物质不超过国家规定标准的地方，都可考虑建立绿色果品生产基地。

3. 绿色食品（果品）的生产技术要求

（1）农业综合措施　为了尽量不用或少用化学农药，还可利用各种农业综合措施来创造果树最适生长环境，实施科学系统和规范化的栽培管理措施，对病虫害进行综合防治。

① 选用抗病品种和脱毒苗木。选栽抗病、抗虫、抗寒、耐瘠薄等能力强的良种，减少对农药及化肥的依赖。利用优良品种及抗性植株：首先选用抗性果树品种及砧木，如中国梨比西洋梨抗火疫病，中国板栗比美国板栗抗栗疫病，美国育成的Prima和Pricilla苹果抗黑

星病，苹果MM系砧木抗棉蚜，沙地葡萄则抗根瘤蚜；其次选择成熟期能避开病虫害发生高峰的树种和品种，7～8月份是病虫发生高峰期，若果实7月之前已成熟采收，则可避免果实直接着药，果实污染会大为减少，如樱桃、早熟杏、极早熟桃等果树，其成熟期可避开病虫发生高峰期，受到农药污染的机会大为降低；再次选用健壮苗木，培育健壮个体，开发果树自身的抗病虫潜力。

② 推行果园生草制，改善果园生态环境，保护和利用天敌抑制果园害虫的危害。

③ 改良土壤，增施有机肥。注意氮磷钾肥和微肥的配合使用，以提高树体的抗病性。控制生产过程中的化肥污染。使用的主要肥料种类为绿肥、没有污染的农家肥、饼肥、非化学合成的腐殖酸、微生物肥和氨基酸类肥料。A级绿色果品还允许限量使用尿素、磷酸二氢钾、过磷酸钙等，但应与有机肥混合施入，有机氮与无机氮之比为1∶1，最后一次施用化肥必须在采收20d之前。

④ 加强栽培管理，提高果品质量。利用农业措施防治病虫应做到以下几点。首先采取增强树势，提高果树自身抗病虫能力的措施，如合理负载、秋施基肥、混施有机肥与磷钾肥、适时灌水排涝、合理修剪、改善通风透光等。其次是减少病虫源，休眠期彻底清园，清除树上病虫干枝、病虫僵果、粗翘树皮和病皮，扫除地面枯枝落叶与杂草等，集中烧毁；在开花期以前宜集中用药，消灭病虫于早期以减少中后期的用药量。再就是早春实施地膜覆盖，防止病原菌和害虫上树浸染；进行树盘覆草，将病虫诱集于杂草中，集中消灭，以减少树上用药；果园附近可种植害虫喜食的植物，如桃园附近种植向日葵，大量食心虫前来啃食，将它们消灭于葵花中；早春在树干上扎一纸筒，开口向下防止天鹅绒金龟子出土上树，并加强人工捕捉；秋季在树干缠草绳，诱集下树越冬害螨和害虫，12月解除烧毁。最后是果实套袋或喷高脂膜等，防止果实直接受害，以减少果实表面直接着药。

⑤ 搞好果树修剪，改善通风透光条件。树干绑草把，刮除老翘皮，清理果园病枝、落叶，并集中烧毁，以减少病虫基数。合理整形修剪，严格疏花疏果，保持与树体相适应的负载量，维持健壮的树势，合理负载，果实套袋，实施果实套袋栽培，避免药液与果面接触，摘叶转果，地面铺反光膜，适时采收，提高果实的内在及外在质量。这些都是生产绿色果品的重要措施。

⑥ 控制采后处理及流通环节的病虫污染，应尽量不用或少用防腐剂或杀菌剂。

(2) 肥料的施用　绿色食品（果品）生产用肥必须符合国家《绿色食品　肥料使用准则》。

生产AA级绿色食品要求使用农家肥和非化学合成商品肥料。

① 农家肥包括绿肥和饼肥。农家肥中的厩肥、牛粪、鸡肥、人粪尿、秸秆、生物肥等需经腐熟后，结合果园深翻或作基肥施用。绿肥如苜蓿、草木樨、沙打旺、小冠花、三叶草、田菁等草类，经过和农家肥混合沤制直接施入地下。

② 非化学合成肥料的商品肥有腐殖酸和微生物肥料。腐殖酸是大自然的产物，它对土壤团粒结构的改良、土壤中有机物分解、植物抗逆性和抗病性有积极作用。微生物肥料是有机废物（不含有毛、蹄角）产物，极易被植物吸收，对促进植物光合作用和加速植物生长有显著的作用。因为腐殖酸和微生物肥料都具有高效、无毒、无污染的特点，应大力推广。而化学合成肥料的大量使用，容易破坏土壤结构，导致土壤板结和地力衰退。

生产A级绿色食品则允许限量使用部分化学合成肥料，如常用的尿素、硫酸钾、果树专用肥、过磷酸钙、磷酸二氢钾等，但禁用硝态氮肥。使用化肥时，必须与有机肥料配合使用，有机氮与无机氮之比为1∶1，也可与微生物肥配合使用，用作追肥时，应在采果前30d停止使用。

(3) 农药的使用　绿色食品（果品）生产要求应尽量不用或少用化学农药，严禁使用剧毒、高毒、高残留和具有致癌、致畸、致突变的化学农药，如福美胂、氟乙酰胺、DDT、六六六、三氯杀螨醇、甲胺磷、氧化乐果、久效磷、对硫磷、杀虫脒等；禁止使用植物生长调节剂，如萘乙酸、多效唑、细胞分裂素等。AA 级绿色食品（果品）允许使用生物农药、植物源农药、昆虫生长调节剂，如应用较多的核多体病毒、白僵菌、苏云金杆菌（Bt）等，在苹果病虫害中防效较好的多氧霉素、阿维菌素等。生物农药阿维菌素能有效防治螨类、鳞翅目、双翅目、鞘翅目的害虫。Bt 杀虫剂由于成本低、高效安全、不伤害天敌、不污染环境，可取代对硫磷、敌百虫、菊酯类农药，防治鳞翅目为主的害虫；植物源药剂有除虫菊素、烟草水、鱼藤根、大蒜等；昆虫生长调节剂有信息素和其他植物源的性引诱剂等。此外，还允许有效地使用农业抗生素，如多抗霉素、井冈霉素、农抗 120、浏阳霉素等。生产 A 级绿色食品，除 AA 级允许使用的药剂外，还可限量使用部分有机合成农药，如乐果、辛硫磷、敌百虫、氯氰菊酯、溴氰菊酯、除虫脲、双甲脒、尼索朗、杀螟硫磷、瑞毒霉等，但每一种有机合成化学农药，在果树年生长周期中只使用 1 次，并对最后一次施药距采收的间隔天数有严格限制，多数是采前 20～30d，杀螨剂中的双甲脒在苹果上则要求 30～40d。绿色果品生产中农药的使用必须符合生产绿色食品的农药使用准则的规定，无论是生产 AA 级绿色果品，还是生产 A 级绿色果品，都禁止使用剧毒、高毒、高残留或者具有致癌、致畸、致突变的农药；禁止使用国家明令禁止生产、销售和使用的农药；限制使用全杀性和能够使害虫产生高抗性的农药；严格控制各种遗传工程微生物制剂和激素类药剂的使用。

提倡使用的农药：生产 AA 级绿色食品（果品）提倡使用生物源农药（包括微生物源农药、动物源农药、植物源农药）和矿物源农药（包括硫制剂、硫铜制剂、矿物油制剂）以及昆虫生长调节剂。这些农药的常用品种见表 6-1。

表 6-1　AA 绿色食品（果品）提倡使用的农药常用品种

类　型	名　称	防治对象	使用浓度及方法
生物源农药	Bt 乳油剂(每毫升含 100 亿个芽孢)	桃小食心虫等鳞翅目害虫	1000 倍喷雾
	青虫菌 6 号悬浮剂	桃小食心虫等鳞翅目害虫	1000 倍喷雾
	10%浏阳霉素乳油	叶螨	1000 倍喷雾
	4%农抗 120 水剂	白粉病等	400 倍液喷雾
	10%多氧霉素可湿性粉剂	霉心病等	1000～1500 倍喷雾
矿物源农药	50%硫悬浮剂	白粉病、叶螨	2000～4000 倍喷雾
	45%晶体石硫合剂	白粉病、叶螨	1000 倍喷雾
	石硫合剂	白粉病、叶螨	0.3～0.5°Bé,3～5°Bé 喷雾
	波尔多液	多种病害	1∶(2～3)∶(200～240)°Bé 喷雾
	95%机油乳剂	蚜虫、蚧、叶螨	200～300 倍喷雾
昆虫调节剂	25%灭幼脲 3 号悬浮剂	鳞翅目害虫	2000 倍喷雾
	30%蛾螨灵粉剂	叶螨、桃小食心虫	

(4) 控制生产过程中的农药污染

① 加大非化学防治法的力度。初冬果园进行深翻，刨树盘，刮树干老翘皮，清理枯枝、落叶、僵果、病虫枝，树干涂白等，都可以大量消灭越冬病虫害。生长期通过地膜覆盖、套

袋、摘拾病虫果（梢、叶），加强人工防治及物理防治，害虫越冬前树干绑草把，入冬后解下烧毁；生长期结合修剪及时剪除病虫果（叶、梢），人工捕捉。根据害虫趋性，采取性引诱剂诱杀、糖醋液诱杀、佳多频振式杀虫灯等物理防治法诱杀，降低虫口密度，减少化防次数。

② 充分发挥自然界的生物控制。采用生物防治法，许多害虫有其自然的天敌，如食蚜蝇、草蛉、七星瓢虫等以蚜虫为食；赤眼蜂和拟澳洲赤眼蜂可控制苹果的许多卷叶虫、吹绵蚧；利用大红瓢虫可有效控制柑橘吹绵蚧。通过果园合理间作作物、种植绿肥及有益植物，改善果园生态环境，招引天敌，或人工饲养释放、引进天敌，增加天敌种群数量，恢复其自然控制力，充分利用天敌自控效应。一般于初冬采集被寄生的虫瘿卵块，保护越冬或人工繁殖饲养，在虫害大量发生前释放。

③ 按照农药使用准则选用农药。生产绿色果品提倡使用微生物源农药，如农抗120、多氧霉素（宝丽安）、阿维菌素（齐螨素、虫螨光）、Bt（苏云金杆菌）等；植物源农药，如烟碱、绿保威（疏果净）、辣椒水、菌迪等；昆虫生长调节剂，如灭幼脲3号、卡死克、抗蚜威、扑虱灵等；矿物源农药，如石硫合剂、波尔多液、柴油乳剂等；禁止使用高毒、高残留农药，如福美砷、久效磷、三氯杀螨醇等。生产A级绿色果品还可以限量使用低毒、低残毒农药，如扑海因、百菌清、吡虫啉、甲基托布津、乐斯本、灭扫利、尼索朗、杀灭菊酯等，这类农药在果树生长期内一般只允许喷1次。而AA级绿色果品则只能使用生物源农药（包括微生物源农药、动物源农药、植物源农药）和矿物源农药。

（5）控制贮藏销售过程中的污染　贮藏过程中尽量减少防腐剂、保鲜剂对果品的污染，而尽量采用气调、冷藏保存果品，并保持采收、贮藏及运输环境的密封、干净卫生，减少动物、微生物及周围环境对果品的后期污染。果品贮藏保鲜采用防腐剂、杀菌剂等常会引起果品污染，运输和销售的各环节与环境也会造成果品污染，为此需要建立安全可靠的采后处理系统，按市场要求进行严格分级、清洗、消毒、打蜡、包装、贮运，防止采后污染。

（6）绿色果品生产注意事项　在果品生产过程中，由于病虫防治、施肥以及管理措施不当会引起果品的生产性污染。喷药可以防治病虫害，但给果品带来了农药残毒；施氮肥可以增加产量，却增加了果品亚硝酸盐的含量；生长调节物质的不当使用，也会造成果实品质的下降。要协调防治病虫、施用化肥与避免果品污染间的关系，应在环境保护的前提下，建立起一套绿色果品生产技术体系。

三、绿色食品蔬菜生产

绿色食品蔬菜是无污染的安全、优质、营养类蔬菜的统称。按中国绿色食品中心制定的绿色食品蔬菜标准，将产品分为AA级绿色食品蔬菜和A级绿色食品蔬菜。AA级是指产地生态环境质量符合国家的环境标准，生产过程中不使用任何化学合成物，生产单位按特定的生产操作规程生产、加工，产品质量及包装经检测、检查符合特定标准，并经专门机构认定、许可，可使用AA级绿色食品蔬菜标志的产品。A级是指在生态环境质量符合规定标准的产地，生产过程中允许限量使用限定的化学合成物，按特定的生产操作规程生产、加工，产品质量及包装经检测、检查符合特定标准，并经专门机构认定，可使用A级绿色食品蔬菜标志的产品。一般都把A级绿色食品蔬菜的生产作为主要目标。绿色食品蔬菜生产首先要由绿色食品的主管部门对生产基地进行评估，主要对蔬菜基地的土壤、灌溉水和大气进行样品采集、测试和评价，由主管部门发给绿色食品蔬菜生产许可证。绿色食品蔬菜生产技术是一个完整的技术体系，要使产品达到绿色食品的标准，就必须按这些技术操作到位，其主要内容归纳如下。

1. 制定绿色食品蔬菜生产技术规程

绿色食品蔬菜的生产必须符合绿色食品的相应要求，每一个生产单位，应该根据要求，制定相应的生产技术规程。这个规程包括生产基地的选择、基地生产环境的保护、具体的生产措施、病虫害综合防治、肥水科学管理、产品的检测以及制订适合本单位具体情况的某一种蔬菜的专项操作规程。制订了规程以后，就应严格按规程操作。绿色食品蔬菜生产技术规程要点有以下几点。

（1）绿色食品蔬菜生产环境　大气环境质量符合国家一级标准 GB 3095—96 或省级相关标准。灌溉用水（地下水）符合国家地面水环境质量一类标准 GB 3838—88 或省级相关标准。土壤理化性质良好，无污染，符合国家土壤环境质量标准 GB 15618—95。日光温室避免建在废水污染源和固体废弃物周围。日光温室严防来自系统外的污染（未经处理的工业废水、城市生活垃圾、工业废渣、生活污水等）。日光温室内微生态环境，必须形成良性循环，杜绝设施内自身环境恶化。选建日光节能型温室（二代新型），如东农系列日光节能温室，可减少烟尘对环境的污染，有利生态防治。棚膜应选用无滴、防雾、耐低温、抗老化聚乙烯或醋酸聚乙烯棚膜，能减轻病害发生。地膜应选择可降解地膜，防止对土壤污染。温室选址应地势高燥、向阳、排水良好，土质理化性质符合无公害生产要求；设施场地远离污染源。温室生产基地四周建防风林带，排、灌系统设置合理，防止排水不畅污染环境。化粪池、蔬菜生产废弃物处理场所应远离设施，防止对蔬菜产品造成污染。

（2）种子与育苗　选择对病虫害抗性强的品种。种子用物理方法消毒，如热水烫种消毒，严禁使用化学物质处理种子，可用各种植物或动物制剂、微生物活化剂、细菌接种等处理种子。育苗床土无虫、无病、无杂草种子，床土用草炭土和大田土配制，施有机肥，配合微生物肥，A 级可适当施用磷酸二铵和硫酸钾，AA 级严禁使用人工合成的化学肥料。床土配制过程，严禁用化学杀虫、杀菌剂消毒，可用高温发酵堆制消毒。苗期控制生态环境培育壮苗。AA 级严禁用人工合成激素，允许使用由植物或动物生产的天然生长调节剂、矿物悬浮液等。瓜类、茄果类推广嫁接育苗技术。

（3）肥料　允许施用经充分腐熟的有机质肥料，包括草炭、作物残株、农作物秸秆、绿肥、经高温堆肥等处理后的无寄生虫和传染病的人粪尿和畜禽粪便及其他未受污染的商品有机肥料。也可以使用草木灰、豆饼、动物蹄角粉、未经处理的骨粉、鱼粉及其他类似的天然产品。允许使用以植物或动物生产的生长调节剂、辅助剂、润湿剂等。不允许施用未经处理的人粪尿进行追肥。矿物肥料允许使用硫酸钾、钼酸钠和含有硫酸盐的微量元素矿物盐。允许使用农用石灰、天然磷酸盐和其他缓溶性矿粉，但天然磷酸盐的使用量，大棚、温室内平均每年每亩不得超过 0.7kg。允许使用自然形态（未经化学处理）的矿物肥料，但使用含氮矿物肥时，不能影响园艺设施内生态条件以及蔬菜产品的营养、口感和对病虫等灾害的抵抗力。禁止使用硝酸盐、磷酸盐、氯化物等导致土壤重金属积累的矿渣和磷矿石。

（4）病虫害防治　严禁使用高毒、高残留农药，AA 级禁止使用人工合成的化学农药。A 级允许限量、限时使用低毒、低残留化学农药。温室栽培应推广生态防治、生物防治、物理防治和农业综合防治及生物农药（植物、微生物农药）。允许使用石灰、硫酸铜、波尔多液和元素铜以及杀（霉）菌的肥皂、植物制剂、醋和其他天然物质防治病虫害。含硫酸铜的物质、鱼藤酮、除虫菊、硅藻土等必须按规定使用。允许使用肥皂、植物性杀虫剂，微生物杀虫剂及利用外源激素、视觉性和物理方法捕虫、驱避害虫、防治害虫。AA 级严禁使用化学类、石油类和氨基酸类除草剂和增效剂。温室内推广地膜覆盖技术，但应及时清除残膜。提倡用工人、机械、电力、热除草和微生物除草剂等除草或控制杂草生长。

（5）温室内环境管理　根据蔬菜种类温室内进行四段变温管理，提高蔬菜抗性。温室内果菜栽培推广膜下软管滴灌技术，叶菜推广微喷灌技术。阴、雨天控制灌水，高温注意通风排湿。冬春温室生产，悬挂聚酯反光膜增加光照强度提高蔬菜抗性，进行 CO_2 气体施肥，提高光合效益。棚室土壤改良增施充分腐熟、不含重金属及其他有害物质的有机肥，配合施用微生物肥。严禁施用未腐熟或未经处理的有机肥，以免污染土壤和产生有害气体。温室进行配方平衡施肥，严禁滥施化肥，污染土壤，防止温室内土壤盐渍化。建立蔬菜轮作制度，严防连作重茬，以市场为导向，提倡蔬菜多样化、间套复种。

（6）蔬菜产品检测　蔬菜产品上市前接受主管部门田间检测，执行绿色食品卫生标准。

（7）蔬菜产品清洗整理防止二次污染　鲜菜上市前清洗，必须用检测合格的生活饮用水清洗。净菜小包装采用有绿色食品（无污染农产品）标志的无毒、无污染环境的包装设备，操作人员需体检合格上岗。蔬菜产品精选整理后可用紫外灯、臭氧发生器、高频磁法等消毒杀菌。

（8）蔬菜产品贮藏保鲜　选择耐贮品种及长势好、无病虫、无机械伤、成熟度适宜的蔬菜产品。贮藏保鲜前，窖内空间、工具、容器等，需消毒杀菌，密闭熏蒸消毒后通风，然后再使用。处理后的蔬菜先在预冷间预冷装袋（箱）。保鲜库需安装通风装置，根据蔬菜种类控制窖内温、湿度和 CO_2 浓度。

2. 选用优良的蔬菜品种和育苗技术

选用优良的蔬菜品种，是绿色食品蔬菜生产的基础。种子的质量好，品种的抗病性、抗逆性强，不但可以夺取高产，提高蔬菜的质量，而且可以减少农药的使用量。科学育苗是绿色食品蔬菜生产的关键之一。工厂化育苗、电加温线育苗和保护地育苗是目前条件下培育壮苗的必须手段。在育苗之前，必须进行种子消毒。种子消毒的方法主要有以下几种。①温汤烫种。将种子投入5倍于种子质量的具有一定温度的热水中浸烫，并不断搅动，使种子受热均匀，待水温降至30℃时停止搅动，转入常规浸种催芽。番茄、辣椒和十字花科蔬菜种子用50～55℃的热水浸烫，可防猝倒病、立枯病、溃疡病、叶霉病、褐纹病、炭疽病、根肿病、菌核病等。黄瓜和茄子种子用75～80℃的热水烫种10min，能杀死枯萎病和炭疽病病菌，并使病毒失去活力。西瓜种子用90℃的热水烫3min，随即加入等量的冷水，使水温立即降至50～55℃，并不断搅动，待水温降至30℃时，转入常规浸种催芽，能杀死多种病原物。②干热消毒。将种子置于恒温箱内处理。番茄、辣椒和十字花科蔬菜种子需在72℃条件下处理72h，茄子和葫芦科的种子需75℃处理96h。豆科的种子耐热能力差，不能进行干热消毒。此法几乎能杀死种子内所有的病菌，并使病毒失活，但在消毒前一定要将种子晒干，否则会杀死种子。③药剂消毒。即用药剂浸种或拌种，如用0.1%的多菌灵溶液浸泡瓜类种子10min，可防枯萎病；浸泡茄果类种子2h，可防黄萎病。如用10%的高锰酸钾溶液浸种20min，可防治茄果类蔬菜的病毒病和溃疡病等。但必须注意，不管用哪种药剂消毒后，都要将种子冲洗干净（拌种除外），方可转入常规浸种催芽或直播。④复方消毒。即热水烫种与药剂消毒相结合，或干热消毒与药剂消毒相结合。如黄瓜、番茄用热水烫种后，再在500g浸种水中加入1g 50%多菌灵浸种1h，可防治黄瓜枯萎病、蔓枯病、炭疽病、菌核病，番茄灰霉病、叶霉病、斑枯病；将热水烫过的茄子种子再放到0.2%的高锰酸钾溶液中浸20min，对黄萎病、病毒病、绵疫病和褐纹病有良好防效。将干热消毒后的种子再用磷酸三钠消毒，其杀菌效果更好。在做好种子消毒工作后，春季育苗要做好苗床的温光控制，力争秧苗在保暖的基础上多照光，天气晴好和秧苗适应时要揭去小环棚薄膜，增强秧苗的光合作用。要以“六防”即防徒长、防老僵、防发病、防冻害、防风伤、防热害为中心，加强苗床管理。夏季育苗要注意覆盖遮阳网，它可以遮强光，降高温，保湿度，还可以防暴雨冲刷，提高出苗率和成苗率。夏季育苗的水分管理应注意“三凉”，即凉地、凉苗、凉时浇灌，这样有利于秧苗健壮生长。

3. 绿色食品蔬菜病虫害的科学防治技术

（1）农业防治　利用农业生产过程中各种技术措施和作物生长发育的各个环节，有目的地创造有利于作物生长发育的特定生态条件和农田小气候，创造不利于病虫生长繁殖的条件，以控制和减少病虫对作物生长造成的危害。主要措施是轮作，把根菜、叶菜、果菜类蔬菜合理地组合种植，以充分利用土壤肥力，改良土壤，并直接影响土壤中寄生生物的活动。蔬菜轮作首先要考虑在哪些蔬菜之间进行轮作，如黄瓜枯萎病的轮枝菌的寄主范围较广，若选择茄科的马铃薯或茄子轮作，病害会越来越重。

（2）物理防治技术

① 在高温季节进行土壤消毒。夏季高温期间，在大棚两茬作物间隙进行灌水，然后在畦上覆盖塑料薄膜，进行高温消毒。既杀灭了病虫，又减缓了大棚内的土壤次生盐渍的进程，是一项既省钱省力，又十分有效的措施。

② 安装频振式杀虫灯杀虫。频振式杀虫灯是近几年推广的集光波与频振技术于一体的物理杀虫仪器，据上海市蔬菜科学技术推广站 2002 年的应用结果证明，它的杀虫谱广，种类达 26 种，其中有鳞翅目的小菜蛾、斜纹夜蛾、银纹夜蛾、甘蓝夜蛾、甜菜夜蛾、玉米螟；鞘翅目的金龟子、猿叶甲；同翅目的蚜虫；直翅目的油葫芦、蟋蟀等。在 5～10 月份平均每灯的捕虫量在 1000g 左右。每盏灯一般可控制 1～2hm^2 菜田，挂灯高度在 100～120cm，挂灯时间依各地的天气而定，一般在 4～11 月。实践表明，挂杀虫灯的菜田不但减少了虫害，降低了虫口密度，而且还少用了农药。

③ 利用防虫网防虫。在夏秋季节的绿色食品蔬菜生产中，实施以防虫网全程覆盖为主体的防虫措施十分有效，能有效防止小菜蛾、斜纹夜蛾、甜菜夜蛾、青虫、蚜虫等多种虫害。但防虫网覆盖栽培应注意选择 20 目左右的网，过密则通风情况不好；其次要注意在盖网之前对地块进行消毒和清洁田园；第三是覆盖要密封。

④ 利用趋性灭虫。如用糖液诱集黏虫、甜菜夜蛾；用杨树枝诱杀棉铃虫、小菜蛾等。方法是把糖液钵按一定的距离放于菜田中，每 10～15d 换 1 次糖液。在田间放一定数量的杨树枝，诱使棉铃虫在上面产卵，然后把有锦铃虫卵的杨树枝清除、烧掉，以达到灭虫效果。另外，利用黄板诱杀黄色趋性的蚜虫、温室白粉虱、美洲斑潜蝇等；利用银灰膜避蚜等都有较好的功效。

（3）生物防治技术　生物防治技术可以取代部分化学农药，不污染蔬菜与环境。如利用赤眼蜂防治棉铃虫、菜青虫，利用丽蚜小蜂防治温室白粉虱，利用烟蚜茧蜂防治桃蚜、棉蚜等。又如利用苏云金杆菌（Bt）防治青虫、小菜蛾，用武夷菌素（BH—10）水剂防治瓜类白粉病。另外可利用生物农药如百草一号、苦参碱、烟碱等防治青虫、小菜蛾、蚜虫、粉虱、红蜘蛛等，效果比较明显。

（4）化学防治技术　在绿色食品蔬菜生产中，重点是正确掌握病虫害的化学防治技术。应该在病虫测报的基础上，选择高效、低毒、低残留的化学农药，如安打、米满、抑太保、锐劲特等。使用时必须严格掌握浓度和使用量，掌握农药的安全间隔期，实行农药的交替使用，掌握合理的施药技术，避免无效用药或者产生抗药性。特别要注意对症下药，适期防治，在关键时期、关键部位打药以达到用药少、防效好的目的。

AA 级绿色食品蔬菜允许使用的农药及使用方法见表 6-2。

表 6-2 生产 AA 级绿色食品蔬菜允许使用的生物性农药和矿物农药及使用方法

类型	名称	剂型	常用药量（g/次·667m² 或 mL/次·倍数）	防治对象	使用方法	安全间隔期/d≥
生物性杀虫剂	爱力螨克	1.8%乳油	600～800 倍	红蜘蛛、茶黄螨	喷雾	30
	爱福丁	1.8%乳油	300～400 倍	菜青虫	喷雾	30
	Bt	苏云金杆菌可湿性粉剂	800～1000 倍	鳞翅目害虫	喷雾	
	茼蒿素	6.5%水剂	200mL/300～400 倍	蚜虫、菜青虫	喷雾	
	噻嗪酮	25%可湿性粉剂	2000～3000 倍	叶蝉、白粉虱、蚜虫	喷雾	30
	鱼藤酮	2.5%乳油	400～500 倍	蚜虫	喷雾	30
	川楝素	0.5%乳油	800～1000 倍	鳞翅目害虫	喷雾	
	藜芦碱	0.5%醇溶液	500～600 倍	蚜虫、菜青虫	喷雾	15
	苦参碱	1%水剂	600～700 倍	蚜虫、菜青虫	喷雾	
	苦参碱	0.2%水剂	300～400 倍	红蜘蛛、茶黄螨	喷雾	20
生物类杀菌杀病毒剂	多抗霉素(宝丽安)	10%可湿性粉剂	500～750 倍	灰霉病	喷雾	
	农抗 120	4%水剂	200 倍	白粉病、炭疽病	喷雾	
	农抗 120	2%水剂	150～200 倍	根腐病	灌根	
	菌毒清	5%水剂	200～300 倍	病毒病、真菌病害	喷雾	
保护剂	铜高尚	27.12%水悬浮剂	400～600 倍	真菌、细菌	喷雾	7
	可杀得	77%可湿性粉剂	600～800 倍	真菌、细菌	喷雾	
复配杀菌剂	春雷氧氯铜(加瑞农)	50%可湿性粉剂	800 倍	霜霉病、白粉病、炭疽病	喷雾	10
矿物性农药	石硫合剂	制剂有 45%石硫合剂结晶、固体和 29%水剂，20%膏剂	0.3～0.5°Bé，3～5°Bé 喷雾	白粉病、叶螨	喷雾	15
	波尔多液	胶悬液	1∶(2～3)∶(200～240)°Bé 喷雾	多种病害	喷雾	15

A 级绿色食品蔬菜允许使用的农药，限制、禁止使用的农药简述如下。允许使用的农药见表 6-3。

① 允许使用的农药。

a. 生物源农药。一是农用抗生素，如防治真菌病害可用灭瘟素、春雷霉素、多抗霉素、井冈霉素、农抗 120 等；防治螨类（红蜘蛛）选用浏阳霉素、华光霉素等。二是活体微生物农药，如真菌剂绿僵菌、鲁保 1 号；细菌剂苏云金杆菌。

b. 植物源农药。杀虫剂如除虫菊素、鱼藤酮、烟碱、植物油乳剂；杀菌剂如大蒜素；增效剂如芝麻素。

c. 矿物源农药。无机杀螨杀菌剂如硫悬浮剂、石硫合剂、硫酸铜、波尔多液；消毒剂高锰酸钾。

d. 有机合成农药应限量使用，包括有机合成杀虫剂、杀菌剂、除草剂等。

② 禁止使用的农药。对剧毒、高毒、高残留或致癌、致畸、致突变的农药严禁使用。如无机砷杀虫剂、无机砷杀菌剂、有机汞杀菌剂、有机氯杀虫剂、DDT、林母、艾氏剂、狄氏剂等。有机磷杀虫剂如甲拌磷、乙拌磷、对硫磷、氧化乐果、磷胺等。马拉硫磷在蔬菜上也不能使用。取代磷类杀虫杀菌剂如五氯硝基苯。有机合成植物生长调节剂，化学除草剂，如除草醚、草枯醚等各类化学除草剂。

表 6-3　生产 A 级绿色食品蔬菜允许使用的农药及使用方法

类　型	农药名称	剂　型	常用药量（g/次·667m² 或 mL/次·稀释倍数）	方法	最后一次用药距采收间隔时间/d
有机磷农药	敌敌畏	80%乳油	100mL/1000 倍	喷雾	7
	敌百虫	90%乳油	50g/800 倍	喷雾	8
	乐果	40%乳油	50g/1000 倍	喷雾	15
	杀螟硫磷	50%乳油	1000mL/600 倍	喷雾	15
	乙酰甲胺磷	40%乳油	125mL/1000 倍	喷雾	9
	伏杀硫磷	35%乳油	130mL/500 倍	喷雾	7
	辛硫磷	50%乳油	50mL/1500 倍	喷雾	7
	三唑磷	20%乳油	100mL/1000 倍	喷雾	7
	喹硫磷	25%乳油	100mL/800 倍	喷雾	7
	毒死蜱	40.7%乳油	50mL/750 倍	喷雾	7
拟除虫菊酯类	溴氰菊酯	2.5%乳油	20mL/2500 倍	喷雾	15
	联苯菊酯	10%乳油	5mL/2000 倍	喷雾	15
	醚菊酯	10%乳油	1000 倍	喷雾	15
	氯氰菊酯	10%乳油	25mL/2000 倍	喷雾	15
	氰戊菊酯	20%乳油	20mL/3000 倍	喷雾	15
氨基甲酸酯类	抗蚜威	50%可湿性粉剂	25 克/3000 倍	喷雾	7
苯甲酰脲类杀虫剂	定虫隆（拟太保）	50%乳油	50mL/2000 倍	喷雾	20
	农梦特	50%乳油	50mL/2000 倍	喷雾	20
	灭幼脲	25%悬浮剂	50mL/2000 倍	喷雾	20
	除虫脲	25%悬浮剂	15mL/2000 倍	喷雾	25
其他杀虫剂	吡虫啉	10%可湿性粉剂	15～20mL/3000 倍	喷雾	20
	锐进特	25%悬浮剂	2500 倍	喷雾	10
	抑食肼	25%悬浮剂	600 倍	喷雾	10
	增效氰马	21%乳油	3000 倍	喷雾	15
	辛氰混剂	50%乳油	3000 倍	喷雾	15
杀螨剂	克螨特	73%乳油	2500 倍	喷雾	30
	双甲脒	20%乳油	1000 倍	喷雾	30
	速螨酮	20%可湿性粉剂	3000～4000 倍	喷雾	60
		15%可湿性粉剂	2500～3000 倍		60
	噻螨酮（尼索朗）	15%乳油	1500 倍	喷雾	30
	浏阳霉素	10%乳油	1500 倍	喷雾	15
杀线虫剂	二氯异丙醚	80%乳油	1500 倍	灌根	
保护性杀菌剂	代森锰锌	70%可湿性粉剂	125g/800 倍	喷雾	
	扑海因	50%可湿性粉剂	1500 倍	喷雾	10
	百菌清	75%可湿性粉剂	100g/600 倍	喷雾	10
	乙烯菌核利	50%可湿性粉剂	1500 倍	喷雾	20
治疗性杀菌剂	普力克	72.2 水溶性	500 倍	喷雾	10
	三唑酮	20%乳油	1000 倍	喷雾	15
	多菌灵	50%可湿性粉剂	800 倍	喷雾	10
	甲基托布津	70%可湿性粉剂	800 倍	喷雾	15
	甲霜灵	25%可湿性粉剂	800 倍	喷雾	10
其他杀菌剂	多硫悬乳剂	40%乳剂	500～700 倍	喷雾	7
	松脂酸酮	12%乳油	800～1000 倍	喷雾	
	苯噻氰（倍生）	20%乳油		浸种	
		30%乳油		喷雾	
		30%乳油		灌根	
	敌克松	95%可湿性粉剂		撒施	

4. 合理的施肥、灌溉技术

(1) 增施有机肥，控制化肥　在绿色食品蔬菜生产中，要增施有机肥，控制化肥，特别是氮肥的使用量，化肥应与有机肥配合使用，化肥应该深施。叶菜类在收获前10～15d停止追肥，特别是氮肥。有机肥应进行无公害处理，必须经充分堆制、沤制的腐熟有机肥才可使用；要根据有机肥的特性进行施肥，如堆肥、厩肥适用各种土壤和作物，而秸秆类肥料一般碳氮比较高，在秸秆还田时必须同时使用适量高氮的肥料如尿素、人畜粪等，以降低碳氮比，加速腐熟。

(2) 要根据作物的生长规律施肥　如叶菜类全生育期需氮较多，生长盛期需适量磷肥、钾肥；果菜类在幼苗期需氮较多，而进入生殖生长期则需磷较多而氮的吸收量略减。要根据绿色食品蔬菜生产的特点，结合土壤肥力状况进行施肥。增施有机肥、运用合理的土壤耕作措施等可以改善土壤的水、肥、气、热状况，提高土壤肥力，从而促进蔬菜生产发育，提高产量，改善品质，对发展绿色食品蔬菜具有重要作用。应按标准合理选择追肥种类。如叶菜栽培，采用有机肥与生物复合肥为底肥，不用氮素化肥，及时播种与间苗，生长期间不用尿素等氮素化肥追肥，防止亚硝酸盐等有害物质增加。

(3) 追肥、灌水应注意防止污染，加强农田水利设施建设　良好的水利设施能提高蔬菜作物抗灾能力，做到旱能灌、涝能排。能调节田间小气候，减少病虫害的发生和危害。

绿色食品生产中使用的有机肥料应符合《绿色食品　肥料使用准则》中的有关内容。除秸秆还田外，其他多数有机肥应做无害化处理和腐熟后施用。化肥在施用中应注意，尿素及其他含磷、铵、过磷酸钙的化肥可以使用；提倡以生物钾和草木灰代替化学钾肥；微量元素肥料可以控制施用。施用化肥必须在蔬菜作物收获30d以前进行，提倡测土配方施肥，深施、分层施肥、根外追肥等。

5. 科学而严格的管理

绿色食品蔬菜生产必须有一套科学而严格的管理制度，以确保每个环节都按照制订的技术规程来操作。要建立以单位或基地负责人为首的，由技术负责人、质量检验员、田间档案记录员等参加的生产质量检查工作班子，并有明确的分工，做到职责明确，分头把关，对绿色食品蔬菜生产过程进行严格管理，全程控制，这是绿色食品生产中的关键。在绿色食品蔬菜生产中，加强田间管理是减少施用农药和化肥的基本措施。田间管理主要包括及时清理田园、加强土壤操作、加强肥水管理、合理密植、植株调整等。保护地环境综合调控与生态防治可选择无滴抗老化棚膜遮阴网、不织布调节光照、温度、湿度，提高蔬菜抗性。反光地膜驱蚜虫、黄板诱杀蚜虫、减少病毒病发生。棚室应采取四段变温管理与生态防治，用生物防治技术创造有利蔬菜生长而不利于病害发生的条件，严格控制化学防治。

第二节　绿色食品畜禽生产与水产品生产

一、绿色食品畜禽生产基本原则

1. 改善养殖场生态环境

严格执行《绿色食品　动物卫生准则》，防治动物疾病，保证动物健康和动物环境卫生，以及保证动物及其产品对人体无害。

2. 选择适应当地自然环境条件的优良畜禽品种。例如，在内蒙古开发饲养绿色食品奶牛，就要选择抗寒、放牧型品种。我国有许多优良的地方品种，如淮南黑猪、麻黄鸡、秦川牛等，具有抗病并消化青饲料能力强等优点。充分利用这些抗逆性强的遗传基因，可防治疾病，减少使用药物的机会。

3. 加强饲养管理，按照饲养标准配制配合饲料，做到营养全面，各营养素间相互平衡

所使用的饲料和饲料添加剂等生产资料必须符合饲料卫生标准、饲料标签标准、各种饲料原料标准、饲料产品标准和饲料添加剂标准的有关规定。所用饲料添加剂和添加剂预混饲料必须来源于有生产许可证的企业，并且具有企业、行业或国家标准，产品批准文号，进口饲料和饲料添加剂产品登记证及配套的质量检验手段。

4. 采取各种措施以减少应激，增强动物自身的抗病力

应严格按照《中华人民共和国动物防疫法》的规定防止畜禽发病和死亡，力争不用或少用药物。畜禽疾病以预防为主，建立严格的生物安全体系。必要时进行预防、治疗和诊断疾病所用的兽药必须遵循《绿色食品兽药使用准则》的规定。

5. 保持畜群、禽群健康

畜群、禽群不得有下列疫病。

(1) 任何畜群或动物个体都不得患有的疾病　a. 多种动物共患病。口蹄疫、结核病、布氏杆菌病、炭疽病、狂犬病、钩端螺旋体病。b. 不同种属动物分别不得患有的疾病。猪：猪瘟、猪水泡病、非洲猪瘟、猪丹毒、猪囊尾蚴病、旋毛虫病；牛：牛瘟、牛传染性胸膜肺炎、牛海绵状脑病、日本血吸虫病；羊：绵羊痘和山羊痘、小反刍兽疫、痒病、蓝舌病；马属动物：非洲马瘟、马传染性贫血、马鼻疽、马流行性淋巴管炎；兔：兔出血病、野兔热、兔黏液瘤病。

(2) 任何禽群都不得患有的疾病　鸡新城疫、高致病性禽流感、鸭瘟、小鹅瘟、禽衣原体病；动物离开饲养地前，必须按 GB 16549《畜禽产地检疫规范》的要求实施产地检疫。

6. 屠宰、加工过程中的动物卫生条件

屠宰、加工企业必须符合《家畜屠宰、加工企业兽医卫生规范》和《鲜家禽肉生产卫生规范》规定的卫生要求；动物屠宰的兽医卫生管理必须按照《家畜屠宰、加工企业兽医卫生规范》和《鲜家禽肉生产卫生规范》的要求实施。

7. 绿色食品畜禽产品标准

动物产品必须符合《猪肉卫生标准》(GB 2707)、《牛肉、羊肉、兔肉卫生标准》(GB 2708)、《鲜（冻）禽肉卫生标准》(GB 2710)，并不得检出以下病原体：大肠杆菌 0157、李氏杆菌、布氏杆菌、肉毒梭菌、炭疽杆菌、囊虫、结核分枝杆菌、旋毛虫；动物产品农药、兽药残留量必须符合《绿色食品　农药使用准则》和《绿色食品　兽药使用准则》的要求；动物产品重金属残留量必须符合国家食品卫生标准。

8. 贮藏卫生条件

动物屠宰后的预冷、冷冻、冷藏必须符合《家畜屠宰、加工企业兽医卫生规范》和《鲜家禽肉生产卫生规范》的要求；动物产品贮藏场所必须符合《家畜屠宰、加工企业兽医卫生规范》和《鲜家禽肉生产卫生规范》的要求。

9. 运输卫生条件

运输动物及动物产品的工具在运输前后必须实施消毒；运输动物及动物产品必须具有检疫证明，运输工具必须具有消毒证明；动物鲜肉的运输必须符合《家畜屠宰、加工企业兽医卫生规范》和《鲜家禽肉生产卫生规范》的要求。

二、绿色食品畜禽生产技术措施

畜牧业的生产规程系指畜禽选种、饲养、防治疫病等环节的具体操作规定。其主要内容是：选择饲养适应当地生长条件的抗逆性强的优良品种；主要饲料原料应来源于无公害区域

的草场、农区、绿色食品种植基地和绿色食品加工产品的副产品；饲料添加剂的使用必须符合《绿色食品　饲料添加剂使用准则》，畜禽房舍消毒用药及畜禽疾病防治用药必须符合《绿色食品　兽药使用准则》；采用生态防病及其他无公害技术。

1. 选择优良生态环境

产地环境质量对生产绿色畜禽有直接的影响，产地污染因素通过对原料的影响进而对产品有“富集”的作用。产地环境质量监测是对产地的大气、水质和土壤的污染程度作综合的评定。建场区应选择在空气清新、水质纯洁、土壤未被污染的良好生态环境地区，具体地讲，饲养畜禽的场区所在位置的大气、水质、土壤中有害物质应低于国家允许的量。因此，选择生态环境质量达标的畜禽产地，用综合污染指数来表示，要求绿色畜禽产品产地三项综合污染指数均不得大于1，同时还必须提供良好的自然资源和社会化服务体系。

2. 保证饲料原料质量

（1）保证饲草饲料的质量　饲草饲料是发展畜牧业的物质基础。因此，必须优先建立绿色饲草饲料原料基地，要在保护好现有草原的同时，开发饲草饲料基地。要选择好畜禽适宜的饲草饲料品种，保证充足的饲草饲料供应，加强饲草饲料原料基地的管理，对饲料的施肥、灌溉、病虫害防治、贮存必须符合绿色食品生态环境标准，实行土地集中连片种植，统一田间管理，采用生物防虫技术，长期稳定地保证高质量的饲草饲料原料的供应，确保原料质量。饲料原料除要达到感官标准和常规的检验标准外，其内的农药及铅、汞、铜、钼、氟等有毒元素和包括工业“三废”污染在内的残留量也要控制在允许的范围内。要不含国家明令禁止的添加剂，如安眠酮、雌激素、瘦肉精等，为成品的绿色饲料提供保证。

（2）保证饲草饲料的加工利用，研制和生产绿色畜禽配合饲料，是生产绿色畜禽的前提　在生产中要合理利用牧草，科学调制青贮料和干草，配制绿色畜禽饲料。绿色畜禽饲料就是纯天然、无污染、无毒害、无副作用的饲料。因此要根据不同的畜禽种类和不同的生产阶段，科学合理地配制畜禽饲料。

要提高原料的品质，使用高质量的饲料原料，筛选优化饲料配方，保证营养需要，应用理想蛋白质，添加必需的限制性氨基酸。原料膨化可提高消化利用率，精确加工，生产优质的颗粒饲料。要广泛筛选有促生长和提高成活又无毒副作用的生物活性物质，生产核心饲料添加剂。应用多种酶制剂，提高饲料的利用率，同时也减小排泄污染；提高全程料肉比，克服因不使用激素类生长剂、镇定类安眠剂、抗生素添加剂和某些高浓度重金属而导致的绿色减产，使饲喂绿色饲料接近喂普通饲料。如生猪的饲料可以按下列比例配制：绿色玉米，60%～65%；绿色豆饼，15%～20%；绿色膨化米糠，4%～6%；绿色小麦麸，4%～6%；磷酸氢钙，1.2%；石粉，1.2%；食盐，0.5%；氯化胆碱，0.07%；核心饲料添加剂，1%～3%。其中，绿色原料成分占97.3%。绿色核心饲料添加剂成分为糖萜素、中草药添加剂、维生素添加剂、微量元素添加剂、限制性氨基酸和酶制剂等。

要严格执行国家有关饲料、兽药管理的规定，严禁在饲料中使用国家明令禁止、国际卫生组织禁止使用的任何药物，可遵循有效、限量、降低成本的原则，科学合理地选用绿色环保、无公害的饲料添加剂。例如，甜菜碱、蛋氨酸部分替代无机物；氨基酸螯合物替代常量矿物质；益生素与低聚寡糖类的协同作用替代抗生素等。在畜禽养殖中应用饲用酶制剂既能提高饲料的消化率和利用率，提高畜禽的生产性能，又能减少畜禽排泄物中的氮、磷的排泄量，保护水体和土壤免受污染，因而饲用酶制剂作为一类高效、无毒副作用和环保型的绿色饲料添加剂，在21世纪将有着十分广阔的发展前景。在绿色饲料已形成商品化系列饲料时，应在技术人员的帮助下，正确选择绿色饲料品种，直接购进已经获得绿色食品证书的配合饲料，加快绿色畜禽生产进程。

3. 保证畜禽用水质量

除保证水源质量外，还要对畜禽的饮用水定期进行检测，主要控制铅、砷、氟、铬等重金属及致病性微生物等指标，从而保证畜禽用水的安全质量，对牲畜提倡使用乳头饮水器饮水。

4. 加强畜禽养殖管理

畜禽的饲养管理是绿色畜禽生产的重要环节，因此要采取以下主要措施，提高畜禽及产品质量。

① 选择优良畜禽品种。为保证需求产品的质量，要选用优良的畜禽品种，饲养商品杂交畜禽，不断改进畜肉品质，推广先进的改良技术，搞好畜禽品种繁育，以满足绿色食品安全而且优质的要求。

② 坚持自繁自养。尽可能地避免疫病传入，采取全进全出的饲养模式。

③ 绿色畜禽的饲养是以围绕绿色饲料正确使用为核心的技术，采用限量的采食方式，视具体情况每日饲喂3～4次，防止畜禽过分采食引起下痢。每天都要保证畜禽充足饮水。绿色饲料的保存要做到防潮、防霉、防鼠、防污染。

④ 采用阶段饲喂法，掌握不同阶段的饲养管理技术，每一种类饲料都可分为仔畜料、中畜料和大畜料，应根据牲畜日龄的变化，及时更换不同阶段的饲料。

⑤ 以粪便无害化处理为中心的环境控制技术。饲养户每天必须清理环境卫生，每户必须建适合饲养规模的防渗的贮粪池，每千克粪、尿大约加2～5g漂白粉后，贮于地中，待腐熟后送到田里。

5. 加强畜禽疫病防治

畜禽的疫病防治是养好绿色畜禽的关键环节。因此，必须采取综合措施，保证畜禽的健康安全。

① 必须正视现有的畜病，了解本地畜病发生的规律，建立完善的疫病防治体系。疫病防治体系由农户、签约兽医、企业技术部兽医技术人员、乡镇畜牧站兽医和县检疫部门组成。

② 贯彻综合性防疫措施，坚持以防为主，认真做好卫生防疫、定期消毒和疫苗免疫。综合性防疫措施的核心是疫苗免疫，建立适合本地区的疫苗免疫制度和疫苗免疫程序，并认真执行。在生产中决不能漏掉一户一畜，定期检测几种重要疫病的抗体变化，以预报某种疫病的发生和指导疫苗的使用。

③ 定期进行舍内外环境和用具消毒。选择高效低毒的消毒剂，每周对圈舍环境消毒1次，用具消毒2次。对产仔的母畜和产房更要注意消毒。

④ 对于发病的畜禽，首先执行绿色治疗方案，首选绿色食品生产资料的兽药和中成药，其次慎用抗生素治疗。如果绿色治疗效果不好，为了保护农户的利益可以改为普通治疗，但康复后出栏的畜禽，只能做普通畜禽回收处理。

6. 保证畜禽屠宰加工规范

要保证畜禽屠宰加工、检疫、检验必须符合绿色食品的质量和卫生标准。主要体现在以下几个方面。

① 宰前进行检疫，严格剔除病害畜禽。

② 定期对畜禽产品进行药物残留、重金属、致病性微生物检测，实行安全指标检验。

③ 应尽可能使用单独生产线，暂时不具备条件的必须采取分批屠宰方式，确保不发生

交叉感染。

④ 按市场要求进行严格分级、清洗、消毒、包装，防止宰后污染。

⑤ 严格对宰后畜禽产品检疫、检测，杜绝有毒有害畜产品上市，进行商标注册，标牌销售，保护生产者和消费者的共同利益。

⑥ 对绿色畜禽产品依法实行标志管理。绿色畜禽产品外包装必须符合国家食品标签通用标准，符合绿色食品特定的包装和标签规定，外包装宜用纸箱，采取箱内分隔和用可降解泡沫塑料盒、袋进行内包装。

7. 保证产品贮运、销售安全

要保证畜禽产品贮运、销售环节也必须符合绿色食品卫生标准。主要应注意以下几方面问题。

① 畜产品贮藏期间，宜采用机械物理方法如冷风库、地窖等方法贮藏，或选用无毒无害的天然制剂保证畜产品品质。

② 运输过程中牢固安装并控制温、湿度，搞好低温保鲜等措施，加强卫生控制，使用消毒防腐剂时，避免使用毒性大的化学药剂、防腐剂、杀虫剂、保鲜剂等，防止在运输过程中使畜禽产品变质、污染和互相混杂，有条件的最好进行辐射处理，尽量减少化学物质在保鲜、防腐过程中的使用，做到安全贮运。

③ 搞好绿色畜禽产品的销售环境卫生，配备必要卫生设施，如灭蝇设施、紫外线消毒灯和冷藏设备等。

④ 搞好加工设备的卫生管理与控制，如加工台采用不锈钢材料，加工刀具要清洗消毒等。

三、绿色食品水产品生产技术规范

1. 养殖设施

① 池塘池形以长方形为好，长与宽以 2∶1 或 5∶3 为宜。池子方向一般以南北方为好，即可使池塘梗受到风浪冲击的面积减少，同时池水受风面积增大，有利于池水增氧。池底应平坦，略向排水方向倾斜，高差 10～20cm。池塘坡度以 1∶2.5 或 1∶3 为好。沙土或沙壤土应土质松软，可适当加大坡度，以减少塘梗倒塌的可能性。

② 池塘的进水系统、排水系统要完善，通常采用沟渠。进水口和出水口应尽量远离。各个池塘的进水沟渠、排水沟渠要独立设置。不得从相邻池塘进水或将水排入相邻池塘。

③ 池塘应具备防漏、防逃、过滤等措施。

④ 如能配备蓄水池就更理想。

2. 苗种质量

养殖水产品的苗种、亲本（或后备亲本）必须体格健壮，无疫病。常规养殖的苗种质量的鉴定与识别可参照各种鱼苗、鱼种的国家质量标准。

3. 养殖水产品的引进准则

养殖水产品的引进包括亲本的引进和养殖用鱼苗的引进；引进包括国内各地区之间的流动及境外品种的引入。从境内外引进用以养殖的水产品，都必须得到市级水产行政部门的批准，并经过市级水产良种审定委员会的调查及备案后方可进行。引入后的鱼苗，必须先在封闭的环境下暂养一个月以上，该期间必须随时接受有关部门对引入的鱼种进行健康状况及生长情况的检测及调查。经确认许可后方可开放养殖。引进的鱼种必须具有不污染和不破坏生态环境等特性。凡擅自违规引进及由此发生疫情传播和破坏生态环境者，除令其赔偿直接经济损失外，还应根据其情节轻重，由执法机关追究刑事责任。

4. 饲料使用准则

（1）饲料质量　无论使用单一饲料或配合饲料，其质量均应符合国家规定的饲料卫生标准。不得使用霉变、受农药或其他有害物质、污染或变质的饲料。

（2）饲料添加剂　在饲料中添加的矿物质、维生素和油脂，其质量应符合国家规定。添加量应符合行业或地方标准规定的值或标准中推荐的值。为防治疾病、促进生长而选用抗生素类及其他药物作为饲料添加剂者，其原药质量应符合国家标准，不得选用国家规定禁止使用的药物见表 6-4。饲料生产企业所选用的饲料药物添加剂，必须是已取得批准文号的正式产品，其品种参照农业部公布的目录。

表 6-4　国家规定禁止使用的药物

第一类	影响生殖的激素（性激素、促进腺激素及同化激素）
第二类	具有雌激素样作用的物质（如玉米赤霉醇等）
第三类	催眠镇静剂（如安定、安眠酮等）
第四类	肾上腺类药（如异丙肾上腺素、多巴胺、β 肾上腺类激动剂等）

5. 肥料使用准则

① 养殖水体施用肥料是补充水体无机营养盐类，提高水体生产力的重要技术手段，但施用不当（指过量）又会造成水体的水质恶化并污染环境，造成天然水体的富营养化。施肥主要用于池塘养殖，针对的养殖对象主要为鲢鱼、鳙鱼、鲤鱼、鲫鱼、罗非鱼、贝类等。

② 肥料的种类包括有机肥和无机肥。允许使用的肥料可参照 DB 31/253.1—2000 安全卫生优质水产品养殖操作技术规程之规定。

6. 渔药使用准则

① 渔药的使用必须严格按照国务院、农业部有关规定，严禁使用未经取得生产许可证、批准文号、产品执行标准号的渔药。应推广使用高效、低毒、低残留渔药，提倡生态综合防治和使用生物制品进行防治。

② 为了规范水产养殖用药，建议使用农业部渔业局发布的常用渔药品种。渔药推荐目录及使用方法见表 6-5，环境改良与消毒药见表 6-6。

表 6-5　渔药推荐目录及使用方法

名　称	主要用途	主要用法	停药期/d	备　注
四环素	防治鱼类肠类、赤皮和烂鳃等细菌性疾病以及鳗鲡爱德华氏菌病、赤鳍病、红点病等	口服 75～100mg，连用 10～14d	鱼 3d；幼白虾 3～10d，25℃，随给药量不同而变，鳗鲡 60－90d，随温度不同而不同	Al^{3+}、Mg^{2+} 离子影响吸收；勿与青霉素混合用
土霉素	防治鱼类肠炎、赤皮和烂鳃等细菌性疾病以及鳗鲡爱德华氏菌病、赤鳍病、红点病等。此外对鳗鲡烂鳃病、虾弧菌病亦有一定效果	口服 5～75mg，浸浴 25mg/L	鳗鲡 7d；虾虹鳟同四环素	
金霉素	防治鱼类白皮病、白头白嘴病、打印病、弧菌病、鳗赤鳍病等	口服 10～20mg，连用 3～5d；浸浴 10～20mg/L，0.5～1h	鱼 3d；幼白虾 3～10d，25℃，随给药量不同而变，虹鳟 60～90d，随温度不同而不同	勿与碱性及含钙、镁、铝、铁、铋的药物及含钙量高的饲料混用

续表

名称	主要用途	主要用法	停药期/d	备注
甲砜霉素	治疗类结节症等	口服 20mg，连用5d	3d	并可克服再生障碍性贫血
恶喹酸	对疥疮病、弧菌病、类结节症以及鳗赤鳍病、红点病有较好防治效果	口服 5～30mg，连用5～7d	2d	
磺胺甲基异噁唑	防治由嗜水气单胞菌、爱德华氏菌引起的水产动物疾病	口服 100～200mg，连用5～7d	2d	该药为中效磺胺TMP与之合用可提高药效。但不能与酸性药物(如维生素C)同时使用
甲氧苄氧嘧啶	对磺胺类药物与多种抗生素具增效作用	与磺胺类药物以1∶5配伍，口服 5～10mg	3d	该药单独使用极易使细菌产生抗药性；该药与四环素庆大霉素合用有明显增效作用
呋喃唑酮	防治鱼类肠炎、烂鳃病、赤皮病、打印病、爱德华氏菌病等细菌性疾病。此外对鳗鲡烂鳃病、虾弧菌病亦有一定效果	口服 10～60mg，连续用3～7d；遍洒 5～7mg/L	20d（虹鳟按 mg/r 给药）	长期、高剂量使用有“三致”作用；该药外用时与福尔马林合用可起到助溶与增强疗效的作用，比例为1∶1
聚维酮碘	抗病毒制剂，此外对大部分细菌、真菌以及艾美虫、嗜子宫线虫等有不同程度的驱虫作用	浸浴 30～50mg/L，15～20min(稚幼鱼)或含有效碘1%溶液 1～2h(鱼卵)；口服 240mg(碘片)或0.6mL(4%碘艾美虫或球虫)		该药对胃肠道黏膜有毒性
硫酸铜	杀灭寄生原虫及水体中蓝藻与丝状绿藻类	遍洒 0.7mg/L，浸浴 8mg/L，15～30min		该药药效与水温呈正比。与水中有机物含量、溶氧、盐度、pH呈反比；该药常与硫酸亚铁合用，比例为5∶2
硫酸亚铁	作为辅药与硫酸铜、敌百虫合用	遍洒 0.2～0.5mg/L，口服 0.2～0.5g，		需密封保存，避免氧化；不宜与碳酸氢钠、磷酸盐及含鞣质的药物混用
硫酸锌	治疗由固着类纤毛虫所引起的鱼病，此外尚有收敛与抗菌作用	遍洒 0.2mg/L；浸浴 200mg/L，1h		
敌百虫	用于防治吸虫、蠕虫及甲壳类引起的鱼病，此外还可杀灭剑水蚤、水蜈蚣等	遍洒 0.3mg/L，口服 0.2～0.5g，连用6d(驱线虫)；或添饲料 10%添加(驱绦虫)连续 3～6d	5d(鲤)	该药除可与碱合用外(比例为1∶0.6)，不能与其他碱性物质配伍
硫双二氯酚	驱除寄生于鱼鳃或体表的吸虫及体内绦虫	口服 2～3g，(驱绦虫用 5g)，连续 2～5d		

表 6-6 环境改良与消毒药

名 称	主要用途	主要用法	备 注
甲醛	杀灭病毒、细菌、真菌、寄生虫	遍洒 20～30mg/L（鳗），15～20mg/L（罗非鱼）；浸浴 166mg/L，60min	使用该药应在水温 18℃以上；长期大量使用会导致水质变坏，影响养殖动物的摄食
氯化钠	作为消毒药，有杀菌与杀虫的作用	遍洒一般 400mg/L。浸浴 1%～3%，5～20min（淡水鱼）；3%～10%，3～5min（蟹）；10%，10～20min（蛙）	不同的养殖动物对该药的耐受力有较大的区别，使用时要注意浓度
三氯异氰尿素	杀菌、消毒，对芽孢、病毒、真菌孢子等有较强的杀灭作用；此外还有灭藻、除臭与净化水质的作用	遍洒 0.3～0.5mg/L	该药不能与酸、碱类药物同时使用
二氧化氯	主要用于鱼池水体消毒，可杀死细菌、芽孢、病毒、原虫及藻类	遍洒 0.2～2.0mg/L	膏药需与活化剂（酸类）作用后使用；遍洒时应贴水面泼洒
高锰酸钾	杀菌、消毒、防腐、除臭，此外还有杀虫作用	遍洒 2～3mg/L；浸浴 20mg/L，15～20min	该药药效与水温及池水有机物含量密切相关
乙二胺四乙酸二钠	改良水质，预防重金属污染	遍洒 5～10mg/L	
过氧化钙	改良环境，消毒、杀菌、抑藻	遍洒 15～20mg/L	忌与酸、碱混合使用
生石灰	改良环境，消毒	清塘 75～400mg/L；遍洒 15～20mg/L（蟹），25～30mg/L（鱼）	

7. 养殖技术规范

（1）养殖前的准备工作

① 池塘修整。鱼种放养前，清除过多的池底淤泥（池底淤泥厚度一般保持 10～20cm）。修整塌方和渗漏的池梗。

② 消毒除害。苗种放养前 10～75d，每公顷用生石灰 1125～1500kg 或含氯量 30%以上漂白粉 60～75kg，全池泼洒，清除不利于水产苗种的敌害生物、致病生物及携带病原的中间寄主。消毒药物还可选用其他含氯消毒剂、氧化剂，必须严格按使用说明应用。严禁使用残留期长，对人畜有毒害的药品。

（2）常规鱼养殖的放养模式 可参照《中国池塘养鱼技术规范 长江下游地区食用鱼饲养技术》（SC/T 1016.5—1995）。

（3）池塘常规培育鱼苗鱼种 可参照水产行业标准《池塘常规培育鱼苗、鱼种技术规范》（SC/T 1008—94）。

（4）饲养管理 饲养管理主要是做好水环境管理与投饲管理。

① 养殖过程中可通过采取各种措施（换水、开启增氧机、使用水质保护剂、使用有益细菌制剂等）控制池内各项水质指标符合渔业水质标准。

② 控制饲料使用量，以防水质恶化。使用鲜活饵料作病毒检测，无检测条件可熟化后投喂。具体管理措施亦可参照《中国池塘养鱼技术规范 长江下游地区食用鱼饲养技术》（SC/T 1016.5—1995）。

（5）鱼病防治及疫病管理 水生动物增养过程中对病虫害的防治必须坚持“全面预防，积极治疗”的方针，强调“防重于治，防治结合”的原则。鱼病防治工作主要从以下几个方面着手。

① 改善生态环境。设计和建筑养殖场时应符合防病要求，应综合考虑地质、水文、水质、气象、生物及社会条件等多方面因素。对已经建成的养殖场可采用理化（清淤泥、撒石灰、调 pH、加注新水或换水、开启增氧机、使用水质改良剂）和生物（光合细菌、动植物混养）等方法改善生态环境。

② 增强机体抗病力。可通过加强及改进饲养管理，采取人工免疫，培育抗病力强的新品种等手段来增强养殖对象的机体抗病力。

③ 控制和消灭病原体。通过彻底清塘、机体消毒、饲料消毒、工具消毒、食场消毒、疾病流行季节前的药物预防、消灭陆生终末寄生及带有病原体的陆生动物、消灭池中中间寄主等措施，控制和消灭病原体。

④ 建立检疫制度。强化疾病检测，建立隔离制度，切断传播途径，控制疫病发生。

（6）养殖污水的处理　养殖用水需经物理、生物、化学等方法处理后方可排放。绝不允许将养殖后的污水直接排放到河道，造成环境水域的污染。

① 物理处理法。物理处理法可用栅栏、筛网、沉淀、气浮、过滤、紫外线等方法。

② 生物处理法。好氧性生物处理（生物膜法、活性淤泥法）、厌氧性生物处理（消化池、化粪池）、水生生物脱氮处理（丝状藻类、水生维管素等）。

③ 化学处理法。中和法（调节 pH）、混凝法（去除悬浮物、胶体）、氧化还原法（空气法、氧气法、臭氧法等）。

（7）水产品活体运输及暂养注意事项

① 活体运输及暂养水质应符合渔业水质标准。

② 活体运输前必须停食 2d。鱼种还应进行拉网锻炼。

③ 运输用的载体材料应无毒无害。

④ 运载水体与养殖水体的温差不得超过 3℃。

⑤ 运输过程中严禁使用麻醉药物。

⑥ 活体暂养所用的场地、设备必须具备安全、无污染等条件。

⑦ 暂养水体应有增氧设备，可及时开启，以免缺氧造成死亡。

第三节　其他绿色食品的生产

一、绿色食品野生植物产品的生产

野生植物的绿色食品生产包括收获和采集的所有非栽培植物。我国地域辽阔，野生植物资源十分丰富，特别是野生蔬菜品种繁多，我国人民食用野菜已有悠久的历史，在《本草纲目》和《神农本草经》中都有记载。通常野菜具有无污染而极富营养的特点，含有人体所需的蛋白质、脂肪、糖类、胡萝卜素、钙、磷和多种微量元素，许多养分成分高于人工栽培的蔬菜。野菜还具有防病治病和保健作用。野生食果种类也相当丰富，据报道地球上食果植物约有 60 科 2800 种，其中只有约 300 种成为商品生产的果树。我国野生食果至少在 500 种以上，甚至达 1000 种左右。这些野生植物食品的特点是在其生长发育过程中没有人类的管理干预，而基本上是自然地生长，而所谓的生产就是人类的采集或收获过程。因此，一般人们对其环境安全性都有特殊的信任，通常都将其视为绿色食品。

然而，并非所有的野生植物都是绿色食品，因为随着人类文明的进步，对自然生态的影响范围和程度都是空前的，许多野生植物采集区虽然没有直接的人为干预和污染性工程项目的影响，但诸如森林病虫害防治时的飞机喷药和大气污染物扩散等因素的影响都可能对其生长环境造成污染，使其环境质量不能满足绿色食品生产基地的要求；或者由于经济利益的驱动，采集者对野生植物资源进行掠夺式的采集，导致生产能力下降，甚至导致物种丧失，从而使所谓的绿色食品生产成了对该生物物种的肃清，使生态系统遭受严重的破坏，与绿色生产的宗旨相违背。因此野生植物绿色食品的生产必须遵循一定的原则、满足一定的条件。

1. 野生植物采集的基本原则

野生绿色食品的采集生产必须遵循采集行为“应有利于维持和保护自然区域功能”的原则。即收获或收集产品时，应考虑生态系统的可持续性，不能引起生态系统的退化。根据这一原则和要求，在采集上应在以下方面进行质量控制。

(1) 野生植物应采自有明确土地边界的地区，而且这个地区应通过绿色食品检查人员的检查　地区的边界可以是另一种生物资源如另一种植物，也可以是另一种地貌或地形条件。采集地区在采集以前和采收过程中没有施用过化学合成物质的历史。采集区在采集之前的一段时间，比如说 3 年内应该没有受到任何禁用物质的污染。采集过程中，如施用过化学合成物质如农药，绿色食品的产品检测机构应该对产品残留物质进行分析，以确保产品不受污染。在交通流量大的路边或其他有污染源的地方必须有缓冲带，采集区所采集的野生植物才可作为绿色食品。产品采集或收集区域应与常规农田以及污染区域保持一定的距离，即有足够的缓冲区。

(2) 是野生植物必须是生长于可界定、能自我维系的、可持续的生产体系　收获或采集量不能对环境产生不利影响或对动植物物种产生威胁，不应超过该生态系统可持续的生产量，也不应危害到动植物物种的生存。

2. 野生植物采集的基地环境条件

同其他绿色食品产地的选择一样，野生植物绿色食品生产也要对产地生态环境进行现场调查研究。通过对采集基地及其周边环境质量现状的监测和污染源影响分析，对产地环境质量及其受到周围环境影响的程度等做出合理的判断。因此野生植物采集基地或区域应遵循如下原则。

① 采集区域应选择在空气清新、水质纯净、土壤未受污染、生态环境质量良好的地区。

② 应尽量避开繁华都市、工业区和交通要道。避免在有污染物扩散的区域采集。

③ 对可能受污染的地区必须进行严格的环境质量监测，确保采集产品没有被污染。

④ 采集区域应远离常规种植的农田，避免农药等化学物质的污染。

因此，野生植物绿色食品的采集区主要是边远山区以及受干扰程度低的地区，其生态环境相对良好，野生植物种类也比较丰富。受城市生活污染较轻或者未受到污染的城市郊区，农业生态环境现状较好，也可以作为绿色食品生产的基地。关键是产地要满足野生植物对大气、水和土壤等基本条件的要求。绿色食品野生植物产地的环境条件应符合以下的基本要求。

(1) 大气　绿色食品采集基地及基地周围不能有大气污染源，特别是上风向不能有大气污染性企业，比如化工厂、制药厂、水泥厂等排放有毒有害气体的企业，也不能有烟尘和粉尘污染，并要避免交通要道的尾气污染，保持足够的隔离缓冲区，并建立防护林、草、沟等保护带。同时，集约化管理的大片森林或农场的附近如果有飞机喷洒农药的情况，不应作为绿色采集产品的采集区。

(2) 对水的要求　绿色采集食品的生产用水主要是降水和溪流，由于没有专门的管理，基本没有来自生产过程的水污染，所以要求来水不能含有污染性和破坏性物质。绿色食品产地要选择在地表水、地下水水质清洁并没有污染的地区，远离可能对水体造成污染的工厂、矿山。

（3）对土壤的要求　除要求土壤没有污染和有毒有害物质背景值不超过绿色食品产地的土壤标准外，还要求土壤能够持续地维持采集产品的生产水平，即有完善的肥力自维持系统。此外，在选择绿色食品采集基地时，应充分考虑生产基地的生物多样性。基地的生物种类和品种是否丰富，对采集生产系统的稳定和可持续生产有重要意义。

（4）对隔离带的要求　绿色食品采集基地应注意建立与非绿色食品生产区的隔离带。隔离带应尽可能宽，以减少非绿色食品生产地块喷洒的化学农药和使用的化学肥料对绿色食品生产的影响。总之，绿色野生植物采集食品的生产过程即采集过程不能降低生态环境质量，要遵循生态学原理，采集强度不能超过产品的最大可持续产量。

3. 绿色食品野生植物的生产

（1）野菜的采集

野菜是靠自然生态系统生产的产品，在其生长发育过程中，除了某些影响基地环境条件的人为因素影响外，基本没有人为的管理和干预。只在野菜收获时表现出强烈的人为干预，然而，野菜的种类不同、生长时期不同、食用部位也不同，因此采集的时期、方法也不同。但对野菜的采集，除了采集区域的环境条件满足绿色食品基地环境质量标准外，还有以下几点共同的要求。

① 适时采集。每种野菜都有其最适食用时期，此时采集可保证质量好、数量多、商品价值高。如超过采集期，某些种类就如杂草，失去了食用价值。

② 采集植株粗壮、无病害的菜，要选择长势好、粗壮鲜嫩、无病害的植株采集，采集时要用手将根部掐下，为避免菜根因水分挥发而老化，可把采下来的菜根在地上擦一下，以促进茬口自身封闭。

③ 采集的菜要以筐盛装，不要挤压，以防野菜因摩擦而变色，筐满后再盖一层青草，以防日晒使菜失水萎蔫、老化变质。

④ 要求随采随入筐，不同种类的菜不要混在一起，要将同一种类的菜及时入筐。当日采的要当日加工，存放过久会使菜老化变质，品质下降。

⑤ 按规格采集，保证菜的质量，特别是加工出口菜应严格按照外贸出口的规格采集。

在采集野菜的过程中，在符合绿色食品基地要求和基本原则的情况下，采集野菜要切记采集过程中不能有禁用物质的污染，要掌握好野菜可食的部分和采集的强度。

（2）野果的采集　野生食果资源是指其果实或种子或其附属部分具有食用价值的自然野生的，未经人类规模栽培，未形成商品生产的一类植物资源。这些野生食果是园艺植物的基础，栽培果树虽然已脱离了野生状态，但其品质的改良、产量的提高、适应性和抗逆性的增强以及如矮化栽培和管理技术的应用，仍需要野生食果提供有用的遗传基因。野生食果资源不但能给人类提供别具风味的特色食品，而且是遗传性状极为丰富的基因库。

① 野生食果的采集生产首先要考虑的原则也是采集区域的环境条件必须满足绿色食品基地的要求。尽管野生食果生长在边远山区，生态环境优良，但是某些条件下也会受到人为的干扰和污染，某些山区虽然污染源不多，但由于其扩散条件差，污染物积累浓度可能会很高。野生食果供食用的仅仅是其果实或种子或果柄，供园艺用的也仅是为数不多的种子与苗木，而其他非食用部分往往利用不多。不少种类具有防风固沙、水土保持、抗污染、绿化、美化环境、保护和改造环境的良好的生态效果。过度的采集活动不仅可能使野生食果的生产能力降低，而且还可能引起区域生态的退化，甚至由于对某些生物食物资源的掠夺性采集导

致物种的消失。所以对野生食果树种的开发和驯化，使野生种变家种，建立原料供应栽培基地，以确保资源蕴藏量的资源保护和管理措施是必须予以考虑的。

② 野生食果的生产。自然界的野生食果资源非常丰富，多数野果是栽培果树的野生近亲种，与栽培果同样需经过采收、运输、贮藏及包装等过程。所以，绿色野果的生产，除生产基地符合绿色食品基地要求外，必须注意在采运和贮藏等过程中不得与有禁用物质的物品接触，避免任何可能的污染。并且各种野生食果的生态习性和产品特点不同，采集时也要根据对象和利用目的等特点，确定采集的时期和方法。另外还要注意采收时的天气情况，掌握适宜的采集时间，避免霉烂。

二、绿色食品食用菌的生产

食用菌优质安全生产是食用菌产业可持续发展的重要内容，有利于节约资源，保护环境，提高产品在国际市场的竞争力，提高出口贸易量和价格，增加菇农效益。绿色食品食用菌生产栽培管理要把握以下原则。①确保原材料的安全性，包括作为培养基质的木屑、棉籽壳、麸皮、作物秸秆、覆土材料及各种添加成分的安全性，杂菌污染后的原材料，污染的部分不可重新用于栽培，以防有害成分的积累。②所选择栽培场所的环境卫生和水质标准应符合绿色食品生产的环境、水质要求，直接喷洒在菇体上的用水要符合《生活饮用水卫生标准》。③病虫防治和生产、加工环境治理要贯彻以防为主的方针，决不允许向菇体直接喷洒农药。不得不使用药剂时，要选用低毒高效的生物试剂，且使用药剂的时间、剂量应遵循农药安全使用标准。空间消毒剂提倡使用紫外线消毒和75%的酒精消毒。具体措施要求有以下六条。

1. 栽培场周边环境选择

食用菌栽培场应选在远离可能造成污染的地方，周边环境符合食品卫生要求，对人体健康无危害，没有污染源和尘土。在城镇周边选择栽培场，更要注意远离人口密集的居民点和公路主干道，还要防止城市生活垃圾、有害废气、废水及过多的人群活动造成的污染。

2. 地貌的选择

食用菌栽培场的理想场所应选择在坐北朝南、地势开阔、水源干净、栽培资源丰富的地方，有利于空气的流通和好氧性食用菌的生长繁殖；作为绿色食品和有机食品栽培的环境，大气应符合国家《环境空气质量标准》中的一级标准，水质应符合《生活饮用水卫生标准》，对于采用覆土栽培的食用菌种类，如双孢蘑菇、草菇、姬松茸、平菇，除根据各自栽培需要有各自的土壤质量要求外，还需要符合国家标准《绿色食品　产地环境质量标准》中的土壤中各项污染物的指标控制要求。

3. 原材料的选择

现有人工栽培的食用菌均是腐生菌，采用农林下脚料为主原料配制成培养基进行栽培。选用无公害原料是防止食用菌产品污染的重要基础环节，对于以木屑为栽培主原料的，应事先进行原料安全性检测，若农药残留超标，可采用浸水、发酵等方法减少残留含量后使用；以粪草为栽培主原料的，受污染的机会较多，如农药残留、重金属镉等，应在栽培前对各种原料中相关成分进行必要的测试，选用危害成分含量低的原料为培养基质。在各种食用菌栽培时严格按配方用料，配方组成严格按NY 5099—2002《食用菌栽培基质安全技术要求》标准执行。

4. 原料加工及配制过程的控制

严格控制加工环境，不使原料在加工过程中受到有害物质的入侵，如在加工粉碎过程中要防止有害油污混入，防止含有芳香树种的木屑混入；培养基各成分应都是安全的原料，严格按培养基配方配制，不可随意加入自认为可增产的成分，如化肥、营养剂等，使用的工具及机械应是安全、卫生的用具。

5. 栽培品种和栽培模式的控制

目前可人工栽培的食用菌和药用菌近50种，还有近百种可驯化为人工栽培的种类。由于其菌丝生长的适宜温度、湿度、生长速度各有差异，对外界物质分解的速度和同化能力也各有区别，有的品种对某些金属具有较强的富聚能力，有的品种本身代谢中就有甲醛产生。若对某些成分有特殊要求的产品，应考虑食用菌各品种营养代谢的特性。平菇类较易富聚重金属，且各品种间这种富聚能力有差别。栽培模式与造成污染的相关性也不可忽视。对于覆土栽培的种类，应控制覆土材料的安全性，脱袋栽培模式在畦栽时也要注意畦上土壤的安全性和浸水时水质的安全性，不脱袋栽培应注意栽培环境和注水的水质安全性。

6. 栽培管理过程的控制

主要是指水质质量控制和采收用具的卫生，也包括采收人员卫生健康，特殊种类采收时应戴专用手套等。对直接喷在子实体上面的水质，一定要符合饮用水的标准，对于浸泡菌袋的水质至少要符合禽畜饮用水标准，对于采收用具应符合食品原料卫生要求。

7. 病虫防治

病虫防治和生产、加工环境治理要贯彻以防为主，决不允许向菇体喷洒农药，禁止使用标准规定以外的化学药品。食用菌病虫害及其竞争性杂菌的用药防治是食用菌产品农残超标的重要原因。所以，科学地制定食用菌病虫害及杂菌的防治方针尤为重要。食用菌病虫害及杂菌的防治一定要遵循“预防为主，综合防治”的方针。综合防治是以生态控制为主，科学地结合物理控制、生物控制和化学控制的防治方法，是确保食用菌生产及其产品免遭病、虫及其杂菌危害的战略措施。科学的防治方法是保证产品质量的最为有效的防范措施。

总之，在食用菌生产过程中，应从环境和生产各环节加以重视，严格执行《绿色食品　产地环境质量标准》和绿色食品香菇、平菇、双孢蘑菇、黑木耳等产品质量标准及《食用菌栽培基质安全技术要求》，使食用菌产品成为绿色食品。

三、绿色食品蜂产品的生产

蜂产品有些是食品，有些是界于食品和药品之间的保健品，具有明显的保健功能，深受广大消费者青睐。随着人们生活水平的不断提高，对蜂产品的质量要求也越来越高，生产无污染、安全、优质、营养的绿色蜂产品和有机蜂产品显得越来越重要。现将绿色蜂产品（原料）生产技术要点阐述如下。

绿色蜂产品的生产是从蜜蜂对植物的授粉作用来保护、改善生态环境入手，改变传统的生产方式，按照特定的标准进行生产，对产品实施全程质量控制，做到经济效益、社会效益和生态效益的协调统一。在绿色蜂产品的生产过程中，要严格控制农药残留、放射性物质、重金属、有害细菌等对产品的污染，将污染控制在危害人体健康的安全限度之内。

1. 养蜂场地的选择

养蜂场地（放蜂点半径5km范围内）环境条件必须符合中华人民共和国农业行业标准《绿色食品　产地环境质量标准》（NY/T 391—2000），选择在无污染和生态条件良好的地区，远离工矿区和公路、铁路干线，避开工业和城市污染源的影响；蜜粉源充足，且蜜粉源植物花期不使用有害农药或农药残效期已过；有无污染干净水源，养殖用水中各项污染物质浓度不超过标准要求。

生产蜂产品的场所要经常打扫，保持干净卫生，并按要求定期消毒。

2. 生产蜂产品的器具必须用无公害材料制作，避免污染蜂产品如摇蜜机应采用不锈钢等材料制作；蜂蜜桶、贮浆瓶、台基条、脱粉器等采用无毒害的塑料、竹、木等材料制作；贮存蜂产品的器具要符合食品卫生要求，贮存的库室要具备无公害条件和良好的保鲜条件。

3. 蜂群的巢脾要无公害

采用无污染的蜂蜡制作巢础；贮存过含禁用药物的蜂蜜巢脾应及时淘汰，不再用于生产蜂蜜等产品和化蜡制作巢础，缺脾要暂用的，应在残效期过后使用。

4. 加强饲养管理，防止病害发生

（1）饲养强群，无病先防，避免蜂群生产期生病

① 要有充足、优质的饲料，做好保温和降温防暑工作。

② 早春密集群势、喂酸饲料，加强蜜蜂营养，补饲时 50 群饲料中可加 250g 蜂王浆。

③ 适度生产。大流蜜期，隔一天取一次蜜，避免蜜蜂过度疲劳。

④ 保持蜂脾相称，实施饮水器喂水；

⑤ 定期更换老劣蜂王；

⑥ 经常淘汰老脾，一般巢脾使用 2 年就要更换。

（2）饲养抗病力较强的蜂种　一般生产场可饲养抗病、抗螨能力较强的杂种；有美洲幼虫腐臭病蜂场，饲养 K 蜂或 EAXK 蜂种。

（3）消毒蜂具和场所　蜂群生产过程中使用过的蜂具，特别是来自于病群的蜂具均应进行彻底消毒后再使用。可利用日光、灼烧、煮沸、洗涤、铲除等机械或物理方法消毒，也可采用升华硫、高锰酸钾、双氧水、新洁尔灭、生石灰等定期熏蒸、喷洒消毒蜂具、巢脾、仓库，环境用 5%～10%的漂白粉水溶液消毒。

（4）饲料处理　要留有足够越冬的蜂蜜和花粉；不用不明来历的蜂蜜和花粉喂蜜蜂，购买的饲料应确认无污染或进行消毒处理后再饲喂蜜蜂。

（5）隔离病原　个别蜂群发生病害时，应立即隔离，防止病害传播蔓延。对病蜂群应换箱换脾、迁往蜂群活动区范围以外隔离治疗，重病蜂群或重病脾考虑烧毁处理，并对与病群接触过的蜂具、巢脾、环境进行消毒。

5. 用药

① 应按照农业部 2002 年 9 月发布的《蜜蜂饲养兽药使用准则》（NY/T 5138—2002）中对蜂病防治用药所作的规定，执行使用的药物、剂量和休药期；但其中有关用于防治孢子虫病的甲硝唑是欧盟禁止使用的药物，应改用柠檬酸和醋酸。不准使用农业部 2002 年公布的《食品动物禁用的兽药及其他化合物清单》中的禁用药物防治蜂病。

② 在生产期前 45d 或生产期后进行药物治疗，蜂螨在越冬期前、后尽量治的彻底。

③ 给药方法提倡干喂，药物拌于花粉或白糖粉中饲喂蜜蜂。预防和治疗用药剂量有别，应按照药物使用说明，不超剂量，减少残留。

④ 对症下药。对欧洲幼虫病、美洲幼虫病等细菌性疾病可用土霉素等治疗；白垩病等真菌病，可用山梨酸和丙酸钠等治疗；囊状幼虫病等病毒病，可用盐酸金刚烷胺粉、酞丁胺粉等治疗；孢子虫等原虫病，可采取在饲料中添加柠檬酸（预防可用 5kg 水＋30～50mL 米醋喂蜜蜂）、饲喂优质花粉、做好保温、通风等防治。

蜂螨可用 3%～5%甲酸水溶液喷雾杀除或大蜂螨用挂氟胺氰菊酯条和氟氯苯氰菊酯条交替使用杀除，小蜂螨用升华硫熏蒸或沾脾方法杀除。

此外，绿色蜂产品（原料）生产应符合《绿色食品　农药使用准则》（NY/T 393—2000）、《绿色食品　饲料及饲料添加剂使用准则》（NY/T 471—2001），《绿色食品　兽药使用准则》

(NY/T 472—2001)、《绿色食品　包装通用准则》(NY/T 658—2002) 等的有关要求。实施从产前的环境监测开始，到蜂产品（原料）生产全过程的质量控制，使生产的蜂产品（原料）质量指标符合农业行业标准《绿色食品　蜂产品》的质量要求，满足国内外用户要求，使绿色食品蜂产品成为信用度越来越高的安全保健食品。

思考题

1. 怎样进行绿色食品种植业的生产？
2. 怎样进行绿色畜禽及水产品的生产？
3. 绿色果品生产时减轻农药使用的农业措施的重要性体现在哪些方面？
4. 绿色蔬菜生产规程是怎样进行的？
5. 绿色食品食用菌的生产技术有哪些？

第七章　绿色食品加工、包装、贮运

学习目标

1. 掌握绿色食品包装的功能、种类。
2. 掌握绿色食品包装技术要求。
3. 了解绿色食品产品的贮运原则和技术规范。

第一节　绿色食品加工的质量控制

一、绿色食品加工的原则

绿色食品是无污染、安全、优质、营养的食品，绿色食品的生产和消费融入了保护环境、崇尚自然，促进人类社会可持续发展的理念。启动绿色食品消费市场，形成绿色食品生产和消费潮流很有必要。发展绿色食品是我国融入世界经济全球化的必然选择。

我国加入世贸组织后，作为农业大国，理应把农业和绿色食品加工业作为国家的支柱产业之一。绿色食品产业不仅经济效益可观，而且符合中国国情，建设绿色食品基地，发展特色经济——生态农业和绿色食品加工业，必将产生难以估量的社会效益和经济效益。发展绿色食品产业是农业由传统的粗放经营方式向现代的绿色经营方式的转变，是发展现代农业的需要。

绿色食品的加工不同于普通食品的加工，它对原料和生产过程的要求更加严格，不仅要考虑产品本身，做到安全、优质、营养和无污染，还要兼顾环境影响，将加工过程对于环境造成的影响降到最低程度。因此，绿色食品的加工应遵循一定的原则。

1. 绿色食品加工应遵循可持续发展的原则，注意原料的综合利用

目前，生态环境退化、食物和能源短缺是整个人类所面临的共同问题。以食物资源为原料进行的绿色食品加工，必须坚持可持续发展的原则。同时，绿色食品的加工应本着节约能源、物质再利用、综合利用、反复循环再利用的原则，这样，既保护环境，又符合经济再生产的原则。以葡萄为例，葡萄可以酿造葡萄酒，剩余皮渣可以经过二次蒸馏生产白兰地，过滤出的葡萄籽可以榨油。这种生产利用过程，既减少了废物，又提高了经济效益，从而提高了经济价值和社会价值。

2. 绿色食品生产加工过程要保持无污染原则

食品加工过程是一个复杂的过程，从原材料到加工的成品各个环节中，都要严格控制污染源。原料的污染、不良的环境卫生状态、洗涤剂和添加剂的使用不当、生产人员操作失误等都会使最终产品污染。因此，对每一个加工环节和步骤都必须严格控制，防止食品在加工过程中造成的二次污染。

（1）原料来源　生产加工绿色食品的主要原料必须经过专门绿色食品认证组织的认证，如中国绿色食品发展中心或有机食品认证组织，辅料也应尽量使用已认证的产品。

（2）企业管理　绿色食品的加工企业要求有良好的卫生条件，建筑布局合理，地理位置

适宜，具有完善的供排系统，企业管理严格有序，保证生产免受外界污染，并且要经过认证人员的考察。

(3) 加工设备　绿色食品加工设备的制造应选择对人体无毒害的材料，尤其是与食品接触的部位必须对人体无害。另外，设备本身应清洁卫生，防止灰尘和油污等对食品造成污染。

(4) 生产工艺　绿色食品的生产必须采用合理的工艺，选择天然洗涤剂和食品添加剂，尽量选用先进的技术手段，减少洗涤剂和添加剂污染食品的机会，避免发生交叉污染。利用物理方法的同时，可以采用新开发的生物方法用于绿色食品的生产加工和贮藏，在改善食品风味，避免食品污染的同时，增加食品的营养。

(5) 贮藏和运输　绿色食品的贮藏在加工过程中具有重要地位，贮藏应使用安全的容器和贮藏方法，防止使用对人体有害的容器和贮藏方法，避免此过程中造成的产品污染。绿色食品的运输应严禁混装，要求无污染源和杂质，要保持运输后的品质。

(6) 生产人员　生产人员要求责任心强、素质好，必须具备生产绿色食品的知识和了解绿色食品的加工原则。生产人员要严格按规定操作，避免人为污染，保证食品的安全性。

3. 绿色食品加工应保持食品的天然营养性原则

绿色食品加工应尽可能保持食品的天然营养特性，使营养物质的损失降到最小程度，最大限度地保持食品天然的色、香、味及营养价值。同时可采用传统加工方法或当今先进的加工工艺和技术，使绿色食品达到自然、营养、优质的特点。

4. 绿色食品生产加工应遵循无环境污染与危害原则

绿色食品生产企业在加工过程中要保持清洁生产，在加工过程中产生的废气、废水、废渣等都需经无害化处理，对废物进行二次开发，使废物资源化，采用无废物生产先进工艺，以免对环境产生污染。

二、绿色食品加工的质量控制和技术要求

(一) 绿色食品加工的质量控制内容

良好的绿色食品加工的环境条件是绿色食品产品质量的有力保障，而企业良好的位置及合理的布局是构成绿色食品加工环境条件的基础。这就要求必须对绿色食品加工过程进行全程质量控制。

1. 绿色食品加工企业的厂址、车间和仓库的要求

(1) 厂址的选择　绿色食品企业在建造过程中，首要任务是防止环境对企业的污染。厂址的选择应满足食品生产的基本要求，具体要从以下几方面做起。

① 防止环境对企业的污染。企业应位于其他工厂或污染区全年主导风向的上风口，至少远离该污染源烟囱高度50倍以上；要选水源充足、交通方便，无有害气体、烟雾、灰尘、放射性物质或其他扩散性污染源的地区；要远离重工业区，必须在重工业区选址时，要根据污染范围设500～1000m防护带；要距畜牧场、医院、粪场、露天厕所等污染源500m以外；在居民区选址，25m内不得有排放尘、毒作业场所及暴露的垃圾堆、坑。

② 地势高。为防止地下水对建筑物墙基的浸泡和便于废水排放，厂址应处于地势较高，并具有一定坡度的地区。

③ 土质良好，便于绿化。良好的土质适于植物生长，便于绿化，绿化植物不仅可以美化环境，还可以吸收灰尘、分解污染物、减少噪声，形成防止污染的良好屏障，所以企业厂址应选择在土质良好、便于绿化的地方。

④ 水资源丰富、水质良好。食品加工企业需要大量生产用水，建厂必须考虑供水量及

水源、水质。使用自备水源的企业，需对地下水丰水期和枯水期的水量、水质进行全面的检验分析，用于绿色食品生产的容器、设备的洗涤用水，必须符合国家饮用水标准，证明能满足生产需要后才能定址。

⑤ 交通便利。为了方便食品原、辅料和食品产品的运输，加工企业应建在交通方便的地方，但为防止尘土飞扬造成污染，也要与公路有一定距离。

⑥ 防止企业加工生产对环境和居民污染。屠宰厂、禽类加工厂等单位一般远离居民区。因为一些食品企业排放的污水、污物可能带有致病菌或化学物质，污染居民区。其距离可根据企业性质、规模大小，按《工业企业设计卫生标准》的规定执行，最好在1km以上。其位置应位于居民区主导风向的下风口和饮用水源的下游，同时应具备“三废”净化处理装置。

(2) 车间和仓库　绿色食品企业厂内不得设置职工家属区，不得饲养家畜，不得有室外厕所；应有与产品种类、产量、质量要求相适应的，进行原料处理、加工、包装、贮存的场所及配套的辅助用房、化验室、锅炉房、容器洗消室、办公室和生活用房（食堂、更衣室、厕所等）。锅炉房建在车间的下风口，厂内各车间应根据加工工序要求，按原料、半成品、制成品的顺序，保持连续性，避免原料和成品、清洁食品与污染物交叉污染，合理布设，并达到相应的卫生标准。

2. 绿色食品加工企业的清洁生产与工厂的卫生管理要求

清洁生产是指既可满足人们的需要，又可合理使用自然资源和能源并保护环境的实用生产方法。其实质是一种物料和能耗最少的人类生产活动的规划和管理，将废物减量化、资源化和无害化或消灭于生产过程中。清洁生产是在产品生产过程和产品预期消费中，合理利用自然资源，把对人类和环境的危害减至最小，充分满足人们的需要，是实现社会效益、经济效益最大化的一种生产方式；也是将综合预防的环境策略持续地应用于生产过程和产品中，以便减少对人类和环境的风险性。

对生产过程而言，清洁生产要求节约原材料和能源，淘汰有毒原材料并在全部排放物和废物离开生产过程以前减少它的数量和毒性；对产品而言，清洁生产策略旨在减少产品在整个生产周期过程（包括从原料提炼到产品的最终处置）中对人类和环境的影响；对服务而言，清洁生产要求将环境因素纳入设计和所提供的服务中。清洁生产不包括末端治理技术，如空气污染控制、固体废弃物焚烧或填埋、废水处理，它可以通过应用专门技术、改进工艺技术等方法来实现。

绿色食品生产企业首先要达到清洁生产的要求，保证在获得最大经济效益的同时，使产品工艺、产品生产达到清洁化的无废工艺，以保证产品质量。为此应采取以下措施。

(1) 建立卫生规范　要求在工厂和车间配备经培训合格的专职卫生管理人员，按规定的权限和职责，监督全体工作人员对卫生规范的执行情况。并且工厂应根据本厂的实际情况及国家有关标准，制定卫生规范和实施细则，以便按规章严格管理。

(2) 仓库内、车间卫生　仓库内物品应堆放整齐，原料与成品，绿色食品与非绿色食品，在生产与贮存过程中，必须严格区分开来。墙壁、天花板、地面无尘埃、无蚊蝇、无蜘蛛孳生，干燥、通风。加工绿色食品的运输车、库房必须专用。

(3) 地面、墙壁处理　车间内地面需用耐水、耐腐蚀、耐热的水磨石等硬质材料铺设，地面要设有排水沟，要求有一定的倾斜度，以便于冲刷、消毒。为了便于卫生管理、清扫和消毒，天花板应使用沙石灰或水泥预制件材料构成，要求防腐蚀、防漏、防霉、无毒并便于维修保养。车间墙壁要被覆一层光滑、浅色、不渗水、不吸水的材料，离地面1.5～2m以下的部分要铺设瓷砖或其他材料的墙裙，上部用石灰水、无毒涂料或油漆涂刷，必须平整完好，生产车间四壁与屋顶交界处应呈弧形以防结垢和便于清洗；并设有防止鼠、蝇及其他害虫侵入、隐匿的设施。

(4) 卫生设施　为保证生产达到食物清洁卫生、无交叉污染的目标，绿色食品工厂必须具备一定的卫生设施。

① 通风换气设备。分设备通风与自然通风两种，必须保证足够的换气量，以驱除油烟、生产性废气及人体呼出的二氧化碳，保证空气新鲜。

② 防尘、防蝇、防鼠设备。食品必须在车间内制作，生产车间需装有纱窗、纱门，原料、成品必须加苫盖且有一定的包装，减少裸露时间。在货物频繁出入口可安排风幕或防蝇道，车间内外可设捕蝇笼或诱蝇剂等设备，车间门窗要严密。

③ 照明设备。分为人工照明与自然照明两种。人工照明要有足够照度，一般为50lx，检验操作台位置应达到300lx，照明灯要求有防护罩，防止玻璃破碎进入食品；自然照明要求采光门窗与地面的比例为1∶5。

④ 卫生缓冲车间。卫生缓冲车间是工人从车间外进入车间的通道，工人可以在此完成个人卫生处理。根据我国《工业企业设计卫生标准》，工业企业应设置卫生缓冲车间。工人上班前在生产卫生室内完成个人卫生处理后再进入生产车间。内部设有更衣柜和厕所，工人穿戴工作服、帽、口罩和工作鞋后先进入洗手消毒室，在双排多个、脚踏式水龙头洗手槽中用肥皂水洗手，并在槽端消毒池盆中浸泡消毒。冷饮、罐头、乳制品车间还应在车间入口处设置低于地面10cm、长2m、宽1m的鞋消毒池。

⑤ 污水、垃圾和废弃物排放处理设备。在建筑设计时，要考虑安装污水与废弃物处理设备，因为食品企业生产、生活用水量很大，各种有机废弃物也很多，排出的废气、废水应符合国家有关环境保护规定的排放标准。为防止污水反溢，下水管道直径应大于10cm，辅管要有坡度。油脂含量高的沸水，管径应更粗一些，并要安装除油装置。

⑥ 工具、容器洗刷、消毒设备。工具、容器等洗刷消毒是保证食品卫生质量的主要环节。绿色食品企业必须有与产品数量、品种相应的清洗消毒车间，消毒间内要有浸泡、刷洗、冲洗、消毒等设备，消毒后的工具、容器要有足够的贮存室，严禁露天存放。

3. 绿色食品质量控制体系

(1) 质量管理系统　国际标准ISO 9000发布于1987年。它从一开始就跨越国界，建立起若干个区域认证制和国际认证制，使质量认证成为国际贸易中消除非关税壁垒的一种手段，有利于促进国际贸易的发展。ISO 9000质量管理体系分为ISO 9001、ISO 9002、ISO 9003、ISO 9004等认证。到目前为止，世界上已经有90个国家将ISO 9000转化为本国标准，其中大部分国家采用此标准进行了质量体系认证，包括中国在内的30多个国家率先建立了质量体系认证国家认可制度。它的最大特点是规范化、程序化、强调企业内部管理，每项工作具体落实到文字上。

绿色食品加工企业应具有完善、科学和高标准的管理系统。现在部分绿色食品加工企业已通过ISO 9000系列认证，从专业领域来看，ISO 9000系列标准认证几乎覆盖了全球社会经济活动的各个层面。为了企业的质量管理有较为可靠的保证，绿色食品企业应多借鉴国际的经验和标准，从原料到产品，对所有环节进行监控，实施制度化、规范化、科学化，力求与国际标准和质量要求接轨，以获得国际权威的认证，取得通往国际市场的“绿色通行证”。

(2) HACCP　HACCP (Hazard Analysis Critical Control Point) 是危害分析和关键控制点，它是鉴别、评价和控制对食品安全至关重要的危害的一种体系，也是当今执行各种品质管理制度的最佳方法和手段。美国在1971年首次在航天飞机的制造中应用，经过几十年的发展，HACCP已广泛应用于食品行业，同时在世界各国得以推广和发展，我国于1995年开始在国内食品工业全面推行。它简便、易行、合理、有效，被国际公认为是生产安全食品的最有效的体系，且最大优点是它使食品生产和供应厂将以最终产品检验（即合格与不合格）为主要基础的控制观念转变为在生产环境下鉴别并控制住潜在危害（即预防产品不合格）的预防性方法。

有的企业在HACCP有效运行的基础上，又通过了ISO 9000质量管理体系认证，执行双高标准，严格执行这个措施与标准，一方面保护了绿色食品的安全卫生；另一方面也是一种贸易保护措施，是一种技术壁垒，有利于绿色食品加工企业的进一步发展。

（3）GMP　GMP（Good Manufacturing Practice）是美国创建的一种保障产品质量的管理办法，被称为良好操作规范。GMP的工作重点主要为：确认食品生产过程的安全性；防止异物、毒物、微生物污染食品；双重检验制度，防止出现人为的损失；标签的管理；生产记录、报告的存档以及建立完善的管理制度。目前，许多国家和地区正在推行食品GMP。

食品GMP是一种具体的食品品质保证制度，其宗旨是使食品工厂在制造、包装及贮运等过程中，有关人员、建筑、设施、设备等以及卫生、制造条件、质量管理均能符合良好的生产条件，防止食品在可能引起污染或品质变坏的环境下操作，减少生产事故的发生，确保食品安全卫生和质量稳定。因此，实施GMP，对食品质量控制的意义主要表现在：有利于食品质量的提高；有利于提高食品企业和产品的声誉和竞争力；有利于食品进入国际市场；促进食品企业质量管理的科学化和规范化，提高卫生行政部门对食品企业的监督检查水平，为企业提供生产、质量遵循的基本标准和必需的标准组合。

4. 企业内部的环境管理

目前，广泛采用并实施的国际环境管理标准为ISO 14000，其主要内容有环境管理体系、环境审计、环境标志、环境行为评价、寿命周期评定及术语定义等。它完全不同于以往的气、水、声、渣的质量和排放标准，体现着国际标准的通用性和公平性。这个标准适用于绿色食品制造的环境管理，是以消费者的消费行为为根本动力，而不是以政府行为为动力。虽然没有法律上的约束力，但它可用来向消费者推荐有利于保护生态环境的产品，以形成强大的市场及社会压力，因而引起世界各国的高度重视，被誉为企业通向世界市场的“绿色通行证”。

企业内部环境质量标准在绿色食品制造及其工艺技术的实施与应用，首先必须得到企业自身的重视，从企业内部的管理入手，不断进行工艺及管理创新，加强人员管理与培训，按照ISO 14000的各项要求，对企业的运行进行全过程控制，最终取得企业的经济效益、社会效益和环境效益的同步发展。企业内部环境质量标准的内容包括以下几个方面。

① 能源利用。产品生命周期的能耗总量及再生能源、消耗的电力。

② 水资源的消耗。

③ 生产过程中有害有毒材料的使用量，产生的废料总量，产生的有害物质，废气、废水排放，产生的温室气体及消耗臭氧物质的排放。

④ 回收及其再利用。

⑤ 产品有效使用寿命，处理焚烧产品的百分比，可循环利用的包装和容器。

⑥ 有害废弃物的集中程度，人力以及生态负效应可能造成人口发病率。

⑦ 生产者的平均生产周期成本，设计改进引起的成本。

总之，这些国际标准表达了生产企业的总体的标准和行为，是严谨的、权威性的标准，是把我国企业的环境质量管理与ISO 14000国际标准接轨，以取得企业通向世界的绿色通行证的必然趋势和步骤。

5. 人员与技术管理

(1) 人员管理　人员管理是保证各种管理制度能真正实施与执行的基础，因此，绿色食品加工企业生产人员的管理必须加强，这项工作应注重以下两个方面。

① 绿色食品生产人员及管理人员，不仅要掌握绿色食品生产知识，而且要经过绿色食品知识的系统培训，对绿色食品标准有一定理解和掌握，才可以从事绿色食品加工生产。

② 食品生产者必须每年进行至少一次的健康体检。由于食品容易受肠道微生物和其他病原菌的污染，而生产者是食品生产过程中直接接触食品的人员，如果生产人员患有肠道传染病或携带病原菌，极易通过操作污染食物，影响食品的安全。因此，要求食品生产者必须体检合格后才能从事该项工作。

(2) 技术管理　技术管理是质量管理和质量控制的保证。为了保证产品质量管理的稳定和可靠，必须做好下列工作。

① 为了提高产品质量，企业应根据产品质量需要，确定最好的工艺流程。对于生产中发现的问题及难点，要组织专业技术人员联合攻关。

② 为了保证产品的高质量，需对工艺要求、检验方法等制定逐项说明条文，并针对主要生产环节，制定操作规程。

③ 根据企业的规章制度编写与之相应的绿色食品推广技术操作规程，这个规程要符合生产绿色食品所要求的条件，要有可操作性和先进性。除调动职工自觉遵守操作规程外，对违反操作规程的行为，要适当给予惩处。随着科学的进步、技术的革新可随时修订操作规程，并上报绿色食品管理部门和当地技术监督局备案。

④ 为全面控制产品质量，应对整个生产过程做质量控制框图。其主要内容包括：各生产环节所需控制的项目，检查的频率，检查和检验的方法，检查的人员，数据的记录，异常值的处理及质量问题的反馈等。

⑤ 绿色食品加工企业除了要有严格的生产规程和健全的规章制度外，还必须有完整的生产、销售和运输记录，以备建立产品档案和问题查询。主要内容包括：原料的来源、加工过程、运输和销售。

（二）绿色食品加工的过程要求

1. 绿色食品加工原料的特殊要求

食品加工方法较多，其性质相差较大，不同的加工方法和制品对原料均有一定的要求，食品加工对原料总的要求是要有合适的种类、品种，适当的成熟度和良好、新鲜、完整的状态。优质、高产、低耗的加工品除受设备的影响外，更与原料的品质好坏及原料的加工工艺有密切的关系，在加工工艺和设备条件一定的情况下，原料的好坏就直接决定着制品的质量。

现代先进的食品工业对原料的质量与来源提出了严格的要求。原料是发展食品工业的基础。绿色食品加工的原料应有明确的原产地及生产企业或经销商的情况。相对固定和良好的原料基地能够保证加工企业所需原料的质量和数量。有条件的绿色食品加工企业应逐步建立自己的原料基地，这种集团的生产经营方式，十分适合绿色食品加工业的发展。

绿色食品主要原料的来源必须来自绿色食品的生产基地，主要成分都应是已被认定的绿色食品。各绿色食品加工企业与原料生产基地之间，要有供销合同及每批原料都要有供销单据；绿色食品加工所用的辅料中如果没有得到认证的产品，则可以使用经绿色食品认证机构批准、有固定来源并已经检验的原料。非农业、牧业来源的辅料，必须严格管理，在符合国际标准和国家标准的条件下尽量减少用量。例如水作为加工中常见的重要原料和助剂，因其特殊性，不必经过认证，但也必须符合我国饮用水卫生标准，也需要进行检测，出具合格的检验报告。如辅料的盐，应有固定来源，并应出具按绿色食品标准检验的权威的检验报告；非主要原料若尚无被认证的产品，则可以使用经专门认证管理机构批准的有固定来源并经检验合格的原料。同时，严禁在绿色食品加工中使用转基因生物来源的食品加工原料；禁用辐射、微波和石油提炼物和不使用改变原料分子结构或会发生化学变化的处理方法，不能用不适合食用的原料加工食物。

在绿色食品加工过程中因工艺和最终产品的不同，其原料的具体质量、技术指标要求也不同，但都应以生产出的食品具有最好的品质为原则。只有选择适合加工工艺的原料，才能保证绿色食品加工产品的质量；只有品质优良的原料，才能加工出质量上乘的食品。获准供应原料的企业作为加工环节的第一车间，要求供应的原料新鲜、清洁，才会具有更高的营养价值，特别是水果、蔬菜，只有新鲜，维生素含量才会更高，原料的损失才会最少，商品转化率才会更高；绿色食品加工原料必须具备适合人们食用的品质质量，符合无霉变、无有毒物质、质量上乘的要求，绝不能用任何危害人类健康的原料。要用专用性较强的原料，如加工番茄酱的专用西红柿，要求其可溶性固形物含量高，红色素应达到2mg/kg，糖酸比适度等；果汁的加工质量的决定性因素是决定于原料品种成熟度、新鲜度。

不能使用国家明令禁止的色素、防腐剂、品质改良剂等添加剂，允许使用的一定要严格控制用量，禁止使用糖精及人工合成添加剂。如果加工过程需要加入添加剂，其种类、数量、加入方法等必须符合《食品添加剂使用卫生标准》、《绿色食品　食品添加剂使用准则》的要求。

2. 绿色食品加工原料成分的标准及命名

目前绿色食品标签标准对于产品的命名没有特殊规定，但也必须明确标明原料各成分的确切含量。绿色食品加工产品原料成分的标准及命名可参照有严格要求的有机食品对不同认证标准的混合成分的标注，并可按成分不同采取以下方式标注。

① 加工品中（混合成分）最高级的成分占50%以上时，可以由不同标准认证的混合物成分命名。例如：命名含A、B两级成分的混合物，A为最高级成分，必须含50%以上的A级成分；命名含B、C级成分的混合物，B为最高级成分，必须含50%以上的B级成分；命名含A、B、C级成分的混合物，A为最高级成分，必须含50%以上的A级成分。

② 如果该混合物中最高级成分不足50%，则该化合物不能称为混合成分，要按含量高的低级成分命名。例如；含B、C级成分的混合物，B级占40%，C级成分占60%，则该混合物被称为C级成分。

3. 绿色食品加工工艺要求

（1）绿色食品加工中原料的预处理　为了保证加工品的风味和综合品质，必须认真对待加工前原料的预处理。食品加工原料的预处理对成品的影响很大，如处理不当，不但会影响产品的质量和产量，而且会对以后的加工工艺造成影响。如果蔬的预处理一般包括选别、分级、洗涤、休整（去皮）、切分、烫漂（预煮）、护色、半成品保存等工序。尽管果蔬种类和品种各异，组织特性相差很大，加工方法也有很大的差别，但加工前的预处理过程却基本相同。下面以果蔬为例介绍加工原料的预处理方法。

① 原料的选别与分级。果蔬原料选别与分级的主要目的是剔除不合乎加工要求的果蔬，包括未熟或过熟的，已腐烂或长霉的果蔬。进厂的原料绝大部分含有杂质，大小、成熟度也

有一定的差异。且果蔬原料内经常混入砂石、虫卵和其他杂质。将进厂的原料进行预先的选别和分级，有利于以后各项工艺过程的顺利进行。选别时，将进厂的原料进行粗选，剔除虫蛀、霉变和伤口大的果实，对残、次果和损伤不严重的则要先进行修整后。果蔬的分级包括按大小分级、按成熟度分级和按色泽分级等。例如将柑橘进行分级，按不同的大小和成熟度分级后，就有利于指定出最适合于每一级的机械去皮、热烫、去囊衣的工艺条件，从而保证有良好的产品质量和数量，同时也降低能耗和辅助材料的用量。

② 原料的清洗。果蔬的清洗方法可分为机械清洗和手工清洗两大类。原料的清洗目的在于洗去果蔬表面附着的泥沙、灰尘和大量的微生物以及部分残留的化学农药，保证产品的清洁卫生，从而保证制品的质量。洗涤时常在水中加入盐酸、氢氧化钠等，既可除去表面污物，还可除去虫卵、降低耐热芽孢数量。

③ 果蔬的去皮。果蔬去皮的方法主要有手工、机械、碱液、热力、酶法、冷冻、真空去皮方法等。除叶菜类外，大部分果蔬外皮较粗糙、坚硬，虽有一定的营养成分，但口感不良，对加工制品有一定的不良影响。去皮时，只要求去掉不可食用或影响制品品质的部分，不可过度，否则会增加原料的消耗，且产品质量低下。如柑橘外皮含有精油和苦味物质；荔枝、龙眼的外皮木质化；桃、梅、李、杏、苹果等外皮含有纤维素、果胶及角质；甘薯、马铃薯的外皮含有单宁物质及纤维素、半纤维素等；竹笋的外壳高度纤维化，不能食用，因而一般需要去皮。只有在加工某些果脯、蜜饯、果汁和果酒时，因为要打浆、压榨或其他原因才不用去皮。加工腌渍蔬菜常常不需要去皮。

④原料的切分、破碎、去心（核）、修整。为了保持适当的形状，体积较大的果蔬原料在罐藏、干制、腌制及加工果脯、蜜饯时，需要适当地切分。切分的形状则根据产品的标准和性质而定。核果类加工前需去核、仁果类则需去心。有核的柑橘类果实制罐时需去种子。枣、梅等加工蜜饯时需要划缝、刺孔。罐藏或果脯、蜜饯加工时，为了保持良好的外观形状，需对果块在装罐前进行修整，以便除去未去净的皮，残留于芽眼或梗洼中的皮，部分黑色斑点和其他病变组织。全去囊衣橘瓣罐头则需除去未去净的囊衣。生产果酒、果蔬汁等制品，加工前需破碎，使之便于压榨或打浆，提高取汁效率。小量生产或设备较差时一般手工完成，常借助于专用的小型工具，如山楂、枣的通核器；匙形的去核器；金柑、梅的刺孔器。

⑤ 烫漂。果蔬烫漂常用的方法有热水和蒸汽两种。将已切分的或经其他预处理的新鲜果蔬原料放入沸水或热蒸汽中进行短时间的热处理称为烫漂。烫漂的主要目的在于防止酶褐变，钝化活性酶，稳定或改进色泽，软化或改进组织结构，除去部分辛辣味和其他不良风味，降低果蔬中的污染物和微生物数量。但烫漂的同时要损失一部分营养成分，热水烫漂时，果蔬视不同的状态要损失相当的可溶性固形物。据报道，切条的胡萝卜用热水烫漂1min损失矿物质7%，切片的要损失15%。另外，维生素C及其他维生素同样也受到一定损失。

⑥ 工序间的护色。在果蔬加工预处理中所用的方法主要有烫漂护色、食盐溶液护色、有机酸溶液护色、抽空护色等。果蔬去皮和切分之后，与空气接触会迅速变成褐色，从而影响外观，也破坏了产品的风味和营养品质。由于果蔬中的多酚氧化酶氧化具有儿茶酚类结构的酚类化合物，最后聚合成黑色素所致，这种褐变主要是酶褐变。其关键的作用因子有酚类底物、酶和氧气。因为底物不可能除去，一般护色措施均从排除氧气和抑制酶活性两方面着手。

⑦ 半成品保藏。目前常用的保藏方法有盐腌保藏、浆状半成品的大罐无菌保藏等。果

蔬加工大多以新鲜果蔬为原料，由于同类果蔬的成熟期短，产量集中，一时加工不完，为了延长加工期限，满足全年生产，生产上除采用果蔬贮藏方法对原料进行短期贮藏外，常需对原料进行一定程度的加工处理，以半成品的形式保藏起来，以待后续加工制成成品。

（2）绿色食品加工工艺要求　根据绿色食品加工的原则及绿色食品加工技术操作规程，绿色食品加工应采用先进、科学、合理的绿色食品加工工艺，这样才能最大程度地保持食品的自然属性和营养成分，例如，牛奶的杀菌方法有巴氏杀菌（低温长时间）、高温瞬时杀菌，后者可较好地满足绿色食品加工原则的要求，是适宜采用的加工方式。加工过程中注意不能造成二次污染，且不能对环境造成污染，但先进的工艺必须符合绿色食品的加工原则，采取先进工艺的加工食品一般有较好的品质，产品标准达到或优于国家标准。

① 绿色食品加工，不允许使用人工合成的食品添加剂，但可以使用天然的香料、防腐剂、抗氧化剂、发色剂等；不允许使用化学方法杀菌。例如，为了保留绿色食品的色、香、味，尽量避免破坏固有的营养、风味，在果汁浓缩时，对其香气成分的回收工艺，使得能够不必再加香精，只采用其本身香气成分就可以再次恢复原味；粮谷加工工艺的最佳标准，应能保持最好的感官性状，高消化吸收率，同时又能最大限度地保留维生素、矿物质营养，为此，可以制成各种制品，如速冻品、干制品、罐制品、制汁、酿造、腌制品、粉制品等。

② 绿色食品加工，严禁使用辐射技术和石油馏出物。利用辐射的方法保藏食品原料和对成品进行杀菌，是目前食品生产中经常采用的方法。辐射处理调味品，可以杀菌并很好地保存其风味和品质，但由于国际上对于该方法还存在一定的争议，在绿色食品加工和贮藏处理中不允许使用该技术，目的是为了消除人们对射线残留的担心。加工中，不能使用石油馏出物作为溶剂，这就需要选择良好的工艺，可采用超临界萃取技术。如利用二氧化碳超临量萃取技术生产植物油，可解决有机溶剂残留问题。

如有一些食品加工工艺中与绿色食品加工原则相抵触的环节，必须进行改进。绿色食品加工必须针对产品自身特点，采用适合的新技术、新工艺，提高绿色食品品质及加工率。同时，绿色食品加工中各项工艺参数指标、加工操作规程必须严格执行，以保证产品的稳定性。

（3）绿色食品加工中采用的先进工艺和技术　食品加工的主要目的是采取一系列措施抑制或破坏微生物的活动，抑制食品中酶的活性，减少制品中各种生物化学变化，以最大限度地保存食品的风味和营养价值，延长供应期。因为食品中往往含有大量的水分，极容易被微生物侵染而引起腐烂变质，同时由于某些食品如果蔬本身的生理变化很容易衰老而失去食用价值。

① 传统的食品加工方法和工艺。

a. 腌制、干制、糖制。食品腌制是利用食盐创造一个相对高的渗透溶液，抑制有害微生物的活动，利用有益微生物活动的生成物，以及各种配料来加强制品的保藏性。如榨菜、酸菜、酱菜、咸菜等，是果蔬加入一定的食盐后而制成的成品或半成品。

食品干制是利用蒸发水分、加糖或加盐等方法，增加制品细胞的渗透压，使微生物难以存活，同时由于热处理杀死了食品原料细胞，从而防止了食品的腐败变质。现代干燥方法有电热干燥、红外线加热干燥、鼓风干燥、冷冻升华干燥等方法，可进一步提高加工品的质量，保存新鲜原料的风味。最简单的干制方法是利用太阳的热量晒干或晾干果蔬，如干红枣、葡萄干、柿饼、萝卜干等，但利用此法得到的制品其质量难以保证。

食品的糖制产品有果脯、果冻、果酱等。果脯是将原料经糖液熬制到一定浓度，使浓糖液充填到果蔬组织细胞中，烘干后即为成品。有些果蔬含有丰富的果胶物质，在其浸出液中加入适量的糖，熬制、浓缩、冷却后可凝结成为光亮透明的果冻。果酱是经过去皮、切块等整理的果蔬原料加糖熬制浓缩而成，制品的可溶性固形物含量达65%～70%。

b. 制汁、制酒。果蔬原汁是指未添加任何外来物质，直接从新鲜水果或蔬菜中用压榨或其他方法取得的汁液。以果汁或蔬菜汁为基料，加水、糖、酸或香料等可进一步调配而成汁液。酒是以谷物、果实等为原料酿制而成的色、香、味俱佳的含醇饮料。

c. 罐藏。罐藏是将食品封闭在一种容器中，通过加热杀菌后，维持密闭状态而得以长期保存的食品保藏方法。目前，许多水果、蔬菜、肉类、鱼类等都可以制成罐头的形式进行销售和保藏。

d. 速冻。速冻是采用各种办法加快热交换，使食品中的水分迅速结晶，食品在短时间内冻结。目前比较先进的食品保藏和加工方式有速冻水饺、速冻蔬菜、速冻果品等。

② 现代绿色食品加工方法和工艺。

a. 生物技术。生物技术在食品中的应用日益广泛和深入，极大地推动了食品工业的革新。生物技术以基因工程为核心内容，主要包括细胞工程、酶工程和发酵工程。利用基因工程可改良食品加工的原料、改变微生物菌种性能、生产酶制剂、改进食品加工工艺和生产保健食品的有效成分。酶工程是利用生物手段合成、降解或转化某些物质，从而使廉价原料转化成高附加值的高档食品，例如，酶工程在葡萄糖生产、蛋白质的加工和果汁加工中有良好效果。通过酶法生产糊精、麦芽糖，酶法修饰植物蛋白，可改良绿色食品的营养价值和风味。此法还适用于果汁生产中分解果胶，提高出汁率等。发酵工程是利用微生物进行工业生产的生物技术，除传统食品外，在现代食品工业中还取得了许多新成就，例如，美国Kelco公司用微生物发酵法生产黄原胶等。因此，生物技术应用于绿色食品加工中，必将提高绿色食品的品质与产量。

b. 膜分离技术。膜分离技术是利用高分子材料制成的半透性膜对溶剂和溶质进行分离的先进技术。其最突出的特点是高效节能，它可在常温下实现对各组分的分离、提纯、浓缩，尤其适合在食品加工业中应用。包括反渗透（RO）、超滤（UF）和电渗透。反渗透是借助于渗透膜在压力的作用下，进行水和溶于水中物质（无机盐、胶体物质）的分离，可用于牛奶、豆浆、酱油、果蔬汁的冷浓缩。超滤是利用人工合成膜，在一定压力下，对物质进行分离的一种技术，如植物蛋白的分离提取。电渗透是在外电场作用下，利用一种特殊的离子交换膜，对离子具有不同选择透过性而使溶液中阴阳离子与溶液分离。膜分离技术可广泛用于加工中水处理及饮料工艺中，可提高饮料质量，如可用于海水淡化、水的纯化处理。

c. 超高压技术。食品的超高压处理技术是指将食品放入液体介质（通常是水）中，在100～1000MPa的压力下作用一段时间后，使食品中的酶、淀粉、蛋白质等生物高分子物质分别失去活性、糊化和变性，同时杀死以微生物为主的生物过程。高压作用可以避免因加热引起的食品变色、变味，营养成分损失以及因冷冻而引起的组织破坏等缺陷。目前该技术已用于消毒和灭菌、贮藏和改善食品口感、提高营养等方面。

d. 超临界萃取技术。超临界萃取技术是利用在某些溶剂的临界温度和临界压力条件下分离多组成的混合物。该技术是近些年来发展起来的一种全新的分离方法，已广泛用于化工、食品、医药、能源、生物工程等领域。利用这种超临界流体作为溶剂，可以从多种液态或固态混合物中萃取出待分离的组分。例如，二氧化碳超临界萃取沙棘油，其工艺过程无任何有害物质加入，完全符合绿色食品加工原则。

e. 冷冻干燥技术。冷冻干燥技术又称升华干燥技术，是将湿物料先冻结至冰点以下，使水分变成固态水，然后在较高的真空度上，将冰直接转化为蒸汽，使物料得到干燥。如加工得当，多数可长期保存，且原有物理、化学、生物及感官性质不变，食用时加水即可恢复到原有形状和结构。此技术是近年来发展起来的新技术，它们为食品加工提供一个冷的条件，可最大限度地保持食品原料原有的营养和风味，获得高质量的加工品。

f. 挤压膨化技术。食品在挤压机内达到高温高压后，突然降压而使食品经受压、剪、磨、热等作用，食品的品质和结构发生改变，如多孔、蓬松等。目前挤压膨化技术已经扩大到肉类、水产、饲料、果蔬汁的加工中。

g. 无菌包装技术。无菌包装是在无菌环境条件下，把无菌的或经杀菌的产品充填到无菌容器中并加以密封。目前，用于无菌包装的食品主要分为两大类：能在常温下保存的无菌食品和在低温下保存的无菌食品。

h. 工程食品。是利用现代科学技术，从农副产品中提取有效成分，然后以此为原料，根据人体营养需要，重新组合，加工配制成新的食品。其特点是可以扩大食物资源，提高营养价值。

4. 绿色食品加工设备要求

生产高质量的食品必须抓住原料、工艺、设备和包装四个环节。科学的加工工艺必须由相应的设备来体现，因此，机械设备在食品加工中占有十分重要的地位。

绿色食品的加工设备应选择不锈钢、尼龙、玻璃、食品加工专用塑料等材料而制成。食品工业中利用金属制造食品加工用具的品种日益增多，国家允许使用铁、不锈钢、铜等金属制造食品加工工具。铜、铁制品虽然毒性小，但易被酸、碱、盐等食品腐蚀，且易生锈。严格意义上讲，与食品接触的机械部分一般要求采用不锈钢材料，但不锈钢食具也存在铅、镍、铬的溶出问题，所以在使用时要执行不锈钢食具食品卫生标准与管理办法。

食品加工器具中，表面镀锡的铁管、挂釉陶瓷器皿、搪瓷器皿、镀锡铜锅及焊接的薄铁皮盘等，都容易导致铅的溶出，特别是接触酸性的食品原料和添加剂，溶出更多。铅可损害人的神经系统、造血器官和肾脏，并可造成急性腹痛和瘫痪，严重的还可导致休克和死亡。所以要避免上述器具的使用。

另外，电镀制品含有镉和砷，陶瓷制品中也含有砷，酸性条件镉和砷都容易溶出；食盐对铝制品有强烈的腐蚀作用，也都应加强防范。在常温常压下、pH 值中性条件下使用的器皿、管道、阀门等，可采用玻璃、铝制品、聚乙烯或其他无毒的塑料制品代替。

食品机械设备布局要合理，符合工艺流程要求，便于操作，防止交叉污染。设备管道应设有观察口，并便于拆卸检修，管道拐弯处应呈弧形以利于冲洗消毒。设备要有一定的生产效率，以有利于连续作业、降低劳动强度和保证食品卫生要求和加工工艺要求。绿色食品加工设备的轴承、枢纽部分所用的润滑剂部位应进行全封闭，润滑剂尽量使用食用油，严禁使用多氯联苯。

5. 绿色食品加工对食品添加剂的要求

(1) 食品添加剂的概念和种类　食品添加剂指为改善食品色、香、味、形、营养以及对保存和加工工艺的需要而加入食品中的化学合成或天然物质。在食品加工中食品加添加剂起着十分重要的作用，能有效地改善食品的感官品质及营养价值，而且能延长产品的保持期。一般来讲，食品添加剂是一种物质或多种物质的混合物，不能单独作为食品食用，目前食品添加剂已向无毒、无公害、天然、营养、多功能型方向发展。

在绿色食品中，添加剂的使用要注意在食品中的安全性，这是决定产品是否符合绿色食品标准的一个关键因素。在绿色食品加工中，酶制剂、营养强化剂等一般符合国家标准要求即可，但抗氧化剂、防腐剂、色素、香精等物质，在加工中要严格控制，并尽量使用天然添加剂，化学或人工合成的添加剂必须严格按照《绿色食品 添加剂使用准则》选定合适的种类，并严格控制使用量。

按照功能作用食品添加剂可分：酶制剂、营养强化剂、风味剂、防腐杀虫剂、抗氧化剂、酸度调节剂、着色剂、发色剂、分离剂、漂白剂、香精香料、食用色素、增稠剂和稳定剂、乳化剂、蓬松剂等。按照来源可分为两大类：从动植物组织细胞中提取的天然物质；人工合成的化学物质。

就目前来讲，食品添加剂的发展趋势是向天然型、营养型和多功能型发展。在绿色食品加工时，严禁使用危害人体健康、有慢性毒性或致癌、致畸和致突变作用的添加剂；对使用食品添加剂中的酶制剂、营养强化剂等一般符合国家标准要求即可；但抗氧化剂、防腐剂、香精、色素等物质，在加工中有十分严格的要求，在加工中应尽量使用天然添加剂；使用化学或人工合成的添加剂必须严格按照相关规定执行，并选定合适种类及用量，严禁使用危害人体健康的添加剂；对于某些必须在食品中添加，无法以更安全的添加剂代替的产品需要严格限制其产品中的添加量。例如酿造葡萄酒中添加的总二氧化硫的含量必须小于 250mg/L，具体添加剂使用情况，必须严格按照《绿色食品 添加剂使用准则》进行。

(2) 食品添加剂的功能 随着生活水平的提高，人们对食品的品质要求也越来越高，为了引起人们的食欲，在食品加工中加入相应的食品添加剂，使人们在视觉、味觉和嗅觉得到满足和享受，使用食品添加剂来提高产品质量在食品工业中有重要的作用。

各类食品添加剂可以使原来只能丢弃的东西再利用起来，成为物美价廉的新型食品。例如，生产罐头食品后剩余的果渣、菜汁经回收，加工处理，而后加入适量的维生素、香料，就可能成为便宜可口的果蔬汁；豆腐渣加入适当添加剂和其他助剂就可以生产膨化食品等。

为了满足人类对食物的需要，开发植物、动物和昆虫新食物资源，就必须添加各种食品添加剂和一些其他物质，以制成供人类食用并符合各种要求的新型食品。同时，食品添加剂可以提高食品的综合利用率，如在面包中加入膨松剂是必不可少的。食品添加剂可以充分保护有限的食品资源，如在食物和食品的贮存过程中，为减少损失，在食物中加入食品保存剂已成为其贮存、保鲜、运输、销售的重要手段。

(3) 对食品添加剂的一般要求 作为食品的辅料之一，添加剂应符合以下要求。

① 食品添加剂应有公定的名称，有害物质不得检出或不能超过允许限量，产品要有严格的质量标准。

② 添加于食品后能分析鉴定出来。

③ 食品添加剂的使用必须对消费者有益，使用方便，来源充足，价格低廉，便于贮藏和运输。

④ 食品添加剂有助于食品的生产和贮藏，具有改善食品色、香、味及品质，保持食品营养价值，防止腐败变质，提高产品品质等作用。食品添加剂与其他配料复配，不应产生不良后果，并应在较低使用量条件下有显著效果。

(4) 食品添加剂的安全要求 食品添加剂必须符合质量标准，并接受有关部门验收、监督和检查。产品的生产厂，需经省、自治区有关主管部门、领导部门共同批准后，指定生产。对食品添加剂最主要的要求是无毒害。要严格执行《中华人民共和国食品卫生法》、《食品营养强化剂使用卫生标准》和《食品安全性毒理学评价程序》、《食品添加剂生产管理办法》、《香精香料管理办法》等一系列有关法规、文件规定的标准。

总之，食品添加剂是食品中只占千分之几甚至更少的物质，但却是食品检验中最重要的质量指标之一。要贯彻预防为主的方针，安全第一、质量第一和市场第一的原则，依法办事。

（5）生产绿色食品使用食品添加剂和加工助剂的使用原则　2000 年 3 月我国农业部颁发了《绿色食品　添加剂使用准则》作为中华人民共和国的农业行业标准。该准则规定了生产 A 级和 AA 级绿色食品食品添加剂的种类、使用范围和最大使用量，以及不应使用的品种。

① 在生产绿色食品时要注重食品添加剂和加工助剂的使用原则。

a. 如果不使用添加剂或加工助剂就不能生产出类似的产品，这时方可使用食品添加剂或加工助剂；

b. 所用食品添加剂的产品质量必须符合相应的国家标准、行业标准；

c. AA 级绿色食品中只允许使用 AA 级绿色食品生产资料食品添加剂类产品，在此类产品不能满足生产需要的情况下，允许使用天然添加剂；

d. A 级绿色食品中允许使用“AA 级绿色食品生产资料”食品添加剂类产品和“A 级绿色食品生产资料”食品添加剂类产品，在这类产品均不能满足生产需要的情况下，允许使用除绿色食品中不得使用的食品添加剂以外的化学合成食品添加剂；

e. 允许使用食品添加剂的使用量应符合 GB 2760—1996、GB 14880—94 的规定；

f. 不得对消费者隐瞒绿色食品中所用食品添加剂的性质、成分和使用量；

g. 在任何情况下，绿色食品中不得使用《绿色食品　添加剂使用准则》中标明的不得使用的食品添加剂。

② 绿色食品生产中使用的食品添加剂标准及使用示例。见表 7-1 和表 7-2。

表 7-1　绿色食品生产中食品添加剂使用标准

添加剂名称	种　类	使用范围	最大使用量/(g/kg)
酸度调节剂	合成酸度调节剂 天然酸度调节剂	A 级绿色食品 AA 级绿色食品	普通食品最大使用量的 60% 不超过 GB 2760—1996 中的最大使用量
抗结剂	合成抗结剂 天然抗结剂	A 级绿色食品 AA 级绿色食品	普通食品最大使用量的 60% 不超过 GB 2760—1996 中的最大使用量
消泡剂	合成消泡剂 天然消泡剂	A 级绿色食品 AA 级绿色食品	普通食品最大使用量的 60% 不超过 GB 2760—1996 中的最大使用量
抗氧剂	合成抗氧剂 天然抗氧剂	A 级绿色食品 AA 级绿色食品	普通食品最大使用量的 60% 不超过 GB 2760—1996 中的最大使用量
漂白剂	合成漂白剂 天然漂白剂	A 级绿色食品 AA 级绿色食品	普通食品最大使用量的 60% 不超过 GB 2760—1996 中的最大使用量
膨松剂	合成膨松剂 天然膨松剂	A 级绿色食品 AA 级绿色食品	普通食品最大使用量的 60% 不超过 GB 2760—1996 中的最大使用量
胶母糖基础剂	合成胶母糖基础剂	A 级绿色食品 AA 级绿色食品	普通食品最大使用量的 60% 不超过 GB 2760—1996 中的最大使用量
着色剂	合成着色剂 天然着色剂	A 级绿色食品 AA 级绿色食品	普通食品最大使用量的 60% 不超过 GB 2760—1996 中的最大使用量
护色剂	合成护色剂 天然护色剂	A 级绿色食品 AA 级绿色食品	普通食品最大使用量的 60% 不超过 GB 2760—1996 中的最大使用量
乳化剂	合成乳化剂 天然乳化剂	A 级绿色食品 AA 级绿色食品	普通食品最大使用量的 60% 不超过 GB 2760—1996 中的最大使用量
酶制剂	天然酶制剂	A 级绿色食品 AA 级绿色食品	普通食品最大使用量的 60% 不超过 GB 2760—1996 中的最大使用量

续表

添加剂名称	种 类	使用范围	最大使用量/(g/kg)
增味剂	合成增味剂 天然增味剂	A级绿色食品 AA级绿色食品	普通食品最大使用量的60% 不超过GB 2760—1996中的最大使用量
面粉处理剂	合成面粉处理剂	A级绿色食品 AA级绿色食品	普通食品最大使用量的60% 不超过GB 2760—1996中的最大使用量
被膜剂	合成被膜剂 天然被膜剂	A级绿色食品 AA级绿色食品	普通食品最大使用量的60% 不超过GB 2760—1996中的最大使用量
水分保持剂	合成水分保持剂 天然水分保持剂	A级绿色食品 AA级绿色食品	普通食品最大使用量的60% 不超过GB 2760—1996中的最大使用量
营养强化剂	合成营养强化剂 天然营养强化剂	A级绿色食品 AA级绿色食品	普通食品最大使用量的60% 不超过GB 2760—1996中的最大使用量
防腐剂	合成防腐剂 天然防腐剂	A级绿色食品 AA级绿色食品	普通食品最大使用量的60% 不超过GB 2760—1996中的最大使用量
稳定和凝固剂	合成稳定和凝固剂 天然稳定和凝固剂	A级绿色食品 AA级绿色食品	普通食品最大使用量的60% 不超过GB 2760—1996中的最大使用量
甜味剂	合成甜味剂 天然甜味剂	A级绿色食品 AA级绿色食品	普通食品最大使用量的60% 不超过GB 2760—1996中的最大使用量
增稠剂	合成增稠剂 天然增稠剂	A级绿色食品 AA级绿色食品	普通食品最大使用量的60% 不超过GB 2760—1996中的最大使用量
其他	合成制品 天然制品	A级绿色食品 AA级绿色食品	普通食品最大使用量的60% 不超过GB 2760—1996中的最大使用量

表 7-2 A级绿色食品中添加剂的使用示例

食品种类	添加剂	使用量	备 注
谷物产品	磷酸钙 碳酸钙 硫酸钙	2.4g/kg以下 0.9g/kg以下 0.9g/kg以下	用于面粉
酒类	二氧化硫 焦亚硫酸钾 柠檬酸 酒石酸及其盐类 蛋清白蛋白	0.15g/kg以下 0.006g/kg以下 适量 适量 适量	
糖果蜜饯	酒石酸及其盐类 磷酸钠 碳酸钾	适量 0.3g/kg以下 适量	
大豆产品	硫酸钙 氯化镁	0.9g/kg以下 5g/kg以下	
奶产品	氯化钙 硫酸钙	适量 0.9g/kg以下	仅限用于奶产品
肉产品	乳酸 柠檬酸钾 柠檬酸钠	适量 适量 适量	
果蔬产品	柠檬酸 黄原胶 乙二胺四乙酸二钠 乳酸 D-异抗坏血酸	适量 0.6g/kg以下 0.15g/kg以下 适量 0.6g/kg以下	只用于浓缩果蔬汁和蔬菜 果酱 饮料 酱菜、罐头 浓缩果蔬汁和蔬菜制品、果蔬罐头、果酱

续表

食品种类	添加剂	使用量	备　注
油脂产品	茶多酚 磷酸	0.24g/kg以下	油脂、火腿、糕点
糕点产品	柠檬酸钾 黄原胶 碳酸钾 丙酸钙	适量 6g/kg以下 适量 1.5g/kg以下	糕点、起酥油 面包、豆制品
茶叶	天然香料(花卉)	适量	用于制茶工艺
不限制添加剂	谷氨酸钠 二氧化碳 卡拉胶、瓜儿豆胶 洋槐豆胶、果胶 氧 蜂蜡		

第二节　绿色食品产品包装

一、绿色食品产品包装的功能

1. 食品包装的定义和功能

(1) 食品包装的定义　食品包装是指在食品流通过程中为保护产品、方便运输、便于贮藏、促进销售，按一定的技术方法采用的材料、容器及辅助物的总称；也指为了达到上述目的，使用容器、材料和辅助物而采取的一系列技术措施和操作活动。

(2) 食品包装的功能

① 保护功能。食品从离开生产厂家到消费者手中，通常需要一定的时间，短则数日，长则数月。合理的包装可使食品在运输途中保持良好的状态，减少因互相摩擦、碰撞、挤压而造成的机械损伤，减少病害蔓延和水分蒸发，避免产品散堆发热而引起腐烂变质。

② 提供方便。包装还可以使食品在流通中保持良好的稳定性，为食品装卸、运输、贮藏、识别、零售和消费者提供方便，同时提高商品率和卫生质量。

③ 商业功能。包装是商品的一部分，可美化产品，通过食品包装装潢艺术，吸引、刺激消费者的消费心理，促进销售作用；也是贸易的辅助手段，为市场交易提供标准的规格单位，免去销售过程中的产品过秤，便于流通过程中的标准化，也有利于机械化操作。所以适宜的包装不仅对于提高商品质量和信誉是十分有益的，而且对流通也十分重要。发达国家为了增强商品的竞争力，特别重视产品的包装质量。而我国在商品包装方面还需要进一步发展，尤其是果蔬等鲜活产品。

2. 包装的种类和规格

食品的包装往往可分为外包装和内包装。包装所用的材料很多，如表7-3所示。

(1) 外包装　外包装材料现在已多样化，如高密度聚乙烯、聚苯乙烯、纸箱、木板条等都可以用于外包装。各种外包装材料各有优缺点。如塑料箱轻便防潮，但造价高；筐价格低廉，大小却难以一致，而且容易刺伤产品；木箱大小规格便于一致，能长期周转使用，但较沉重，易致产品碰伤、擦伤等。

表 7-3 食品包装常用各种支撑物或衬垫物

种 类	作 用
纸	衬垫、包装及化学药剂的载体，缓冲挤压
纸或塑料托盘	分离产品及衬垫，减少碰撞
瓦楞插板	分离产品，增大支撑强度
泡沫塑料	衬垫，减少碰撞，缓冲震荡
塑料薄膜袋	控制失水和呼吸
塑料薄膜	保护产品，控制失水

纸箱是应用最广泛的一种。它质量轻，可折叠平放，便于运输；能印刷各种图案，外观美观，便于宣传与竞争；通过上蜡，可提高其防水防潮性能，受湿、受潮后仍具有很好的强度而不变形。

目前的纸箱几乎都是瓦楞纸制成。常用的有单面、双面及双层瓦楞纸板三种。瓦楞纸板是在波形纸板的一侧或两侧，用黏合剂粘合平板纸而成。由于平板纸与瓦楞纸芯的组合不同，可形成多种纸板。单层纸板多用作箱内的缓冲材料，双面及双层瓦楞纸板是制造纸箱的主要纸板。纸箱的形式和规格可多种多样，一般呈长方形，大小按产品要求的容量、堆垛方式及箱子的抗力而定，经营者可根据自身产品的特点及经济状况进行合理选择。

包装容器的长宽尺寸在国家有关标准（如《硬质直立体运输包装尺寸系列》）中可以查阅，高度可根据产品特点自行确定；具体形状则以利于销售、运输、堆码为标准。

（2）内包装　在良好的外包装条件下，内包装可进一步防止产品受震荡、碰撞、摩擦而引起的机械伤害。可以通过在底部加衬垫、浅盘杯、薄垫片或改进包装材料，减少堆叠层数来解决。内包装还具有一定的防失水、防震、调节小范围气体成分浓度的作用。常见的内包装材料及作用见表 7-4。

内包装材料可使用聚乙烯或聚乙烯薄膜袋，使用聚乙烯的优点是可以有效地减少水分和气体交换，这对于某些产品如呼吸跃变型果实来说是不利的，但可用膜上打孔法加以解决。打孔的数目及大小根据产品自身特点加以确定。聚乙烯的缺点是不易回收，难以重新利用导致环境污染。绿色食品的包装要求用纸包装取代塑料薄膜内包装。

3. 包装要求

（1）包装容器应具备的基本条件

① 保护性。在装饰、运输、堆码中有足够的机械强度，防止食品受挤压碰撞而影响品质。

② 通透性。利于鲜活产品如水果、蔬菜等呼吸热的排出及氧、二氧化碳、乙烯等气体的交换。

③ 防潮性。避免由于容器的吸水变形而导致内部产品腐烂。

④ 清洁、无污染、无异味、无有害化学物质。

从经济效益方面来说，包装投资应根据经营者自身的资金实力及产品利润率的高低进行衡量，防止盲目投资导致资金浪费。包装还可以从一定程度上引导消费，提高产品的附加值。另外，包装应注明商标、品名、等级、质量、产地、特定标志及包装日期。需保持容器内壁光滑；容器还需卫生、美观、质量轻、成本低、便于取材、易于回收。

（2）绿色食品包装材料的要求

① 安全性；

② 可降解性；

③ 可重复利用。

4. 包装技术要求

（1）糕点类　糕点类需要防潮、遮光和阻氧，因此，糕点类包装需要热封型、防潮性能好的材料，如聚丙烯复合薄膜、铝基复合薄膜、涂料玻璃纸。

（2）糖果　糖果需要防潮，为了增加美感和吸引力，可采用透明材料包装；水果糖可采用玻璃瓶或者PVC（聚氯乙烯）半硬片容器；乳脂糖使用彩色印刷薄膜和透明的聚丙烯薄膜；巧克力、果仁酥采用纸/塑，铝/塑及真空度铝复合薄膜。

（3）酒类　酒类的包装要求密封严密，以玻璃、陶瓷等容器为主，目前小型的纸容器也有一定的发展。

（4）饮料　根据饮料的特性、加工方法、运销方式以及消费者对象的不同，可采取不同的包装材料。

① 纸容器。随着研究的发展，纸容器的种类越来越多，正逐渐开发出适于多种饮料包装的产品，目前饮料包装所用的纸容器多采用三层结构，并符合相关标准。

② 玻璃瓶。玻璃瓶化学性质稳定、易回收，但易破碎，多用于饮料、矿泉水、清酒的包装等，目前多采用涂层法和化学法制造。

③ 塑料容器。多采用延伸PET（聚对苯二甲酸乙二醇酯）、PVDC（聚偏二氯乙烯）瓶等，可用于多种饮料的包装。

④ 金属罐。一般多采用涂层马口铁板以及环氧酚醛内涂料。对酸性较大的饮料，在环氧涂层上还涂敷乙烯基涂料，啤酒多用铁罐和铝易拉罐。

（5）茶叶　茶叶的贮藏环境要求较严格，如果水分超过5%，茶叶的维生素C含量下降，色、香、味和营养也容易改变，在高温下变化更快；含氧量低于1%，茶叶易变色、变味；茶叶中叶绿素见光易分解，产生异味；茶叶还极易吸收异味。因此，茶叶包装要求防潮、阻氧、避光，以保持茶叶的品质。茶叶内包装的包装材料可选用纸或聚丙烯复合薄膜，外包装可选用金属罐或纸容器。

（6）腌渍菜　包装需要抑制酵母菌的生长，可采用多种容器包装，如瓷罐、玻璃瓶、塑料薄膜袋等。

（7）调味品　液体调味品可使用玻璃容器、聚酯瓶和聚氯乙烯瓶包装；固体调味品要求高度地防潮、阻氧、避光和保香，一般以瓶装较多，软包装用PET/PE（聚乙烯）或铝复合膜包装，有时再加上纸盒作为外包装。

（8）乳品　采用高度阻氧、避光的材料，如聚丙烯复合薄膜等，可采用无菌包装UHT法超高温消毒，如利乐包；浓缩液－25℃冻结贮存及真空充氧等方法。

（9）食用油　重点是防止氧化，目前常用的是玻璃容器和PVC（聚氯乙烯）容器等。

（10）罐头　可使用玻璃瓶和金属罐。金属罐材料可用马口铁、无锡铁、黑铁皮和铝，由于各种食品对金属的腐蚀程度不同，可选用不同的内涂料来保护。低酸性、不含硫的食品如蘑菇罐头，用油脂涂料；易产生黑色硫化铁的食品，如桃罐头，用含氧化锌的油树脂涂料；酸性食品如橘子罐头，用环氧酚醛涂料，对于高酸度水果还用乙烯基涂料外涂；含硫的高脂肪食品，用酚-环氧酚涂料。

二、绿色食品产品包装的技术要求

保护绿色食品的质量，维持绿色食品的新鲜度，是绿色食品包装的基本功能。因此，绿色食品包装应满足具有较长的保质期、货架寿命、不带来二次污染、不损失原有营养及风味、成本低、贮藏运输方便和安全、增加美感、引起食欲等要求。绿色包装材料用作食品包装时，则有更高的要求，它不仅要满足包装的保护性、方便性等基本功能，还要对人体无害或具有一定的保健作用。同时绿色食品包装，要遵循农业部颁布的《绿色食品 包装通用准则》要求。

1. 绿色食品包装材料的要求

① 包装环境条件良好，安全卫生；包装材料本身要无毒，不会释放有毒物质污染食品，影响人的身体健康。

② 根据不同的绿色食品选择适当的包装材料、容器和方法，满足食品包装的基本要求；包装的体积和质量应限制在最低水平，实行减量化。

③ 绿色食品产品的包装应选择可重复利用的材料，如不能重复利用，应可以降解，节约资源，不对人的健康和环境产生污染；可重复使用或回收利用的包装，其废弃物的处理和利用按 GB/T 16716 的规定执行。

④ 玻璃制品、金属类包装应可以重复使用和回收，但注意金属类包装不应使用对人体和环境造成危害的密封材料和内涂料。

⑤ 对于塑料制品的要求。包装材料选择可重复使用、回收利用或可降解的材料；在保护内装物完好无损的前提下，尽量采用单一材质的材料；使用的聚乙烯树脂或成型品，应符合相应的国家标准；使用的聚氯乙烯制品，其单体含量应符合 GB 9681 的要求；不允许使用氟氯烃的发泡聚苯乙烯、聚氨酯等产品。

⑥ 对于纸制品的要求。包装材料选择可重复使用、回收利用或可降解的材料；不允许涂塑料等防潮材料；表面不允许涂蜡、上油；纸箱连接应采取粘合方式，不允许用扁丝钉钉合；纸箱上所做标记必须用水溶性油墨，不允许用油溶性油墨。

⑦ 外包装上印刷标志的油墨或贴标签的黏着剂应无毒，并且不能直接接触食品。

2. 绿色食品包装的规格尺寸

① 绿色食品包装件尺寸应符合 GB/T 4892、GB/T 13757、GB 13201 的规定。

② 绿色食品包装单元应符合 GB/T 15233 的规定。

③ 绿色食品包装用托盘应符合 GB/T 16470 的规定。

3. 绿色食品包装标志

绿色食品的包装标志除符合食品包装的基本要求外，还应符合《中国绿色食品标签标志设计使用规范手册》的要求。已经获得绿色食品标志使用权的单位，必须将绿色食品标志用于产品的内外包装，其中绿色食品标志的图形、文字、标准色、广告用语及编号等必须按照规定严格执行。

4. 绿色食品包装的标签

（1）标签的作用 标签的作用是显示或说明商品的特征和性能，向消费者传递信息。随着商品经济的发展，商品标签已成为进行公平交易、商品竞争的一种形式，具体说来，食品标签具有以下几方面的作用。

① 引导或指导消费者选购商品。消费者可通过食品标签上的文字、图形、符号，了解食品的有关信息，以决定是否购买。标签上通常可以标注原辅材料的构成、营养成分、生产厂家、保质期、质量等级等。

② 促进销售。食品生产者可以通过标签展示产品的优越性，食品标签犹如一个广告宣传栏，宣传产品的独特风格，吸引消费者购买。

③ 保护消费者利益和健康。食品的质量和安全性关系到每一个消费者的利益，当消费

者发现问题予以投诉时，食品标签可为其提供依据，以便找到相应的责任者。

④ 维护食品制造商的合法权益。食品标签是维护制造者利益的一种方式。如果经销者或消费者未按标签上的标明的条件或期限进行贮藏、销售或食用，导致意外发生，制造者不承担责任。

（2）食品标签的标准　绿色食品的标签应符合《食品标签通用标准》（GB/T 7718—94）的规定，如果是特殊性营养食品，还应符合 GB/T 13432 的规定。食品标签上应注明：食品名称；配料表；净含量及固形物含量；制造者或经销者的名称和地址；日期标志（生产日期、保存期和保质期）；贮藏说明；质量等级；产品类型；产品标准号；特殊标注说明等内容。

（3）绿色食品的防伪标签　绿色食品必须使用防伪标签技术，主要是对绿色食品有保护和监控作用。使用绿色食品防伪标签时应注意的事项如下。

① 许可使用绿色食品标志的产品必须加贴绿色食品标志防伪标签。

② 只能使用在同一编号的绿色食品产品上，非绿色食品或与绿色食品防伪标签不一致的绿色食品不得使用该标签。

③ 防伪标签应贴在食品标签或其包装正面显著的位置，不得掩盖原有绿色食品标志、编号等绿色食品整体形象。

④ 企业同一种产品贴用防伪标签的位置及外包装箱用的大型标签的位置应固定，不得随意变化。

第三节　绿色食品产品的贮运

食品的贮运是销售的客观需要，也是食品流通的重要环节。在绿色食品生产中，只有极少数的产品从生产领域直接到达消费者手中，绝大多数的绿色食品都要经过贮运这个过程，因此在食品贮运过程中必须保证食品安全、无损害、无污染，使它们完好地到达消费者手中。

一、绿色食品产品的贮藏

绿色食品的贮藏，是根据食品的贮藏性能、卫生安全性、生产可行性以及影响贮藏质量变化的各种因素，依据食品贮藏原理而选择适当的贮藏方法和贮藏技术的食品保藏过程。在贮藏期内，要通过科学的管理，更好地满足人们对绿色食品的需求。

1. 绿色食品的贮藏应遵循的原则

① 贮藏环境必须洁净卫生，不能对绿色食品产生二次污染。

② 选择适宜的贮藏方法，最大程度地保持绿色食品原有的品质。如选择化学贮藏方法，选择的化学制剂应符合《绿色食品　添加剂使用准则》。

③ 在贮藏中，A 级绿色食品与 AA 级绿色食品、绿色食品与非绿色食品应分开贮藏，不能混存。

2. 绿色食品贮藏技术规范

① 食品入库前应进行必要的检查，进行严格的清扫和灭菌，仓库周围环境必须清洁卫生，食品要远离污染源，严禁与受到污染、变质以及标签和货物不一致的食品混存。

② 食品按照入库先后、生产日期、批号分别存放，禁止不同生产日期的产品混放。

③ 严禁与化学合成物质接触。禁止使用对绿色食品产生污染或潜在污染的建筑材料与物品。

④ 不使用对绿色食品可能带来污染的物质消毒，并定期对贮藏室进行消毒，消毒时可采用物理或机械的方法。

⑤ 所有的设备在工作和使用前均要进行灭菌，工作人员和管理人员必须遵守卫生操作规定。

⑥ 食品包装上应有明确的生产、贮藏日期，食品贮藏期限不能超过保质期。

⑦ 贮藏仓库必须与相应的装卸、搬运等设施相配套，防止产品在装卸、搬运等过程中受到损坏与污染。

⑧ 禁止不同种类有机产品混放，绿色食品在入仓堆放时，不允许直接放在地面上，必须留出一定的墙距、柱距、货距与顶距，保证贮藏的货物之间有足够的通风。

⑨ 建立严格的仓库管理情况记录档案，详细记载进入、搬出食品的种类、数量和时间。

⑩ 根据不同食品的贮藏要求，做好仓库温度、湿度管理。采取通风、密封、吸潮、降温等措施，并经常检测食品温度、湿度、水分以及虫害发生情况。

⑪ 仓库管理必须采用物理与机械的方法和措施，禁止使用人工合成化学物品以及有潜在危害的物品，绿色食品的保质贮藏必须采用干燥、低温、密封与通风、低氧（充二氧化碳或氮气）、紫外光消毒等物理或机械方法。

⑫ 严禁使用人工合成的杀虫剂。应保持绿色食品贮藏室的环境清洁，要有防鼠、防虫、防霉的措施。

⑬ 对于未做特殊说明的，以国家卫生法为准。

二、绿色食品产品的运输

由于受气候分布的影响，食品的生产有较强的地域性，大量产品需要转运到人口集中的城市、工矿区和贸易集中地销售。为了实现异地销售，运输在生产与消费之间起着桥梁作用，是商品流通中必不可少的重要环节。食品包装以后，只有通过各种贮藏运输环节，才能达到消费者手中，才能实现产品的商品价值。

1. 绿色食品的运输规范

① 绿色食品运输必须根据绿色食品的类型、特性、运输季节、距离以及产品保质贮藏的要求选择不同的运输工具。

② 不允许性质相反和互相串味的食品混装，不同种类的绿色食品运输时必须严格分开。

③ 装运前必须进行食品质量检验，在食品、标签与账单三者相符合的情况下才能装运。

④ 用来运输食品的工具，包括车辆、轮船、飞机等，在装入绿色食品之前必须清洗干净，必须用无污染的材料装运绿色食品，必要时进行灭菌消毒。

⑤ 装运过程中禁止带入有污染或潜在污染的化学物品，所用的工具应清洁卫生，不允许含有化学物品。

⑥ 运输包装必须符合有机食品的包装规定，在运输包装的两端，应有明显的运输标志，包括始发站、到达站（港）名称、品名、数量、重量、收（发）货单位名称以及有机食品的标志。

⑦ 绿色食品装车（船、箱）前，应认真检查车（船、箱）体状况。对不清洁、不安全、装过化学品、危险品或者未按规定提供的车（船、箱），应及时提交有关部门处理，直到符合要求后才能使用。

⑧ 填写绿色食品运输单据时，要做到字迹清楚、内容准确、项目齐全。

⑨ 绿色乳制品严禁与任何化学品或其他有害、有毒、有气味的物品混装运输，应在低温下或冷藏条件下运输。

⑩ 绿色食品的运输车辆应该做到专车专用。在无专车的情况下，必须采用密闭的包装。尤其是长途运输的粮食、蔬菜和鱼类必须有严格的管理措施。容易腐败的食品如肉、鱼必须用专用密封冷藏车装运。运输活的有机禽畜和肉制品的车辆，应与其他车辆分开。

2. 绿色食品的运输原则和要求

绿色食品产品的运输要符合国家对食品运输的相关要求，主要遵循以下原则。

① 必须根据产品的类别、特点、包装要求、贮藏要求、运输距离及季节等采取不同的手段。

② 绿色食品在装运过程中，所用的容器和运输设备等必须洁净卫生，不能对绿色食品造成污染。

③ 在运输过程中，绿色食品禁止与农药、化肥及其他化学制品等混装运输。

④ 在运输过程中，A 级绿色食品和 AA 级绿色食品、绿色食品与非绿色食品不能混装运输。

思 考 题

1. 简述绿色食品加工企业选址的一般要求。
2. 绿色食品加工原则有哪些？
3. 简述绿色食品加工工艺特殊要求。
4. 简述绿色食品包装的功能和种类。
5. 绿色食品包装材料的要求有哪些？
6. 绿色食品标签使用注意事项有哪些？
7. 简述绿色食品贮藏的原则。
8. 简述绿色食品运输的原则。

第八章　绿色食品的认证

学习目标

1. 产品质量认证的概念和内涵。
2. 我国农产品认证的形式与作用。
3. 我国绿色食品认证的机构和职能。
4. 绿色食品生产资料、绿色食品产品、绿色食品基地认证等的申报条件、申报程序和审批管理。
5. 绿色食品商业企业、餐饮业申报及认证。

第一节　质量认证

一、质量认证的概念

质量认证一般包括两个方面：一是质量体系认证；二是产品质量认证。

1. 质量体系认证

质量体系认证又称质量体系评价与注册，是从产品质量认证中演变出来的。因为现代化的产品在生产过程中质量控制十分重要，一旦生产过程质量控制不好，很难在最终产品的检验中发现。因此，由生产企业（申请方）建立质量保证体系，由权威的、公正的、具有独立第三方法人资格的认证机构（由国家管理机构认可并授权）派出合格审核员组成的检查组，对申请方质量体系的质量保证能力依据3种质量保证模式标准进行检查和评价，对符合标准要求者授予合格证书并予以注册，并进行日常监督管理的过程，这就是质量体系认证，如质量管理体系认证ISO 9000、食品行业的质量体系认证HACCP等。

2. 产品质量认证

产品质量认证也称合格认证（Conformity certification）。“认证”一词的英文原意是一种出具证明文件的行动。现代的第三方产品质量认证制度早在1903年发源于英国，是由英国工程标准委员会（BSI的前身）首创的。在认证制度产生之前，供方（第一方）为了推销其产品，通常采用“产品合格声明”的方式，来博取顾客（第二方）的信任。这种方式，在当时产品简单，不需要专门的检测手段就可以直观判别优劣的情况下是可行的。但是，随着科学技术的发展，产品品种日益增多，产品的结构和性能日趋复杂，仅凭买方的知识和经验很难判断产品是否符合要求；加之供方的“产品合格声明”有“王婆卖瓜，自卖自夸”之嫌，并不总是可信，这种方式的信誉和作用逐渐下降。在这种情况下，产品质量认证制度也就应运而生。现在，全世界各国的产品质量认证一般都依据国际标准进行认证。国际标准中的60%是由ISO制定的，20%是由IEC制定的，20%是由其他国际标准化组织制定的。

1991年5月，国务院第83号令颁布了《中华人民共和国产品质量认证管理条例》，以专项法规的形式，全面具体地规范了我国的产品质量认证工作。该条例第二条对产品质量认证的概念是这样规定的：“产品质量认证是依据产品标准和相应技术要求，经认证机构确认并通过颁发认证证书和认证标志来证明某一产品符合相应技术要求的活动"。产品质量认证的内涵可归纳为以下几点。

（1）质量认证的对象是产品　按照国际标准化组织的规定，将产品分为两类，即有形产品（通常人们使用的产品或商品）和无形产品（包括工艺性作业，如电镀、热处理、焊接以及各类形式的服务）。但当前的产品认证实际情况，一般是针对有形产品而言。

（2）质量认证的依据是产品标准　产品标准应是符合有关规范（如ISO/IEC指南7《关于制定用于合格评定标准的指南》），由国际/国家标准化机构制订发布的，同时被认证机构采纳的产品标准、技术规范等。

（3）质量认证的主体是第三方　认证活动必须公开、公正、公平。通常把产品的生产企业称为"第一方"，把产品的采购单位称为"第二方"，"第三方"是独立于第一方和第二方的一方，在产品质量认证活动中是公正的认证机构。它和第一方、第二方都不存在行政上的隶属关系和经济上的利害关系。

（4）质量认证的获准表示是认证证书和认证标志　认证证书即合格证书，是认证机构根据认证制度的规则颁发给企业的一种证明文件，证明某项产品符合特定标准或规范性文件；认证标志是由认证机构设计、发布，并按认证制度的规则使用或颁发的一种受保护的标志，以证明某项产品符合特定标准或规范性文件。合格标志可以使用在合格出厂的认证产品上。

二、质量认证的形式

质量认证有强制性认证与自愿性认证之分。强制性认证是为了贯彻强制性标准而采取的政府管理行为，故也可称之为强制性管理下的产品认证，它的程序和自愿性认证基本相似，但也具有不同的性质和特点，见表8-1。

表8-1　强制性认证与自愿性认证的特点与区别

性质	强制性认证	自愿性认证
对象	主要是涉及人身安全性的产品，如：电器、玩具、建材、压力容器、防护用品、药品等	不涉及人身安全性产品
标准	按国家标准化法发布的强制性标准	按国家标准化法发布的国家标准和行业标准等
法律依据	据国家法律、法规或联合规章所作的强制性规定	据国家产品质量法和产品质量认证条例的规定
证明方式	法律、法规或联合规章所指定的安全认证标志	认证机构颁发的认证证书和认证标志
制约作用	未取得认证合格，产品不带有指定的认证标志，不得销售、进口和使用	未取得认证，仍可销售、进口和使用。但可能会受到市场方面的制约作用

国家已经推出的有关农产品生产和流通的管理体系认证形式有：基于HACCP的食品质量安全管理体系认证、用于流通领域的绿色市场认证、可应用于农产品和食品领域的质量管理体系ISO 9000认证和环境管理体系ISO 14000认证等。正在研究和准备的认证形式有：良好农业规范（GAP）认证、ISO 22000食品安全管理体系认证、食品零售商采购审核标准（GFSI）认证等。

我国实行强制性认证和自愿性认证相结合的农产品质量认证制度，现已开展的全国性农产品质量认证形式和制度有：无公害农产品认证、绿色食品认证、有机食品认证和饲料产品认证。另外还有部分行业、地方和其他认证机构各自开展的"食用农产品安全认证"、"安全饮品认证"、"安全食品认证"、"健康食品认证"、"方圆认证"等。绿色食品认证是我国农产品质量认证工作的先驱，1990年5月农业部和国家工商行政管理局宣布开始开发绿色食品，实施绿色食品工程。1992年农业部成立绿色食品办公室，同年成立中国绿色食品发展中心，绿色食品文字和图形标志由中国绿色食品发展中心注册为中国第一例质量证明商标，绿色食品认证纳入了法制化轨道。

通过第三方认证机构的认证活动来加强农产品、食品生产和经营企业安全体系的建设已经成为保障食品安全的重要手段。但目前一些认证形式缺乏系统性和前瞻性，各种认证使企业不堪重负，消费者无所适从，认证的标准也有待提高，因此有必要组织力量对这些认证形式和行政许可进行分析和评估，建立适合我国国情并相互衔接配套的农产品和食品安全认证体系的框架。

三、产品质量认证的作用

国家参照国际先进的产品标准和技术要求，推行产品质量认证制度，企业根据自愿原则可向授权部门认可的第三方认证机构申请产品质量认证。经认证合格的，由认证机构颁发产品质量认证证书，准许企业在产品或者其包装上使用产品质量认证标志。推行产品质量认证制度的目的是通过对符合认证标准的企业和产品颁发认证证书和认证标志，便于消费者识别，同时也有利于提高经认证合格的企业和产品的市场信誉，增强产品的市场竞争能力，以激励企业加强质量管理，提高产品质量水平。

《中华人民共和国农产品质量安全法》已经于2006年11月1日施行，为保障农产品质量安全，维护公众健康，促进农业和农村经济发展提供了法律保证。农产品质量安全法在第八条和第九条中，明确指出国家引导、推广标准化生产，鼓励和支持生产优质农产品，推行科学的质量管理办法。认证是当前国际通行的农产品和食品质量安全管理手段，它是由处于独立第三方地位并具备一定资质能力的认证机构，对农产品和食品的生产和加工、贮运、销售过程是否符合标准或技术规范的要求提供符合性证明的评定活动。农产品质量认证最具有特色，其重要作用在于以下几点。

① 有利于推进标准化的贯彻实施，便于规范农产品种养过程及食品加工、销售等环节，促使农产品及食品的生产者、经营者及相关管理者树立标准意识和质量意识。

② 判定农产品、食品是否符合标准，是由处于公正地位的专业化的认证机构做出的。它以不同于农产品种植、养殖方和食品加工方（即第一方）与批发商、经销商（即第二方）的第三方身份，对获得认证的产品持续符合标准和技术规范的要求提供证明，并承担保障认证结果公正和有效的责任。对此，2003年11月1日开始施行的《中华人民共和国认证认可条例》（第62条）已有明确规定。

③ 有利于解决当前国际农产品及食品贸易遇到的技术壁垒，通过农产品、食品认证的国际互认，便于我国农产品、食品顺利走出国门。

④ 开展认证适应了政府职能转变和机构改革形势，有利于政府从直接实施产品质量安全检验检测等行政审批性质（直接承担着质量安全的责任）的工作中解脱出来，减少政府的责任和风险，因而对于深化行政管理体制改革，提高政府效能，从源头上预防和治理腐败，也具有重要意义。

⑤ 开展产品质量认证也使企业在提高管理水平，保证产品质量，增强市场竞争力，提高企业信誉、知名度，扩大出口等方面显示出了较大优势，收益显著。

四、绿色食品认证的机构与性质

1. 我国绿色食品认证的机构

绿色食品认证是农产品质量认证体系的组成部分，中国绿色食品发展中心是组织和指导全国绿色食品开发和管理工作的权威机构。该中心成立于1992年，隶属农业部，与农业部绿色食品管理办公室合署办公。中心网站名称为“中国绿色食品网”，网址为：http://

www.greenfood.org.cn/。

中国绿色食品发展中心的主要职能是：受农业部委托，制定绿色食品发展方针、政策及规划，组织制定和推行绿色食品的各类标准；依据标准，认证绿色食品；依据《农产品质量安全法》、《中华人民共和国商标法》，实施绿色食品产品质量监督和标志商标管理；组织开展绿色食品科研、示范、技术推广、培训、宣传、国际交流与合作等工作；指导各省、市、自治区绿色食品管理机构的工作；组织、协调绿色食品产地环境和产品质量监测工作。中国绿色食品发展中心内设综合处、标志管理处、认证处、科技与标准处、计划财务处、国际合作处等部门。

2. 绿色食品认证的性质

中国绿色食品实行统一、规范的标志管理，即通过对合乎特定标准的产品发放特定的标志，用以证明产品的特定身份以及与一般同类产品的区别。从形式上看，绿色食品标志管理是一种质量认证行为，但绿色食品标志是在国家工商行政管理局注册的一个商标，受《中华人民共和国商标法》严格保护，在具体运作上完全按商标性质处理。因此，绿色食品在认定的过程中是质量认证行为，在认定后是商标管理行为，也就是说，绿色食品标志管理实现了质量认证和商标管理的结合。

实现这个结合既使绿色食品的认定具备产品质量认证的严格性和权威性，又具备商标使用的法律地位。实施绿色食品标志管理不仅可以有效地规范企业的生产和流通行为，而且有利于保护广大消费者的权益；不仅可以有效地促进企业争创名牌，开拓市场，而且有利于绿色食品产业化发展。从另一个角度来看，绿色食品标志的商标注册和规范使用，使绿色食品具有可识别性。其经济学意义在于：一方面，可识别性使绿色食品再生产过程的内在价值得以体现；另一方面，可识别性使绿色食品再生产过程的内在特征外在化，从而为绿色食品逐步发展成为相对独立的产业创造了条件。

第二节　绿色食品生产资料申报及认证

一、绿色食品生产资料种类

为了确保生产绿色食品所用生产资料的有效性、安全性，保障绿色食品的质量，中国绿色食品发展中心于1999年10月发布实施了《绿色食品生产资料认定推荐管理办法》，该管理办法规定："绿色食品生产资料"是指经中国绿色食品发展中心（以下简称"中心"）认定，符合绿色食品生产要求及相关标准的，被正式推荐用于绿色食品生产的生产资料。绿色食品生产资料分为AA级绿色食品生产资料和A级绿色食品生产资料。

1. AA级绿色食品生产资料

指经专门机构认定，符合绿色食品生产要求，并正式推荐用于AA级绿色食品和A级绿色食品生产的生产资料。

2. A级绿色食品生产资料

指经专门机构认定，符合A级绿色食品生产要求，并正式推荐用于A级绿色食品生产的生产资料。

绿色食品生产资料涵盖农药、肥料、食品添加剂、饲料添加剂（或预混料）、兽药、包装材料、其他相关生产资料7类。中国绿色食品发展中心于1996年开始开展绿色食品生产资料认定和推荐工作，截至2006年底，在三年有效期内的企业总数共有24家，产品50个。其中肥料产品16个，占32%；农药产品1个，占2%；饲料及饲料添加剂产品28个，占

56%；食品添加剂产品 4 个，占 8%；其他产品 1 个，占 2%。绿色食品生产资料实行统一编号，编号形式如下。

LSSZ-	××	××	××	××	××	A（AA）
绿色食品生产资料	产品分类	批准年份	国家代号	地区代号	产品序号	产品分级

具体代码见表 8-2。

表 8-2 产品分类、主要国家和行政区代码序号

产品分类	世界主要国家代号		
01 农药	01 中国	24 意大利	33 俄罗斯
02 肥料	02 日本	25 希腊	35 比利时
03 饲料添加剂	08 印度	26 荷兰	36 西班牙
04 兽药	17 以色列	27 丹麦	39 瑞士
05 食品添加剂	21 德国	28 芬兰	41 美国
06 包装材料	22 英国	29 瑞典	42 加拿大
07 其他相关生产资料	23 法国	30 挪威	44 巴西
中国行政区代码			
01 北京	02 天津	03 河北	04 山西
05 内蒙古	06 辽宁	07 吉林	08 黑龙江
09 上海	10 江苏	11 浙江	12 安徽
13 福建	14 江西	15 山东	16 河南
17 湖北	18 湖南	19 广东	20 广西
21 海南	22 四川	23 贵州	24 云南
25 西藏	26 陕西	27 甘肃	28 宁夏
29 青海	30 新疆	31 香港	32 澳门
33 台湾	34 呼盟	35 西安	36 新疆生产建设兵团
37 漳州	38 长春	39 重庆	40 广州
41 大连			

以产品编号为 LSSZ-0102010705AA 为例，LSSZ 表示“绿色食品生产资料”，01 表示该类生产资料为农药，“02”是该产品经中国绿色食品发展中心认定的年份，“01”代表中国，“07”代表吉林省，“05”是该产品被认定时的序号，最后一位“AA”则指该绿色食品生产资料为“AA”级，推荐用于 AA 级绿色食品或 A 级绿色食品生产。

获证产品必须在其包装上使用绿色生产资料商标，并同时附有绿色生产资料产品编号和“经中国绿色食品发展中心许可使用”字样。绿色生产资料商标由三部分构成：基部橘黄色实心圆点、中间绿色叶片及其延伸的外圆，如图 8-1 所示。

绿色外圆，代表安全、有效、环保，象征绿色食品生产资料保障绿色食品产品质量、保护农业生态环境的理念；中间向上的三片绿叶，代表绿色食品种植业、养殖业、加工业，象征绿色食品蓬勃发展；基部橘黄色实心圆点，为图标的核心，代表绿色食品生产资料，象征绿色食品发展的物质技术基础。

图 8-1　绿色生产资料商标（字号）

绿色生产资料商标产品编号形式及含义如下。

LSSZ-	××	××	××	××	××××
绿色食品生产资料	产品类别	核准年份	核准月份	省份（国别）	当年序号

省份代码按全国行政区划的序号编码；国外产品，从 51 号开始，按各国第一个产品获证的先后为序依次编码。

二、申报绿色食品生产资料的条件

凡具有法人资格生产农药、肥料、食品添加剂、饲料及饲料添加剂（或预混料）、兽药、包装材料、其他相关生产资料的企业，均可作为申请企业。

申报绿色食品生产资料应具备的条件：

① 经国家有关部门检验登记，允许生产、销售的产品；

② 有利于保护或促进使用对象的生长，或有利于保护或提高产品的品质；

③ 不造成使用对象产生和积累有害物质，不影响人体健康；

④ 对生态环境无不良影响。

三、申请使用绿色食品生产资料商标的产品的条件

绿色食品生产资料商标在国家商标局注册，中国绿色食品发展中心是绿色食品生产资料商标的注册人，其专用权受《中华人民共和国商标法》保护。凡具有法人资格的企业，均可作为绿色食品生产资料商标使用的申请人。申请使用绿色食品生产资料商标的产品必须同时符合下列条件：

① 其生产经营获得有关行政许可，质量符合相关技术标准；

② 不造成使用对象产生和积累有害物质，不影响人体健康；

③ 有利于保护和促进使用对象的生长，或有利于保护和提高使用对象的品质；

④ 在合理使用的条件下，对生态环境无不良影响；

⑤ 属非转基因和以非转基因原料加工的产品。

四、绿色食品生产资料的认证申报程序

1. 申请企业向所在省（市、自治区）绿色食品委托管理机构或直接向中心提出申请，填写《绿色食品生产资料认定推荐申请书》（一式两份），并提交有关资料

（1）申请报告　题目一般为《关于办理“××”牌××（产品名称）AA 级（或 A 级）绿色食品生产资料标志使用权的申请》。内容一般应包括以下几点。①申报主体的地理位置及生态环境；②企业的基本情况：企业的隶属、性质、设计年生产能力、实际年生产能力、生产设备及条件、生产人员的技术力量或技术依托；③原料来源、数量、供应方式；④产品质检设备、质量检验制度、保证产品质量的措施；⑤市场销售情况：产品年销售量、销售地域及方式、年销售收入及利润情况；⑥企业产品执行标准及工艺流程；⑦产品特点；⑧企业

的三废（废气、废水、废弃物）排放及处理情况，对周围生态环境有无不良影响。

(2) 申请企业需提交下列材料供审查

① 登记证（临时或正式）复印件。

a. 肥料。复混肥料提供省级肥料管理部门发放的推广证复印件；叶面肥、微生物肥需提供农业部登记证复印件。

b. 农药。需农业部颁发的登记证复印件。

c. 饲料。农业部颁发的饲料添加剂、预混料生产许可证和省级饲料部门发放的批准文件复印件。

d. 兽药。需省级兽药管理部门批准的生产许可证复印件。

e. 食品添加剂。需省级主管部门会同卫生部门颁发的生产许可证和卫生许可证复印件。

② 产品质量检测报告（由省级以上质量监测部门出具的一年之内的质量检测报告）。

③ 商标注册证复印件。

④ 营业执照复印件。

⑤ 环保合格同意生产证明（三废排放情况，由当地环保部门出具）。

⑥ 生产许可证。

⑦ 产品标签。

⑧ 产品使用说明书（提供样张）。

⑨ 产品企业执行标准（省技术监督局备案文本复印件）。

⑩ 产品工艺流程（详细、具体地说明原料、添加物的名称及用量）。

⑪ 产品原料供应合同及供应方式。

⑫ 企业质量管理手册。

⑬ 试验报告。

田间肥效试验报告。我国两个以上自然条件不同的地区，两年以上 8 种作物的田间试验，试验设计有三次以上的重复，试验数据经数理统计 1/3 以上效果显著，试验报告要规范、可靠，并由县级以上（含县级）的农业科研、教学、技术推广单位的农艺师或同级职称以上技术人员签字，并盖单位公章的报告复印件。

田间药效试验报告由取得农业部认证资格的农药试验单位出具。

饲料有 2 年以上的效果验证报告、专家对产品的鉴定。

⑭ 毒性试验报告。

有机肥及叶面肥应提供急性毒性试验报告（报告要由省级以上药品、卫生检验机构出具）；土壤调理剂应提供急性试验、Ames 试验、微核试验（或染色体试验）及致畸试验报告（报告要由省级以上药品、卫生检验机构出具）；微生物肥料则应按菌种安全管理的规定，提供菌种相应的免检、毒力试验或非病原鉴定报告（报告应由农业部认可的检测单位出具）。

农药必须有急性毒性试验报告（报告应由通过农业部认可的检测单位出具）；已正式登记的农药产品，需提供残留试验及对生态环境影响报告（省级以上单位提供的我国两年两地的残留试验报告）。

饲料及饲料添加剂、食品添加剂、兽药应提供毒理学安全评价报告。

⑮ 如为科研成果或专利，需提供科研成果鉴定材料、鉴定证书或专利证书。

⑯ 其他（获奖证书等）。

以上材料准备齐全后，按顺序用 A4 纸装订成册，材料需加封皮和目录，一式两份送到绿色食品委托管理机构（绿办）。

2. 绿办收到申请材料后，初审合格者，将申报材料报送中心

3. 中心收到申报材料后，组织专家审查，审查合格者，中心派人或委托绿办派人对申请企业进行考察和抽样，并将样品寄送中心指定的监测机构检测

4. 中心对考察和检测结果进行审核。合格者，由中心与其签订协议，颁发推荐证书，并发布公告。不合格者，在其不合格部分作出相应改进前，不再受理其申请

申请企业必须缴纳以下费用：

① 申请费（500 元）：用于印刷申请资料、制作证书、对企业的咨询服务；

② 检验费（按国家规定收费标准缴检测单位）；

③ 审查许可费（8000 元）：用于聘请专家、对企业实地检查、审查材料；

④ 公告费（1000 元）：用于在报纸上发布颁证企业及产品名单；

⑤ 年审费（1000 元）：用于对产品抽检和企业检查。

申请企业增报的产品，每个品种缴纳申请费 200 元，审查许可费 2000 元，其他费用同上。申请费随申请材料缴纳，审查许可费在领取证书时缴纳，公告费在发布公告一个月内缴纳，第一年的标志使用费领证时缴纳，第二年、第三年的标志使用费和年审费于每年年审时缴纳。

五、绿色生产资料商标的申报和审核程序

1. 申请人向当地绿办提交《绿色食品生产资料证明商标使用申请书》（以下简称《申请书》）及相关材料（一式两份），有关申请资料可向当地绿办领取或在中心网站下载

2. 绿办在收到申请材料后十五日内完成初审，初审合格后报中心复审

3. 中心收到初审材料后，由专门机构组织专家在十五日内完成复审，必要时，派人赴企业实地检查，复审时限可相应延长

4. 复审完成后，提交绿色食品生产资料评审委员会终审

5. 终审合格后，企业与中心签订《绿色食品生产资料证明商标使用许可合同》（以下简称《合同》），与专门机构签订《绿色食品生产资料证明商标管理服务协议》（以下简称《协议》）。完成上述事项后，由中心颁发《绿色食品生产资料证明商标使用证》

企业应按照有关收费标准和《协议》规定，向专门机构交纳绿色食品生产资料证明商标使用许可审核管理费。具体收费情况如下。

① 审核费。单个核准产品每个 8000 元；同时核准的同类、系列产品，每增加一个加收 2000 元；同时核准的同类、系列产品，超过五个以上部分，每增加一个加收 1000 元；同时核准多个产品，每增加一个加收 5000 元。

② 管理费。见表 8-3。

③ 续展产品审核费减免 50%，管理费不变。

六、绿色食品生产资料与绿色生产资料证明商标的管理

1. 被推荐的绿色食品生产资料的管理

① 在绿色食品生产资料产品的包装标签的左上方，必须标明“×（A 或 AA）级绿色食品生产资料”、“中国绿色食品发展中心认定推荐使用”字样及统一编号，并加贴中心统一的防伪标签。

② 绿色食品生产资料的申报单位需履行与中心签订的协议，不得将推荐证书用于被推荐产品以外的产品，亦不得以任何方式许可其联营、合营企业产品或他人产品享用该证书及推荐资格，并按时交纳有关费用。

表 8-3 绿色食品生产资料使用管理费

产品种类		第一年/(元/个)	第二年/(元/个)	第三年/(元/个)	同类、系列产品/(元/每增加一个)	多个产品/(元/每增加一个)
肥料	有机肥、微生物肥	8000	10000	10000	500	1000
	有机无机混肥、微量元素肥、中量元素肥、土壤调理剂	12000	15000	15000	500	1000
	复合肥、复混肥	16000	20000	20000	1000	2000
农药	生物源农药、矿物源农药	8000	10000	10000	500	1000
	有机合成农药	16000	20000	20000	1000	2000
饲料及饲料添加剂	配合饲料、精料补充料、浓缩饲料、添加剂预混料、饲料添加剂、单一饲料(包括牧草)	12000	15000	15000	500	1000
兽药	各类产品	12000	15000	15000	500	1000
食品添加剂	天然食品添加剂	8000	10000	10000	500	1000
	化学合成添加剂	16000	20000	20000	1000	2000
其他	各类产品	12000	15000	15000	500	1000

③ 凡外包装、名称、商标发生变更的产品，需提前将变更情况报中心备案。

④ 绿色食品生产资料自批准之日起，三年有效，并实行年审制。要求第三年到期后继续推荐其产品的企业，需在有效期期满前九十天内重新提出申请，未重新申请者，视为自动放弃被推荐的资格，原推荐证书过期作废，企业不得再在原被推荐产品上继续使用原包装标签。

⑤ 未经中心认定推荐或认定推荐有效期已过或未通过年审的产品，任何单位或个人不得在其包装标签上或广告宣传中使用"绿色食品生产资料"、"中国绿色食品发展中心认定推荐"等字样或词语，擅自使用者，将追究其法律责任。

⑥ 取得推荐产品资格的生产企业在推荐有效期内，应接受中心指定的检测单位对其被推荐的产品进行质量抽检。

⑦ 中心除例行年审（含抽检）外，若发现推荐产品存在质量问题或接到用户对推荐产品安全性或有效性的投诉，将指定检测单位对其进行复核检验，确认该产品对环境、人、畜、作物有害或效果不明显时，撤销其被推荐资格，收回推荐证书，并予以公告。因各种原因登记证被取消者，被推荐资格也随之取消。

2. 绿色食品生产资料证明商标的管理

绿色食品生产资料证明商标于 2007 年 2 月 21 日在国家商标局正式注册，随后中国绿色食品发展中心制定发布的《绿色食品生产资料证明商标管理办法》等相关配套文件，标志着绿色生产资料证明商标使用许可工作正式启动。在《绿色食品生产资料证明商标管理办法》中有如下规定。

① 绿色生产资料商标及产品编号的使用仅限于核准使用的产品和产量。获证企业不得擅自扩大使用范围，不得将绿色生产资料商标及产品编号转让或许可他人使用，不得进行导致他人产生误解的宣传。

② 获证产品的包装标签必须符合国家相关标准和规定，其中肥料和农药产品的包装标签还必须标明绿色生产资料使用准则规定的使用方法和剂量。

③ 绿色生产资料商标使用权自核准之日起 3 年内有效，到期愿意继续使用的必须在有

效期满前 90 天提出续展申请。逾期则视为放弃续展。

④《使用证》所载产品名称、商标名称、企业名称和核准产量等内容发生变化，企业应及时向中心申请办理变更手续。

⑤ 企业应保证获证产品质量符合相关标准，并对其生产和销售的获证产品质量承担责任。获证企业如丧失绿色生产资料生产条件，应在 1 个月内向中国绿色食品发展中心报告，办理停止使用绿色生产资料商标的手续。

3. 绿色食品生产资料获证企业和获证产品的年检和抽检

中国绿色食品发展中心还对获证企业和获证产品分别施行企业年度监督检查（以下简称年检）和产品质量监督抽检制度（以下简称抽检）。年检委托绿办负责实施，年检办法如下。

① 企业在绿色生产资料商标使用每个年度到期前一个月向绿办提交年检材料，主要包括：《使用证》原件、本年度产品检测报告、相关资质证明，以及履行《合同》、《协议》情况的报告。

② 绿办在必要时可对企业进行现场检查，根据质量监督的需要，检查企业的生产过程、相关场所及生产环境，查阅有关档案材料及票据。企业应为检查工作提供便利条件。

③ 绿办在收到企业年检材料后十五日内完成年检审核。年检合格的，在其《使用证》原件上加盖年检合格章；年检不合格的，省（级）绿办可区别不同情况要求其整改或报请中心取消相关产品绿色生产资料商标使用权。

企业对产品检验结论如有异议，可自收到检验报告之日起十五日内书面提请中心仲裁。仲裁检验由中心另行指定监测机构进行。仲裁检验费先由企业垫付，再根据检验结论由责任方承担。

第三节　绿色食品产品申报及认证

一、绿色食品的类别

绿色食品按产品级别分，包括初级产品、初加工产品、深加工产品等；按产品类别分，包括农林产品及其加工品、畜禽类、水产类、饮品类和其他产品。绿色食品产品类别和代码具体介绍如下。

1. 农林产品及其加工产品

01 小麦、02 小麦粉、03 大米、04 大米加工品、05 玉米、06 玉米加工品、07 大豆、08 大豆加工品、09 油料作物产品、10 食用植物油及其制品、11 糖料作物产品、12 机制糖、13 杂粮、14 杂粮加工品、15 蔬菜、16 冷冻保鲜蔬菜、17 蔬菜加工品、18 鲜果类、19 干果类、20 果类加工品、21 食用菌及山野菜、22 食用菌及山野菜加工品、23 其他食用农林产品、24 其他农林加工食品。

2. 畜禽类产品

25 猪肉、26 牛肉、27 羊肉、28 禽肉、29 其他肉类、30 肉食加工品、31 禽蛋、32 蛋制品、33 液体乳、34 乳制品、35 蜂产品。

3. 水产类产品

36 水产品、37 水产加工品。

4. 饮品类产品

38 瓶（罐）装饮用水、39 碳酸饮料、40 果蔬汁及其饮料、41 固体饮料、42 其他饮料、43 冷冻饮品、44 精制茶、45 其他茶、46 白酒、47 啤酒、48 葡萄酒、49 其他酒类。

5. 其他产品

50 方便主食品、51 糕点、52 糖果、53 果脯蜜饯、54 食盐、55 淀粉、56 调味品类、57 食品添加剂。

截至 2006 年底，全国有效使用绿色食品标志企业总数达到 4615 家，产品总数达到 12868 个，实物总量超过 7200 万吨。按产品级别划分有初级产品 4762 个，初加工产品 4621 个，深加工产品 3485 个；按产品类别划分有农林产品及其加工品 7555 个、畜禽类 1656 个、水产类 797 个、饮品类 1953 个、其他产品 907 个。

二、绿色食品产品申报条件

1. 申请人条件

申请人必须是企业法人，社会团体、民间组织、政府和行政机构等不可作为绿色食品的申请人。同时，还要求申请人具备以下条件。

① 具备绿色食品生产的环境条件和技术条件。

② 生产具备一定规模，具有较完善的质量管理体系和较强的抗风险能力。

③ 加工企业须生产经营一年以上方可受理申请。

④ 有下列情况之一者，不能作为申请人：与中心和省绿办有经济或其他利益关系的；可能引致消费者对产品来源产生误解或不信任的，如批发市场、粮库等；纯属商业经营的企业（如百货大楼、超市等）；政府和行政机构。

2. 申请认证产品条件

① 按国家商标类别划分的第 5、29、30、31、32、33 类中的大多数产品均可申请认证。如第 29 类的肉、家禽、水产品、奶及奶制品、食用油脂等，第 30 类的食盐、酱油、醋、米、面粉及其他谷物类制品、豆制品、调味用香料等，第 31 类的新鲜蔬菜、水果、干果等，第 32 类的啤酒、矿泉水、水果饮料及果汁、固体饮料等，第 33 类的含酒精饮料。

② 以“食”或“健”字登记的新开发产品可以申请认证。

③ 经卫生部公告既是药品也是食品的产品，如紫苏、菊花、白果、陈皮、红花等可以申请认证。

④ 暂不受理油炸方便面、叶菜类酱菜（盐渍品）、火腿肠及作用机理不甚清楚的产品（如减肥茶）的申请。

⑤ 香烟、使用转基因技术或由转基因原料生产（饲养）加工的任何产品均不受理。

三、绿色食品产品认证程序

绿色食品认证流程如图 8-2 所示。

1. 认证申请

申请人向中国绿色食品发展中心（以下简称中心）及其所在省（自治区、直辖市）绿色食品办公室、绿色食品发展中心（以下简称省绿办）领取《绿色食品标志使用申请书》、《企业及生产情况调查表》及有关资料，或从中心网站下载。

申请人填写并向所在省绿办递交《绿色食品标志使用申请书》、《企业及生产情况调查表》、保证执行绿色食品标准和规范的声明及提交相关材料。

2. 受理及文审

省绿办收到上述申请材料后，进行登记、编号，5 个工作日内完成对申请认证材料的审查工作，并向申请人发出《文审意见通知单》，同时抄送中心认证处。申请认证材料不齐全的，要求申请人收到《文审意见通知单》后 10 个工作日提交补充材料。申请认证材料不合格的，通知申请人本生产周期不再受理其申请。

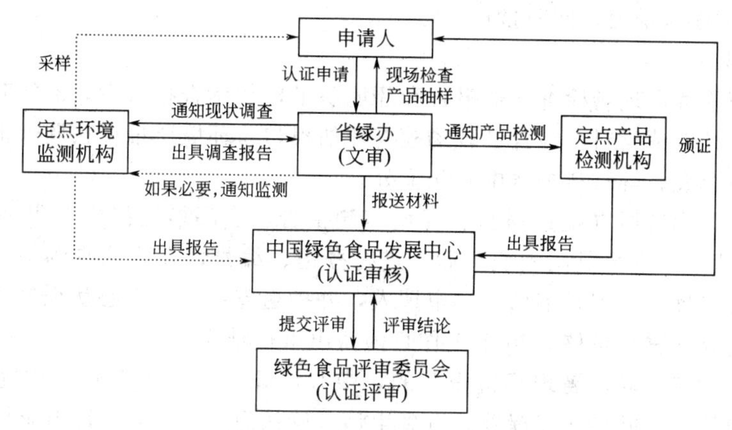

图 8-2　绿色食品认证程序图

3. 现场检查、产品抽样

省绿办应在《文审意见通知单》中明确现场检查计划，并在计划得到申请人确认后委派2名或2名以上检查员进行现场检查。检查员根据《绿色食品检查员工作手册》（试行）和《绿色食品　产地环境质量标准》中规定的有关项目进行逐项检查。每位检查员单独填写现场检查表和检查意见。现场检查和环境质量现状调查工作在5个工作日内完成，完成后5个工作日内向省绿办递交现场检查评估报告和环境质量现状调查报告及有关调查资料。

现场检查合格，可以安排产品抽样。凡申请人提供了近一年内绿色食品定点产品监测机构出具的产品质量检测报告，并经检查员确认，符合绿色食品产品检测项目和质量要求的，免产品抽样检测。现场检查不合格，不安排产品抽样。现场检查合格，需要抽样检测的产品安排产品抽样。

① 当时可以抽到适抽产品的，检查员依据《绿色食品产品抽样技术规范》进行产品抽样，并填写《绿色食品产品抽样单》，同时将抽样单抄送中心认证处。特殊产品（如动物性产品等）另行规定。

② 当时无适抽产品的，检查员与申请人当场确定抽样计划，同时将抽样计划抄送中心认证处。

③ 申请人将样品、产品执行标准、《绿色食品产品抽样单》和检测费寄送绿色食品定点产品监测机构。

4. 环境监测

绿色食品产地环境质量现状调查由检查员在现场检查时同步完成。经调查确认，产地环境质量符合《绿色食品　产地环境质量现状调查技术规范》规定的免测条件，免做环境监测。

根据《绿色食品　产地环境质量现状调查技术规范》的有关规定，经调查确认，必要进行环境监测的，省绿办自收到调查报告2个工作日内以书面形式通知绿色食品定点环境监测机构进行环境监测，同时将通知单抄送中心认证处。定点环境监测机构收到通知单后，40个工作日内出具环境监测报告，连同填写的《绿色食品环境监测情况表》，直接报送中心认证处，同时抄送省绿办。

5. 产品检测

绿色食品定点产品监测机构自收到样品、产品执行标准、《绿色食品产品抽样单》、检测费后，20个工作日内完成检测工作，出具产品检测报告，连同填写的《绿色食品产品检测情况表》，报送中心认证处，同时抄送省绿办。

6. 认证审核

省绿办收到检查员现场检查评估报告和环境质量现状调查报告后，3个工作日内签署审查意见，并将认证申请材料、检查员现场检查评估报告、环境质量现状调查报告及《省绿办绿色食品认证情况表》等材料报送中心认证处。

中心认证处收到省绿办报送材料、环境监测报告、产品检测报告及申请人直接寄送的《申请绿色食品认证基本情况调查表》后，进行登记、编号，在确认收到最后一份材料后2个工作日内下发受理通知书，书面通知申请人，并抄送省绿办。中心认证处组织审查人员及有关专家对上述材料进行审核，20个工作日内做出审核结论。

审核结论为“有疑问，需现场检查”的，中心认证处在2个工作日内完成现场检查计划，书面通知申请人，并抄送省绿办。得到申请人确认后，5个工作日内派检查员再次进行现场检查。

审核结论为“材料不完整或需要补充说明”的，中心认证处向申请人发送《绿色食品认证审核通知单》，同时抄送省绿办。申请人需在20个工作日内将补充材料报送中心认证处，并抄送省绿办。

审核结论为“合格”或“不合格”的，中心认证处将认证材料、认证审核意见报送绿色食品评审委员会。

7. 认证评审和颁证

绿色食品评审委员会自收到认证材料、认证处审核意见后10个工作日内进行全面评审，并做出认证终审结论。认证终审结论分为两种情况：认证合格和认证不合格。

结论为“认证不合格”，评审委员会秘书处在做出终审结论2个工作日内，将《认证结论通知单》发送申请人，并抄送省绿办。本生产周期不再受理其申请。

结论为“认证合格”，中心在5个工作日内将办证的有关文件寄送申请人，并抄送省绿办。申请人在60个工作日内与中心签订《绿色食品标志商标使用许可合同》，中心主任签发证书。

领取绿色食品标志使用证书时，需同时办理如下手续：①交纳标志服务费，原则上每个产品1万元（系列产品优惠）；②送审产品使用绿色食品标志的包装设计样图；③如不是法人代表本人来办理，需出示法人代表的委托书；④订制绿色食品标志防伪标签；⑤与中心签订《绿色食品标志许可使用合同》。中国绿色食品发展中心将对履行了上述手续的产品实行统一编号，并颁发绿色食品使用证书，证书的有效期为三年。

四、申请使用绿色食品标志所需上报的材料及填写规范

1. 一般要求

① 要求申请人用钢笔、签字笔正楷如实填写《绿色食品标志使用申请书》、《企业及生产情况调查表》，或用A4纸打印，字迹整洁、术语规范、印章清晰；一份《绿色食品标志使用申请书》和《企业及生产情况调查表》只能填报一个产品。

② 所有表格栏目不得空缺，如不涉及本项目，应在表格栏目内注明“无”；如表格栏目不够，可附页，但附页必须加盖公章。

③ 申请认证材料应装订成册，编制页码，并附目录。

2.《绿色食品标志使用申请书》、《企业及生产情况调查表》填写规范

（1）产品名称　“产品名称”栏应填写商品名（即产品包装上的名称），不可将一类产品（如蔬菜、水果、茶叶等）作为申请认证产品名称；对于原料配方基本一致，且加工工艺

相同或相近的系列加工产品（如系列大米、系列冰淇淋等）或同一产品申请在多个商标上使用的，可以以系列产品名称填写一份申请书，但在表一后要附报系列产品清单（包括产品名称、商标、申请认证产量和包装规格）；一栏内不可多个产品混填。

（2）申请认证产量应以“kg”或“吨”为单位

（3）“表一原料供应形式”栏

该栏主要填写申请认证企业与生产基地或原料供应单位间的关系，分 3 种形式。

① 申请认证企业本身是原料生产单位，如农场、果园等，填写“自给”。

② 申请认证企业有稳定基地，基地负责组织农户生产，填写“公司＋基地＋农户”、“协议供应”、“订单农业”等形式。

③ 从企业购买原料，填写“合同供应”。

对于畜禽、水产类申请认证企业，原料的供应包括两部分，即畜禽、水产品供应单位，饲料（饵类）供应单位。

（4）“表二农药与肥料使用情况”

① 填写单位。该表由原料生产单位填写、加盖公章并负责。省、市、县级农技服务部门不可作为填写单位。

②“主要病虫害”一栏填写当年发生的病、虫、草害。

③“农药、肥料使用情况”栏填写当年使用情况。

④ 对于大田作物（包括蔬菜），农药“每次用量”单位应用 g(mg)/亩或 1mL/亩，不得用稀释倍数；对于果树、茶叶类，用稀释倍数；拌种用药单位以“g(mL)/kg 种子（或‰）”表示。

⑤ 每项必须填写，不得涂改（如属笔误，进行杠改）。

⑥ 该表不可多个产品混填。

（5）“表三畜（禽、水）产品饲养（养殖）情况表”

① 填写单位。该表由饲养（养殖）单位填写、加盖公章并负责。省、市、县级畜牧、兽医（水产）服务部门不可作为填写单位。

②“饲料构成情况”栏应根据不同饲养阶段构成情况分别填写。“成分名称”栏应将全部饲料成分（包括预混料及具体配方）列出，不得用“其他”等含糊字样；比例填写用百分数（%）表示，依据用量大小，从大到小填写；“来源”详细填写，不可用“外购”、“来自基地”等含糊术语。

③“药剂使用情况”栏应详细填写所用药剂（包括疫苗、消毒剂）的使用情况；“使用量”单位用“mg（万单位）/kg 或 g（mg）/L”。

④ 每项必须填写，不得涂改。

⑤ 该表不可多个产品混填。

（6）“表四加工产品生产情况”

① 填写单位。该表由负责产品生产加工的单位填写、盖章并负责。

② 执行标准。有绿色食品产品标准的，须执行绿色食品产品标准。

③“原料基本情况”栏“名称”项应全部列出，按用量大小，由大到小填写；“比例”用百分数（%）表示；“来源”不可填写“外购”等含糊术语。

④“添加剂使用情况”栏“名称”不可缩写，不可填写“甜味剂”、“色素”、“香精”等集合名称，应填写通用名称；“用量”栏用千分数（‰）表示，不可用“kg”、“g”等重量单位；“备注”栏内应注明添加剂品牌及生产单位。

⑤ 每项必须填写，不得涂改。

⑥ 该表不可多个产品混填。

3. 生产操作规程编制规范

(1) 种植规程

① 规程的制定要因地制宜、具有科学性和可操作性。

② 规程的制定要体现绿色食品生产特点。病虫草害防治应以生物、物理和机械方法为基础；施肥应以有机肥为基础。

③ 内容应详细，包括：产地条件，品种和茬口（包括轮作方式），育苗与移栽，种植密度，田间管理（肥、水），病虫草鼠害的防治，收获及亩产量等。

④ 农药使用应注明名称、剂型规格、方法、使用次数及安全间隔期等。

⑤ 须正式打印件，并加盖公章。

(2) 饲养（养殖）规程

① 规程的制定要因地制宜，具有科学性和可操作性。

② 规程的制定应体现绿色食品生产特点。以预防为主，优先建立严格生物安全体系，改善饲养环境、加强饲养管理、增强动物自身的抗病力。

③ 内容应详细，包括：养殖场所卫生环境条件、环境消毒、饲料、饲料添加剂、饲料加工、防疫、体内外寄生虫及疾病防治、屠宰、检疫、仓储、运输、包装及生产管理等环节。

④ 饲料及饲料添加剂使用应根据动物各生长阶段营养需要合理调配；药剂的使用应注明品种、剂型、使用方法、使用剂量及停药期。

⑤ 须正式打印件，并加盖公章。

(3) 加工规程

加工规程的制定要包括以下内容。

① 原辅料来源、验收、储存及预处理方法。

② 生产工艺及主要技术参数，如温度、浓度、杀菌方法、添加剂的使用；原、辅料比例；添加剂应注明品种、用途、使用量；使用量用千分数（‰）表示。

③ 主要设备及清洗方法。

④ 包装、仓储及成品检验制度。

⑤ 须正式打印件，并加盖公章。

4. “公司＋基地＋农户”质量控制体系建立规范

(1) 基地及农户清单　要求建立稳定的生产基地，并列出各基地名称、地址、负责人、电话、作物（或动物）品种、种植面积（养殖规模）、预计产量；基地要求具体到最小单元村（场）；公司应建立详细农户清单，包括所在基地名称、农户姓名、作物（动物）品种、种植面积（养殖规模）、预计产量；对于基地农户数超过1000户的申请企业，可以只提供1个基地的农户清单样本，但企业必须以文字形式声明已建立了农户清单；基地图在当地行政区划图基础上绘制，应清楚标明各基地方位及周边主要标志物方位。

(2) 公司与基地（农户）合同或协议　公司应与各基地签订合同（协议），合同（协议）有效期应为3年；合同（协议）条款中应明确双方职责，明确要求严格按绿色食品生产操作规程及标准进行生产，并明确监管措施，合同（协议）中应标明基地（农户）名称、作物（动物）品种、种植面积（养殖规模）、预计收购产量等。

(3) 管理制度　公司应建立一套详细的管理制度，确保基地（农户）严格按绿色食品要求进行生产。公司应建立一套科学合理的组织机构，明确组织、管理绿色食品生产的机构、职责及主要负责人；所设机构应全面，包括基地管理、技术指导、生资供应、监督、收购、加工、仓储、运输、销售等各个环节的部门。公司应建立一套详细的培训制度，加强对干部、主要技术人员、基地农户进行有关绿色食品知识培训。要求公司对基地和农户进行统一管理（即统一供应品种、统一供应生产资料、统一技术规程，统一指导、统一监督管理、统一收购、统一加工、统一销售），各管理措施要求详细，符合实际情况，并具可操作性；如公司委托第三方技术服务部门进行管理，需签订有效期为 3 年的委托管理合同，受托方按上述要求制定具体的管理制度。

5. 农业环境质量监测报告

由绿色食品定点环境检测机构出具，包括有：土壤分析结果；大气分析结果；农田灌溉用水水质分析结果；加工用水水质分析结果；畜禽饮用水水质分析结果；渔业用水水质分析结果。

6. 农业环境质量现状评价（由绿色食品定点环境检测机构出具）

7. 农业环境质量现状调查（由绿色食品定点环境检测机构出具）

8. 省绿办考察报告及《企业情况调查表》

9. 产品的企业标准及企业质量管理手册（企业标准必须在当地技术监督部门备案）

10. 商标注册证的复印件

11. 企业营业执照、卫生许可证、动物检疫防疫证复印件

12. 原料购销合同（原件、附购销发票复印件）

13. 农药、肥料、兽药、食品添加剂等标签复印件或照片

14. 申报产品的现用包装式样及根据《绿色食品标志设计手册》设计的新包装方案

15. 其他（如申报产品有获奖证书、HACCP、ISO 认证证书等，一并附报）

对于不同类型的申请企业，依据产品质量控制关键点和生产中投入品的使用情况，还应分别提交以下材料。

① 矿泉水申请企业，提供卫生许可证、采矿许可证及专家评审意见复印件。

② 对于野生采集的申请企业，提供当地政府为防止过渡采摘、水土流失而制定的许可采集管理制度。

③ 对丁屠宰企业，提供屠宰许可证复印件。

④ 从国外引进农作物及蔬菜种子的，提供由国外生产商出具的非转基因种子证明文件原件及所用种衣剂种类和有效成分的证明材料。

⑤ 提供生产中所用农药、商品肥、兽药、消毒剂、渔用药、食品添加剂等投入品的产品标签原件。

⑥ 生产中使用商品预混料的，提供预混料产品标签原件及生产商生产许可证复印件；使用自产预混料（不对外销售），且养殖方式为集中饲养的，提供生产许可证复印件；使用自产预混料（不对外销售），但养殖管理方式为“公司＋农户”的，提供生产许可证复印件、预混料批准文号及审批意见表复印件。

⑦ 外购绿色食品原料的，提供有效期为一年的购销合同和有效期为三年的供货协议，并提供绿色食品证书复印件及批次购买原料发票复印件。

⑧ 企业存在同时生产加工主原料相同和加工工艺相同（相近）的同类多系列产品或平行生产（同一产品同时存在绿色食品生产与非绿色食品生产）的，提供从原料基地、收购、加工、包装、贮运、仓储、产品标识等环节的区别管理体系。

⑨ 原料（饲料）及辅料（包括添加剂）是绿色食品或达到绿色食品产品标准的相关证明材料。

⑩ 预包装产品，提供产品包装标签设计样。

五、申报产品产地环境质量监测

环境质量是影响绿色食品产品质量最基础的因素之一。而判断环境质量的好坏，必须取得代表环境质量的各种数据，即各种污染因素在一定范围内的时、空分布。环境监测是用科学方法监视和检测代表环境质量及发展变化趋势的各种数据的全过程。因此，环境监测及现状评价报告是绿色食品申报材料的重要组成部分。

1. 申报产品产地环境监测

产地是指申报产品或产品主原料的生长地。绿色食品产地应远离工矿区、城市污染源以及交通干线，生态环境良好。绿色食品生产和加工应符合《绿色食品　产地环境技术条件》（NY/T 391—2000）及国家和地方的环境保护法律法规要求，有利于产地的环境保护和可持续发展。

申报产品产地环境监测主要监测申报产品或产品主原料产地土壤、大气和水三个环境因子。监测工作由省绿色食品委托管理机构指定的环境监测机构（必须是在中国绿色食品发展中心备案的）组织实施，调查人员要求是绿色食品执行检查员或高级检查员，调查人员一般为 2 名或 2 名以上。监测费用由环境监测单位收取。

（1）根据调查结果，符合下列条件之一者，免做水质监测

① 农田灌溉水、畜禽养殖水、渔业养殖水及加工用水。申请人具有近 1 年内由县级以上农业、环保、卫生、水利等部门出具的具有法定效力的监测数据，同时，水源未受污染，符合绿色食品水质监测项目和环境质量标准要求。个别项目不能满足绿色食品水质监测项目要求的，可仅对缺项进行补充监测。

② 农田灌溉水。无灌溉条件，靠自然降雨的产地。

③ 渔业养殖水。远洋捕捞。

（2）根据调查结果，同时满足下列条件，免做土壤质量监测

① 不属于与土壤环境有关的地方病区。

② 主导风向和次主导风向的上风向 5km 范围内没有工矿企业废气污染源的区域。

③ 产地 3km 范围内无生活垃圾填埋场、电厂灰场、工业固体废物和危险废物填埋场的区域。

④ 已进行土壤环境背景值调查或近 3 年内已进行土壤质量监测、且背景值或监测结果符合绿色食品环境质量标准的区域。

⑤ 自土壤环境背景值调查或土壤质量监测以来，未使用有机汞、有机砷农药，未施用污泥、垃圾多元肥料和稀土肥料，未大量引进外源有机肥的产地。

⑥ 自土壤环境背景值调查或土壤质量监测以来，未进行污水灌溉，未进行客土的产地。

矿泉水、纯净水、太空水等产地免做土壤质量监测。

（3）符合下列条件之一者，免做空气质量监测

① 产地周围 5km 内、主导风向 20km 内无工矿企业废气污染源，3km 范围内无燃煤锅炉烟气排放源（锅炉容量大于 1t/h）的区域。

② 渔业养殖区：产地周围 1km 范围内无工矿企业和城镇。

③ 规模化畜禽圈养区：产地周围 1km 范围内无工矿企业和城镇。

④ 矿泉水、纯净水、太空水等水源地。

2. 有关绿色食品产地环境监测的几点规定

（1）监测时间　绿色食品产地环境监测时间要求安排在生物生长期。

（2）申请人应提供有关证明材料　如当地植保站、土肥站或供销社等部门出具的农药、肥料的销售和使用情况的证明材料。环境监测部门出具（或从公开出版的文献查阅）的区域土壤环境背景值。卫生防疫部门出具（或从公开出版的文献查阅）的地方病证明材料。

（3）布点数　布点数原则上按《绿色食品产地环境质量现状评价纲要》的有关规定执行，强调现场调查研究（必须出具环境监测单位的调查研究报告），坚持优化布点。

（4）特殊产品监测　依据产品工艺特点，某些环境因子（土壤、大气、水）可以不进行监测（须事先报中心批准）。根据几年来的监测实践经验及产品的特点，对以下几种产品的环境监测做如下规定：矿泉水环境监测只要求对水源进行水质监测；土壤、大气不必监测；深海产品只要求对加工水进行监测；野生产品的环境监测可以适当少布点，深山野生产品及深山蜂产品，水质及大气不要求监测。蘑菇等特殊产品监测要依据具体原料来源情况，经监测单位与中心商议后再确定。

（5）续报产品环境监测　在第一个使用周期有效期满前提出续报的产品，如申报规模没变，可以不做环境监测。该产品在第二个使用周期满前仍继续申报时，须做环境监测，但经监测单位和省绿办考察后，如果没有新的污染源，可以适当少布点。自第三个使用周期起，环境监测的有效期为六年。

（6）仲裁　如果企业在申报时，认为监测单位出具的监测结果有疑问，经企业与监测单位协商后，可以请求中心仲裁。

（7）任务书　各绿办要对所辖范围内申报产品的环境监测实行统一编号，对监测单位下发委托任务书。监测单位只有接到当地省绿办的委托任务书后，才能进行环境监测。环境质量现状评价报告中要求附报绿办委托任务书的复印件。

（8）出具报告时间　监测单位自接到省绿办的委托任务书后，需于45天内出具环境监测及环境质量现状评价报告。

六、绿色食品标志使用权的审批

绿色食品标志使用权的审批流程如图8-3所示。

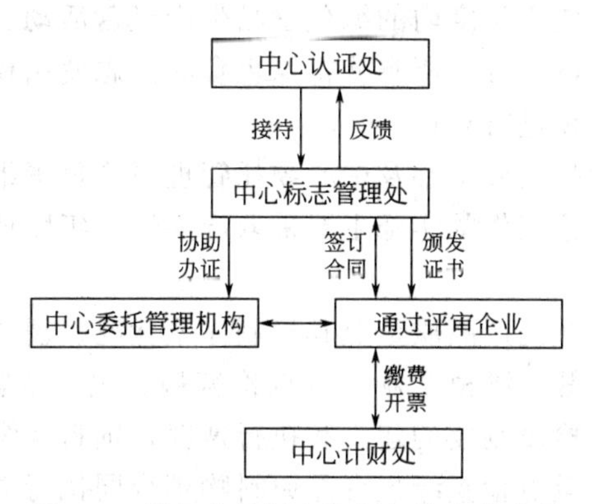

图8-3　绿色食品标志使用权的审批流程

申报材料经评审委员会评审合格，由认证处转入管理处；中心标志管理处将交接单反馈给认证处，完成交接手续。《办证通知》、《合同》、《外包装设计手册》和《防伪标签订单》在5个工作日内寄发企业，企业按照《通知》里的要求办理签订《合同》等事项，期限为三个月。管理处同时将《通知》寄发企业所在地方绿办，由绿办协助企业办理证书。

认证费和各年度标志使用费由中心核定后，具体金额填写在《合同》的第3页上，各企业按照所填金额电汇中心，中心财务部门开具《发票》并寄给企业。企业办理完相关手续后，在十个工作日内（约十五天）管理处将《使用证》和乙方《合同》一并寄予企业。

七、绿色食品产品质量年度抽检工作

产品抽检（简称抽检）是指中国绿色食品发展中心，对已获得绿色食品标志使用权的产品采取的监督性抽查检验，是企业年度检查工作的重要组成部分。所有获得绿色食品标志使用权的企业在标志使用的有效期内，必须接受产品抽检。

产品抽检工作由中国绿色食品中心制定抽检计划，委托相关绿色食品产品质量监测机构按计划实施，省、市、自治区委托管理机构予以配合。

监测机构根据抽检计划和产品周期适时派专人赴企业或市场规范随机抽取样品，也可以委托相关委托管理机构协助进行，由绿色食品标志监管员抽样并寄送监测机构。在市场上抽取的样品，应确认其真实性，并确保样品的代表性。监测机构抽取产品样品后，在封样前，企业相关部门和有关人员要配合监测机构工作，并办理签字手续。

监测机构最迟应于企业使用绿色食品标志年度使用期满前40日完成抽检，并将检验报告分别送达中心、有关委托管理机构和企业。

产品抽检结论为食品标签、感官指标不合格，或产品理化指标中的部分非营养性指标不合格的，中心通知企业在一个月内进行整改，整改措施和复检不合格的取消其标志使用权。产品抽检结论为卫生指标或理化指标中部分关键性营养指标不合格的，取消其绿色食品标志使用权。对于取消标志使用权的企业及产品，中心及时通知企业及相关委托管理机构，并予以公告。

企业对检验报告如有异议，应于收到报告之日起（以当地邮局邮戳为准）15日内向出具检验报告的检测机构提出复议申请，未在规定时限内提出异议的，视为认可检验结果。省、市、自治区委托管理机构自行组织的抽检，经中国绿色食品发展中心备案后，其抽检结论（相关检测机构出具的检验报告）可以作为续展的依据。

八、绿色食品企业年度检查工作

年检是指中国绿色食品发展中心及中心委托省、市、自治区管理机构对获得绿色食品标志使用权的企业在一个标志使用年度内的绿色食品生产经营活动、产品质量及标志使用行为实施的监督、检查、考核、评定等。所有获得绿色食品标志使用权的企业在标志有效使用期内，每个标志使用年度均必须进行年检。

年检工作由中国绿色食品发展中心及中心委托管理机构负责组织，有条件的市、县绿色食品管理机构配合实施。年检工作的实施主要采取产品质量年度抽检和对企业实地检查的方式，并进行综合考核评定。

年检的主要内容包括企业的产品质量及其控制体系状况、规范使用绿色食品标志情况和按规定缴纳标志使用费情况等。种植企业应重点检查病、虫、草害防治及投入品管理情况；养殖企业应重点检查防疫、检疫制度的建立和执行情况，饲料及饲料添加剂及药品的来源和使用情况；食品加工企业应重点检查绿色食品原料购销合同执行情况，生产工艺变化和食品添加剂使用情况。

实地检查是指对企业的绿色食品产品和原料生产及管理状况进行现场检查。实地检查由省、市、自治区管理机构组织实施，市、县管理机构予以配合。实地检查在产品生产和作物生长期间实施。

省、市、自治区委托管理机构收到检查组报送的《实地检查考核表》和其他相关材料后

5个工作日内做出实地检查结论。实地检查考核满分为120分，90分以上为合格，90分以下（含90分）为整改，50分以下（含50分）为不合格。对实地检查考核不合格的企业取消其标志使用权。实地检查考核为整改的企业必须于接到通知之日起一个月内完成整改，验收不合格的将取消其标志使用权。因年检不合格被取消绿色食品标志使用权的，一年内不受理其绿色食品标志使用申请，再行申请时按重新申报企业处理。

企业对实地检查考核结果和年检结论如有异议，可在接到通知之日起15天内，向委托管理机构书面提出复议申请或直接向中心申请仲裁，但不可同时申请复议和仲裁；对复议结果不服的，可在接到通知15日内向中心申请仲裁。

年检后应进行证书核准，未经核准的证书视为无效。核准的方式为：2003年3月1日前颁发的证书实行核准换证；2003年3月1日后颁发的证书实行核准盖章。即在证书上加盖“年检合格”章。

年检合格的企业应于标志年度使用期满前20日向所在省、市、自治区委托管理机构申请核准证书。核准程序如下。

① 企业向委托管理机构提出核准申请并提交原证书。

② 委托管理机构对企业的申请进行审核，由监管员和主管部门负责人分别签署审核意见后报分管领导核准。

③ 经办人分别按以下条款办理。

实行年检换证的，将企业的《核准证书申请表》及原证书一并上报中心换证，中心复核后将新证书经由委托管理机构颁发给企业；实行年检盖章的，在原证书上加盖年检章。

企业应在标志使用年度期满前一个月内缴纳下一年度的标志使用费，并及时将缴费凭据复印件报送省、市、自治区委托管理机构。逾期不缴纳标志使用费的将取消其标志使用权。

第四节 绿色食品基地申报及认证

一、绿色食品基地标准

中国绿色食品发展中心根据一定标准认定具有一定生产规模、生产设施条件及技术保证措施的食品生产企业或行政区域为绿色食品基地。根据产品类别不同，绿色食品基地分为：①绿色食品原料生产基地；②绿色食品加工品生产基地；③绿色食品综合生产基地3类。绿色食品生产企业按本规定的有关程序提出申请，经中国绿色食品发展中心批准后，方可成为绿色食品基地。

1. 绿色食品原料生产基地的标准

绿色食品原料生产基地必须同时符合下列条件。

① 绿色食品须为该企业的主导产品，其产值或种养规模应占企业农业产值或总种养规模的60%以上。

② 必须具备完善的绿色食品生产管理机构，并制定出相应的管理技术措施和规章制度。

a. 种植类企业须制定作物病虫害防治措施、杂草防治措施、轮作计划、肥料计划、农药使用计划、仓库卫生措施。

b. 养殖类企业须制定疫病防治措施、饲料检验措施（含饮用水）、畜舍清洁措施。

c. 以上两类企业还必须建立严格的档案制度（详细记录绿色食品生产情况、生产资料购买使用情况、病虫害发生处置情况等）、检查制度。

③ 一种或一种以上的绿色食品产品须达到的生产规模见表8-4。

表 8-4 绿色食品原料生产基地必须达到的产品生产规模

产品类别	生产规模	说明
粮食、大豆类	年产1万吨(或2万亩以上)	因地域、品种差异,此栏中三类产品规模可适当调整
蔬菜	大田1000亩以上(或保护地200亩以上)	
水果	年产3000t以上(或5000亩以上)	
茶叶	年产干毛茶300t以上(或5000亩以上)	
杂粮	年产250t以上(或5000亩以上)	
蛋鸡	年存栏15万只以上	
蛋鸭	年存栏5万只以上	
肉鸡	年屠宰加工150万只以上	
肉鸭	年屠宰加工50万只以上	
奶牛	成乳牛存栏数400头以上	单产4000kg/a以上为成乳牛
肉牛	年出栏数2000头以上	
猪	年出栏数5000头以上	
羊	年存栏1万只以上	
淡水养殖	养殖面积5万亩以上或精养鱼塘500亩以上	养池塘面积包括鱼池、种池

注：1亩=666.7m²。

④ 接受绿色食品知识培训的专业技术人员应占职工人数的5%以上。

⑤ 必须具备相对独立的生态环境，并采取行之有效的环境保护措施，使该环境保持在持续稳定的良好状态下。

⑥ 必须具备完善配套的生产设施和机械，保证稳定的生产规模，有抵御一般自然灾害的能力。

绿色食品原料标准化生产基地建设工作是农业标准化工作的重要组成部分，是新阶段加强农产品质量安全监管工作的重要内容，是加快发展现代农业，提高农业质量、效益和竞争力的有效措施。从2004年底开始全国绿色食品原料标准化生产基地创建工作，截至2008年1月，中国绿色食品发展中心已先后公布了4批（农绿［2006］2号、7号，农绿［2007］2号、12号）创建全国绿色食品标准化原料生产基地名单，共304个，批准进入为期一年的创建期。一年期满后，符合验收条件的，经中心组织专家进行实地验收合格的，挂牌为全国绿色食品原料标准化生产基地，截至2008年1月有原料标准化生产基地共224个（农绿［2007］3号、8号、13号）。

2. 绿色食品加工品生产基地的标准

绿色食品加工品生产基地必须同时符合下列条件。

① 绿色食品加工品必须为该企业的主导产品，其产量或产值占该加工企业总产量或总产值的60%以上。

② 达到大中型企业规模（以资产衡量）。

3. 绿色食品综合生产基地的标准

绿色食品综合生产基地应同时具有绿色食品原料产品及绿色食品加工产品，并同时符合绿色食品原料生产基地及绿色食品加工品生产基地的标准。

二、绿色食品基地认证申报程序

凡符合绿色食品基地标准的企业，自愿申请作为绿色食品基地的，均可作为绿色食品基地的申请人，必须按以下程序提出申请。

1. 申请人向中国绿色食品发展中心或所在省、自治区、直辖市绿色食品办公室领取申请书

2. 申请人按要求填写《绿色食品基地申请书》，报所在省（区、市）绿色食品办公室

3. 由各省（区、市）绿色食品办公室派专人赴申报企业实地调查，核实企业的生产规模、管理、环境及质量控制情况，写出正式考察报告

4. 以上材料一式两份，由各省（区、市）绿色食品办公室初审后，写出推荐意见，报中国绿色食品发展中心审核

5. 由中国绿色食品发展中心派专人赴申请材料合格的企业实地考察

6. 由中国绿色食品发展中心对申请企业进行终审后，与符合绿色食品基地标准的企业签定《绿色食品基地协议书》，然后向符合基地标准的企业颁发绿色食品专项产品基地证书和牌匾，向符合标准的企业颁发综合基地证书和牌匾，同时公告于众。对申报不合格的单位，当年不再受理其申请

创建全国绿色食品原料标准化生产基地申报材料包括：

①《创建全国绿色食品原料标准化生产基地申请书》及《保证执行绿色食品标准及标准化生产基地建设要求的有关声明》；

② 成立基地建设领导小组的文件（包括成员名单和职能）；

③ 成立基地建设办公室的文件（包括成员名单和职能）；

④ 基地各单元基地建设责任人、具体工作人员名单；

⑤ 生产操作规程；

⑥ 基地分布图及地块分布图；

⑦ 基地和农户清单，田间生产管理记录，收获记录，仓储记录，销售记录和《绿色食品生产者使用手册》；

⑧ 基地生产管理制度；

⑨ 农业投入品管理制度；

⑩ 技术指导和推广制度；

⑪ 培训制度；

⑫ 基地环境保护制度；

⑬ 监督管理制度（包括检验检测制度）；

⑭ 基地产业化经营龙头企业基本情况及其与各基地单元签订的收购协议或合同；

⑮ 省绿办现场考察报告；

⑯ 环境监测任务委托书；

⑰ 基地环境质量监测及现状评价报告；

⑱ 基地标识牌设计样。

三、绿色食品基地的管理

为加强对全国绿色食品原料标准化生产基地的监督管理，根据《关于创建全国绿色食品标准化生产基地的意见》和《全国绿色食品原料标准化生产基地验收办法》的有关规定，中国绿色食品发展中心于 2007 年 9 月制定并颁布了《全国绿色食品原料标准化生产基地监督管理办法》（以下简称《办法》）。

该《办法》明确了基地管理工作由农业部绿色食品管理办公室和中国绿色食品发展中心及省级绿色食品办公室负责组织实施，同时明确了各级管理机构的监督管理工作职责；确定

了年度检查由基地建设单位自查、省绿办实地检查、农业部绿色食品管理办公室和中心备案审查的基地监督管理方式。《办法》对基地监督管理工作年度考核与奖惩办法也做了规定。

在绿色食品基地的管理上还有以下要求。

① 绿色食品标志只能使用在被认定的生产地块、按绿色食品生产操作规程生产出的产品上，未认定的地块、按其他方式生产的产品，不得使用绿色食品标志。

② 绿色食品标志还可使用在以下方面：建筑物内外挂贴性装潢；广告、宣传品、办公用品、运输工具、小礼物等。

③ 绿色食品基地自批准之日起六年有效。到期要求继续作为绿色食品基地的，需在有效期满的半年前提出续报。否则，视为自动放弃。

④ 基地生产者在绿色食品地块要设置展板，记载如下事项：绿色食品××基地生产地块；作物名称；产地编号；种植面积；负责人；时间。

⑤ 基地生产者田间档案记录在收获后，由专管机构统一保存 6 年。

⑥ 基地必须使用经中心推荐的绿色食品肥料、农药、添加剂等生产资料。

第五节 绿色食品商业、餐饮业申报及认证

一、绿色食品商业企业标志使用权的申报

1. 申请绿色食品标志使用权的商业企业的条件

为保证绿色食品标志的严肃性与公正性，维护绿色食品信誉，保护消费者权益，根据《中华人民共和国商标法》和农业部《绿色食品标志管理办法》，中国绿色食品发展中心于 1995 年 1 月制定并颁布了《商业企业使用绿色食品标志暂行规定》。商业企业使用绿色食品标志，须提出申请，由中心批准其使用权。未经批准，任何单位或个人无权使用绿色食品标志。

获得绿色食品标志使用权的商业企业必须符合下列条件。

① 商业企业可根据自身条件申请绿色食品商店（绿色食品专营商店）或绿色食品专柜的标志使用权。

a. 绿色食品商店，具有食品经营许可证和卫生许可证，商店门市面积不少于 $50m^2$，配有能确保食品质量的专用库房，店内环境优雅、清洁、卫生设施齐备先进。绿色食品上柜品种及数量占商店食品上柜销售品种及数量的 60%以上。

b. 绿色食品专柜，具有食品经营许可证，专柜长度不少于 6m，配有具备一定保鲜能力、卫生条件、能确保食品质量的专用库房。专柜内必须全部销售绿色食品。

② 绿色食品标志必须设置在店内外及柜台的显著位置，有关标志及广告用语、店内装潢及店员着装必须符合中国绿色食品发展中心统一规定。

③ 从业人员必须经过绿色食品基础知识培训，提高对绿色食品标识的鉴别能力，严禁假冒绿色食品上柜。

2. 申请绿色食品标志使用权的程序

① 申请人填写《商业企业使用绿色食品标志申请书》一式两份（含附报材料），报所在省（自治区、直辖市、计划单列市，下同）绿色食品管理部门。

② 省绿色食品办公室对申请材料进行初审，并对该企业进行实地考核，写出正式考核报告连同初审意见报中国绿色食品发展中心。

③ 中国绿色食品发展中心通知当地绿色食品办公室对申请单位进行为期三个月的试营

业跟踪考核。三个月后，由申请单位和当地绿色食品办公室共同写出报告，报中国绿色食品发展中心进行复审。对符合条件的企业，中国绿色食品发展中心与其签定《绿色食品标志使用协议》；颁发绿色食品标志使用证书及绿色食品商业企业牌匾，同时公告于众。对申报不合格的企业，当年不再受理其申请。

3. 绿色食品标志的使用

使用绿色食品标志的单位必须严格履行《绿色食品标志使用协议》，绿色食品标志不得用于该企业所经营的任何其他商品上。未经中国绿色食品发展中心批准，不得将绿色食品标志使用权转让给其他单位或个人。凡擅自转让者，一经发现，由工商管理部门依法处罚。绿色食品标志在商业企业的使用范围限于以下几方面。

① 店内、外挂贴性装潢。

② 广告、宣传品、办公用品、运输工具、小礼品等。

③ 通用包装品（不针对某一种特定商品的包装品）。

绿色食品标志使用权自批准之日起三年有效。要求继续使用绿色食品标志的，须在有效期满前九十天内重新申报，逾期未将重新申报材料递交中国绿色食品发展中心的，视为自动放弃其使用权。由于各种因素丧失绿色食品经营条件的，经营者必须在一个月内报告省、中心两级绿色食品管理机构，办理终止或暂时停止使用绿色食品标志手续。

使用绿色食品标志的企业，在有效使用期内，应接受中国绿色食品发展中心及其委托管理机构对其标志使用及经营条件进行监督、检查。检查不合格的限期整改，整改后仍不合格的由中国绿色食品发展中心撤销其绿色食品标志使用权，收回绿色食品标志使用证书及牌匾，并在本使用期限内不再受理其申请。自动放弃绿色食品标志使有权或使用权被撤销的，由中国绿色食品发展中心公告于众。

二、绿色食品餐饮标志使用权的申请

1. 申请绿色食品餐饮企业的条件

为保证绿色食品标志的严肃性与公正性，维护绿色食品信誉，保护消费者权益，根据《中华人民共和国商标法》和农业部《绿色食品标志管理办法》，中国绿色食品发展中心于1995年1月制定并颁布了《餐饮企业使用绿色食品标志暂行规定》。餐饮企业使用绿色食品标志，须提出申请，由中心批准其使用权。未经批准，任何单位或个人无权使用绿色食品标志。

绿色食品餐饮企业必须符合下列条件。

① 具有餐饮经营许可证和卫生许可证，餐厅面积不少于100m^2，配有能确保食品质量的专用库房和操作间，炊事及卫生设施齐备先进，须有特级厨师一名以上。餐饮配方中绿色食品的使用量不少于食品总量的60%。

② 绿色食品标志必须设置在餐厅内外及服务台的显著位置，有关标志及广告用语设计、餐厅内装潢及服务员着装必须符合中国绿色食品发展中心统一规定。

③ 从业人员必须经过绿色食品基础知识培训，提高对绿色食品标识的鉴别能力，严禁采购和使用假冒绿色食品。

2. 申请绿色食品标志使用权的程序

① 申请人填写《餐饮企业使用绿色食品标志申请书》一式两份（含附报材料），报所在省（自治区、直辖市、计划单列市，下同）绿色食品管理部门。

② 省绿色食品办公室对申请材料进行初审，并派专人对该企业进行实地考核，写出正式考核报告，将申报材料连同初审意见报中国绿色食品发展中心。

③ 中国绿色食品发展中心通知当地绿色食品办公室对申请单位进行为期三个月的试营业跟踪考核。三个月后，由申请单位和当地绿色食品办公室共同写出报告，报中国绿色食品发展中心进行复审。对符合条件的企业，中国绿色食品发展中心与其签订“绿色食品标志使用协议”；颁发绿色食品标志使用证书及绿色食品餐饮企业牌匾，同时公告于众。对申报不合格的单位，当年不再受理其申请。

餐饮企业绿色食品标志的使用要求与商业企业标志基本相同。

思 考 题

1. 产品质量认证的概念是什么？有哪些内涵？
2. 农产品质量认证的作用有哪些？我国有哪些农产品质量认证形式？
3. 申报绿色食品生产资料、绿色食品、绿色食品基地的申请人应该具备的条件有哪些？
4. 简述绿色食品认证的程序及其有关注意事项。
5. 登录中国绿色食品网 http://www.greenfood.org.cn/，学习认证须知和颁证年检等知识，下载申请相关认证表格，对照填写规范模拟填写有关内容。

第九章　绿色食品的销售与贸易

学习目标

1. 了解绿色食品国内营销和国际贸易的现状及特点。
2. 了解影响绿色食品营销的主要因素。
3. 了解绿色壁垒对绿色食品国际贸易的影响。
4. 掌握绿色食品营销的基本策略和国际贸易的基本方法与程序。

绿色食品营销是以可持续发展理论为指导，以社会、经济、人口、资源、环境协调发展为基础，以既能满足当代人需求，又不对后代人发展构成危害并为其发展创造优良条件为宗旨的市场营销活动。

目前在我国开发绿色食品，必将对国内绿色产业的发展，保护生态环境，提高人民健康水平起到积极作用，同时也符合国际上绿色产业蓬勃发展的潮流。西方国家绿色食品消费增长率在20%以上，据统计，2005年全球有机市场的销售额已超过330亿美元；2006年全球有机市场销售额接近400亿美元。另外，它符合我国可持续发展战略和“科教兴国”战略的要求，21世纪将出现以生物技术为主要特征的新科技革命。

绿色食品营销是实现可持续发展的必然选择。由于全球的环境恶化才提出了“可持续发展”的理论。企业作为社会经济活动的基本单位，作为自然资源的利用者和环境污染的主要源头，必须在节约资源和环境保护方面承担责任，成为可持续发展战略的实施主体。这就要求企业将其营销行为同自然环境、社会环境的发展协调起来，选择一条既保护环境又发展经济的绿色食品营销发展之路。

广大消费者对绿色食品极其渴望。随着经济的发展，人们的生活质量不断提高，已逐渐意识到环境恶化已经影响其生活质量和生活方式，因此，企业只有大力发展绿色营销战略，才能在未来的绿色食品市场上获得更大的份额。

绿色食品营销是我国打破绿色贸易壁垒扩大对外贸易的必由之路。随着国际贸易的发展和人们对环境问题的日益关注，一些发达国家构筑的绿色贸易壁垒实质是为保护本国生产者的利益，确保本国产品对本国市场拥有较高占有率而设置的一种对发展中国家带有明显歧视性的非关税壁垒，它将给我国企业的国际化经营造成很大影响。因此，我国生产者只有积极开展绿色食品营销，争取获得绿色食品标志，才能打破发达国家的绿色贸易壁垒，在国际市场上突飞猛进。

第一节　绿色食品消费及其贸易形式

一、经济发展与绿色食品消费

1. 我国绿色食品产业的发展现状

我国绿色食品的发展开始于1990年，目的是通过开发无污染的安全、优质、营养类食品，保护和改善生态环境，提高农产品及其加工品的质量，促进国民经济和社会可持续发展。

近些年来，在各级政府的大力推动和支持下，绿色食品事业获得了快速、健康的发展，全国绿色食品总量规模进一步扩大，产业水平逐步提升，品牌效应不断增强。统计数据显示，1997～2005年中国绿色食品行业发展一路走高，企业总数从1997年的544个增加到2005年的3695个，平均发展速度为27.1%；产品总数从1997年的892个，发展到2005年的9728个，平均发展速度为34.8%；实物产量从1997年的630万吨发展到2005年的6300万吨，平均发展速度为33.4%；年销售额从1997年的240亿元增长到2005年的1030亿元；出口额从1997年的7050万美元增加到2005年的162000万美元，平均增长率为48%；监测面积从1997年的214万公顷（$2.14\times10^6hm^2$）增加到2005年的653万公顷（$6.53\times10^6hm^2$），平均增长率为15%。

截至2006年12月10日，新认证绿色食品企业2064家，产品5676个，分别比上年同期增长12.2%和11.8%；全国有效使用绿色食品标志企业总数达到4615家，产品总数达到12868个，分别增长24.9%和32.3%。实物总量超过7200万吨，产品年销售额突破1500亿元，出口额近20亿美元，产地环境监测面积1000万公顷（$1\times10^7hm^2$）。产品质量抽检合格率达97.9%，企业年检率达95%。中绿华夏有机食品认证中心认证的有机食品企业总数达到520家，产品总数达到2278个，分别比上年增长25%和78.4%。实物总量195.5万吨，产品年销售额61.9亿元，出口额1.1亿美元，认证面积311万公顷（$3.31\times10^6hm^2$）。

我国绿色食品产业加快发展的动因来自于政府推动和市场拉动。随着中国农业发展进入新阶段，绿色食品已成为农产品质量安全体系的重要组成部分，成为增强农业竞争力、提高农业效益和增加农民收入的重要途径，因而日益受到中国政府的高度重视，并采取积极的扶持政策，鼓励绿色食品的发展，并纳入法制化轨道。

2. 我国绿色食品发展的特点

（1）优势农产品基地规模不断扩大，绿色食品社会化进程加快　随着地方政府和部门对绿色食品发展的进一步重视，将绿色食品的发展与优势农产品开发和标准化建设相结合的优势农产品基地规模越来越大，目前，全国119个县（场）已成功创建151个绿色食品大型原料标准化生产基地，基地面积270万公顷（$2.7\times10^6hm^2$），基地年产优质原料1878万吨，主要包括水稻、玉米、小麦、大豆、柑橘等30多种农产品。如：在陕西建立绿色食品苹果基地已达16万公顷（$1.6\times10^5hm^2$）；在赣南桂北绿色食品柑橘已达2万多公顷（hm^2），在黑龙江省建设了20个主要产品为大豆和玉米的大型绿色食品标准化基地，面积达到82万公顷（$8.2\times10^5hm^2$）。从推广情况上看，在新闻媒体主动宣传、报道绿色食品的影响下，广大消费者对绿色食品认知程度越来越高，绿色食品标志在广大消费者心目中的美誉度有了很大提高。

（2）绿色食品企业实力不断增强，绿色食品市场化进程加快　在582家国家级龙头企业中，绿色食品企业达220家，占37.7%；省级龙头企业中绿色食品企业超过40%，产值超过5000万元的企业占企业总数的28%。随着一些大型企业宣传力度的加大，广大消费者对绿色食品的需求日益增长，绿色食品的市场环境越来越好，市场覆盖面越来越大，北京、上海、天津、哈尔滨、广州、南京、西安、深圳等国内大中城市相继组建了绿色食品专业营销网点和流通渠道，而且通过市场的带动作用，产品开发的规模进一步扩大。据中国生态环境开发研究所的消息，仅2007年北京市就新建了约600家绿色有机食品连锁机构，其所销售的食品全部为带有认证标志的有机食品和绿色食品。

（3）绿色食品质量信誉和品牌形象进一步提升，绿色食品国际化进程加快　通过对企业检查和产品抽检等形式，加强对产品生产、运输、销售等环节的监管，保证了绿色食品的质量。中国绿色食品发展中心还参照有机农业国际标准，结合中国国情，制订了AA级绿色食品标准，这套标准不仅直接与国际接轨，而且具有较强的科学性、权威性和可操作性。绿色食品标志已经成为代表中国农产品精品形象的国家品牌，其国际市场竞争力逐步显示出来，一些地区绿色食品企业生产的产品陆续出口到日本、美国、欧洲等国家和地区，扩大绿色食品出口创汇。中国绿色食品在国际市场上引起了日益广泛的关注。

(4) 促进农民增收明显　由于市场对绿色食品等生态农产品需求强劲，价格远高于同类产品，优质优价的竞争机制和市场效应发挥的作用越来越明显，农民通过开发绿色食品和扩大绿色食品生产得到了更多的收入和实惠。发展绿色食品还充分发挥了我国土地、气候、生物和劳动力资源丰富的优势，拓展了农民的就业空间和增收渠道，使农民获得了最佳的经济效益。如首批151个绿色食品大型原料标准化生产基地共带动420万农户，平均每个基地带动2.8万农户。江西省组织全省113万农户、88家龙头企业、378个农业合作经济组织，创建33万公顷（$3.3\times10^5 hm^2$）标准化基地，促进基地农户户均增收500元。湖北省京山县通过创建基地，农民户均增收852.5元。“十一五”期间，全国将建成区域性大型原料标准化基地600个，带动1000万农户以及龙头企业和农业专业合作经济组织1600家，实现企业年均增效15亿元，农民户均年增收200元以上。

二、绿色食品的贸易形式

绿色食品和有机食品在市场上的流通，需要各种渠道，多种多样的贸易形式会促进有机食品和绿色食品的消费。

1. 进口商、加工商和分包商

在国外，进口的有机食品大多通过专营进口商和/或加工商、分包商转给批发商或零售商出售给消费者。不过，这几类营销商的分工并不十分明确，因为很多公司根据产品的类别及最终用途或多或少要进行加工和分包。在某些市场，或就某些产品类别而言，一些专营的有机贸易商主导进口，这些公司是国外出口商最为关键的潜在客户，他们进口产品，然后将其卖给分包商、加工商和食品生产商。

国外出口商直接出售给连锁商店的中央采购部的情况还比较少见，但随着连锁店采购数量及品种的增加，超市进行全球直接采购的可能性日趋增大。目前，超市一般直接从生产/加工商或批发/进口商处购进有机食品，但某些超市已开始从世界各地大量进口新鲜水果和蔬菜，如香蕉、芒果、荔枝、西红柿及其他水果蔬菜。图9-1是国外有机食品的主要销售渠道构成。

2. 食品生产商

食品生产商一般倾向于从进口商或专营的分包商或加工商处获得进口的原料。出于对运输成本、食品安全及环保等因素的考虑，食品生产商通常从本国或其他国家购进原料。对于欧洲国家的食品生产商来说，一般不直接从非欧洲国家进口，这种情况有可能随着有机食品生产商的日益增多而有所改变。对于美国食品生产商来说，他们购买各种有机原材料，包括甜味剂、草药、香精、香料、矿物油、核桃以及新鲜或干燥处理后的蔬菜或水果，在世界各地，至少有70家原材料供应商销售原材料给美国的有机加工企业，这将为许多有机原材料提供可迅速拓展的市场领域。

3. 零售贸易

在有机食品零售渠道中，天然食品店、传统健康食品店等专卖店和普通杂货及超市是最为重要的零售渠道，而且各具特色，结构也不尽相同。从超市或专卖店购买有机食品，既方

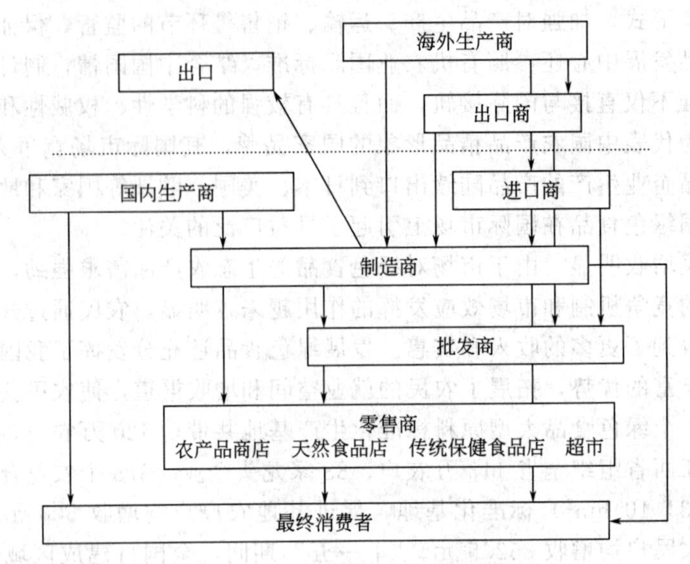

图 9-1 有机食品的主要销售渠道

便了消费者，生产者也可以专心从事食品生产而不必为有机食品的销售渠道花费精力。但也存在一些问题：①容易出现假冒有机食品；②增加食品污染的机会；③增加成本。

在奥地利、丹麦、瑞士、英国和其他一些国家，越来越多的超市开始出售有机食品，而在荷兰和德国，有机产品的专卖店仍占据主导地位，但近年来也出现了一些专营有机产品的超市。在一些健康食品市场发展较早的国家，有机食品仍通过健康食品店出售，但此销售渠道所发挥的作用日趋下降，主要原因是其以销售有限的新鲜有机食品为主。在天然食品和传统健康食品贸易中，批发商的作用不只是负责批发，往往还要协助零售商进行培训、咨询、促销、陈列产品和作预算等，他们向零售商转交厂商提供的宣传资料，并自发开展一些促销活动，如向消费者散发宣传品等。

(1) 直销形式　消费者也可直接从农场或有机产品集市购买有机食品或通过分送组织送货上门获得有机食品，但不通过市场环节。当地生产商可通过在农场设的“农产品商店”直接销售其产品，也可在每周一次的农产品集市出售，直销方式的代表形式有：德国的“星期集市（每周一次)”；日本的 Teikei 形式；美国的“社区支持型农业”(Community support agriculture)。在德国，农户直销形式占有机食品市场份额的20%，1/3 的有机水果、蔬菜和畜禽通过农户的商店直接销售。粮食、牛奶和牛肉直销则比较少见。

采取直销方式的原因主要包括：①保证有机食品的可信度，防止假冒产品；②减少中间环节，降低食品污染的可能性；③降低食品的运输、贮藏费用；④建立生产者—消费者对生态环境真正的保护意识；⑤建立生产者与消费者之间的合作伙伴关系，体现有机农业改善人类生活各方面的作用。直销方式的局限性表现在：①只能限于生产地区的附近居民消费，销售面小；②仅适用于新鲜蔬菜、水果等产品的销售；③受气候、交通等诸多因素干扰。

(2) 天然食品商店或食品合作社　在国外，天然食品店（Natural food store）与食品合作社目前仍是有机食品的主要销售渠道，这类销售方式有以下几个主要特点。

① 起步较早，发展比较迅速，在有机食品的零售业中仍占主导地位。欧洲第一批天然食品店于 20 世纪 70 年代初出现，最初是为消费者提供个性化产品选择，而并非像今天这样更强调产品是否有机方式生产。在美国，早期的有机食品如许多新鲜的食品和全营养食品的销售，都是通过食品合作社这种形式进行零售。

天然食品商店的数目在20世纪80年代发展迅速。据1991年统计，德国有2000家，英国1600家，荷兰400家，丹麦100家（丹麦有机食品销售以超市为主）。荷兰和德国以天然食品店占据主导地位。而在美国大多数地区多年来天然食品商店是有机食品零售的唯一渠道。许多小型的合作社至今仍像20世纪七八十年代那样操作，通过小型商店来批量销售各种有机食品。

② 有一定的组织性，制定相应的标准以控制有机食品的质量。不管在欧洲还是美国，这些天然食品商店通过成立协会等形式有组织的进行培训和推销有机食品，并在有机标准的建立、社会公正和食品安全诸方面都做出了贡献。如德国的Bundesverband Naturkost Naturnaren e. v.（BNN）是生产商、批发商和零售商联合会，有550家会员。该联合会的天然食品零售商努力根据BNN制定的质量标准采购货物，要求按有机食品的标准加工食品，包装必须对环保有利，倾向于可回收利用的包装物等。该联合会还经常检查其会员所售产品质量，1993年10月还将其天然食品和天然产品商标注册，只允许其会员店使用其标志以确保产品高质量的声誉。另外，BNN还协助其会员开展促销活动。

（3）传统健康食品店　有机食品另外一种十分重要的零售渠道是成百上千的传统健康食品商店，以销售大多数的维生素和健康食品起家。德国最早的一家健康食品店建于1887年，此类食品店随着人们的生活改进和对健康的日益关注而不断发展。

据1996年的统计，德国有1258家传统健康食品店和714家设有有机食品货架的商店，德国东部各州也建立了128家许可销售点，在欧洲其他国家也设有传统健康食品店，英国有1600家、丹麦50家、荷兰700家、奥地利85家。在美国最大的天然食品连锁店是“全营养食品店”（WF），始于得克萨斯奥斯汀的一家小型健康食品店。现在WF拥有100家以上大型商店，分别坐落于美国许多大城市，通过吞并部分小型的天然食品超市，其原有规模进一步增长。

在德国，健康食品贸易中有两家组织发挥重要作用，在生产方面是DerVerbard der Reformwaren-Hersteller（VRH），据1996年统计共有87家健康产品生产商与该组织签有合同，即生产商按照传统健康食品改进协会的质量标准生产，并将产品交传统健康食品店出售，而该协会则负责合同产品的促销，允许生产商使用该协会的注册商标，以表明该产品是为专卖店提供的健康营养食品。在零售方面Absatzfirderung Sgesell Schaff fur Reformwaren（ASR）发挥主要作用，该组织负责为新建的传统健康食品店促销和宣传，协助现存店改进和实现现代化，培训店员，组织会员参加健康食品展览会。

传统健康食品店以销售健康食品及相关产品为主，如未经加工的麦粒、粗加工面包、辅助食品（如维生素等）、减肥食品、草本化妆品和植物制成的药品和补品等。健康食品尽量减少加工处理，其有害物质含量必须符合传统健康食品改进协会的标准，不得使用人造添加剂和防腐剂。健康食品店也出售相当数量的非食品类产品。

（4）普通杂货店和超市零售渠道　20世纪90年代初，相当数量的大型常规超市开始销售一些有机农产品，而且多是婴幼儿食品等。但刚开始时并未成为农产品部门销售的重点。主要是由于有机食品数量有限，消费者对此不十分了解。随着消费者对有机健康食品的关注程度增加，为适应消费者的需求，常规超市经营有机食品的数量还会继续上升。目前，有机食品的零售规模扩展很快，现代的天然食品超市对有机食品的销售做出了很大的贡献，他们的零售商能确保食品的品质和优良的顾客服务，严格保证有机食品的标准及其产品按照有机的方式进行生产，为顾客提供利于健康的产品及其他各种有机食品，同时也获得了丰厚的利润。

在超市这一零售渠道中，批发商起着非常重要的作用，他们按照超市标准负责保证产品质量、提供预包装，并确保供货充足、交货及时。欧洲最重要的超市批发商是法国和比利时的 Cereal（Wander-Sandoz）公司，法国、意大利和比利时的 Bjorg（Distriborg）公司，荷兰、比利时和德国的 Zonnatura（Smits Reform）公司。德国经销有机食品的公司是 Tengelmann 和 Rewe，1992 年 Tengelmann 将其商标 Naturkind 修改为只用于 100%的有机产品，目前约有 90 多种产品。该公司成功引入白牛奶和奶酪生产线，还成功出售有机水果和蔬菜。1993 年秋季该公司通过广播宣传吸引新客户。Rewe 公司不仅在出售脱水有机食品方面取得了成功，还出售新鲜的有机水果和蔬菜，其注册商标为“Fillhom”和“gut&gerne”。Rewe 公司 1994 年首次在科隆的超市推出新鲜有机食品，获得成功后规模不断扩大，1997 年 Rewe 对有机食品的国际需求量已成为推动其生产的动力。表 9-1 是 1997 年对欧洲有机食品零售渠道调查情况的总结。

表 9-1　1997 年欧洲有机食品零售渠道构成情况　　单位：%

国　别	超　　市	专卖店[①]	其他[②]
丹麦	70	15	15
法国	40	30	30
德国	25	45	20
荷兰	20	75	5
瑞典	90	5	5
瑞士	60	30	10
英国	65	17.5	17.5

① 包括有机食品专营店、健康食品店、天然食品店、健美食品店等。

② 包括农场商店、邮购、餐饮店等。

注：引自 Trade estimates。

（5）展销会和食品博览会　除了上述提到的各种销售方式外，许多国家经常采用展销会、展览会、旅游农业等各种方式宣传有机农业和销售有机食品，提高消费者对有机食品和有机农业的认识和接受程度。由国际有机农业运动联盟（IFOAM）支持的、每年 2 月在德国纽伦堡举办的 BioFach 目前已经成为世界上最成功的有机农产品展览会，展商从 1990 年的 197 个增加到 2008 年的 2740 个。BioFach 除了在德国的母展以外，在日本、美国、巴西都有展会。2006 年与中国绿色食品发展中心合作，在上海举行了第一届 BioFach China，获得了巨大的成功，成为中国目前最大、最专业化的有机食品展。

第二节　绿色食品营销的影响因素及策略

一、绿色食品营销环境分析

1. 绿色食品营销的国际环境

目前，在世界市场上，绿色食品走俏，绿色战略盛行，绿色革命方兴未艾。随着世界绿色浪潮的兴起，绿色食品（国外为有机食品）营销的国际市场环境已经形成，初步具备了营销的组织基础及法规、市场观念和社会需求环境条件。

（1）组织基础　绿色组织的建立最初始于美国。20 世纪 70 年代，美国成立了数百个青少年环保组织，发起了保护地球生态平衡的“地球日”活动。此后，各国绿色组织纷纷成立，英国、德国、日本等国还成立了以保护生态环境为宗旨的社团组织——绿党。1991年日本成立了“再生运动市民工会”，1992年在法国成立了“国际有机农业运动联盟(IFOAM)”，现已有近100个国家参加，遍及世界各大洲，成为国际性的绿色组织。国际性绿色组织的出现，对绿色食品的国际营销起了巨大的推动作用。

（2）法规环境　在国际性绿色组织建立的同时，西方发达国家已从行政、立法、经济等方面形成了一套行之有效的环保规范。目前，世界上已签署的与环保有关的法律、国际性公约、协定或协议多达180多项。同时，国际标准化组织的ISO 9000、ISO 14000（即国际贸易商品在技术、安全、卫生、环保等方面的质量保证体系）系列标准和1995年4月起实施的ISO 1800（即国际环境标准制度）等协约，限制甚至明文禁止了许多产品的国际贸易。乌拉圭回合贸易谈判签署的最后文件中，不仅包括制成品，也包括农产品等纳入了世界贸易组织体制，呈现出明显的“绿色印记”。西方发达国家都已建立了环境标志制度，环境标志已成为出口产品进入这些国家市场的通行证。至此，有别于传统非关税的国际贸易技术壁垒——“绿色壁垒”已形成。

（3）社会实践基础　近年来，以农产品生产过剩和农业补贴负担过重为契机，欧美国家纷纷进行农业转型。美国从1985年开始实施“低投入持续型”农业政策，在农业生产中减少农药、化肥的使用；欧盟从20世纪80年代后期开始推行新农业政策，改变以往大量投入化肥、农药的粗放型农业经营政策；日本也正积极推动“环境安全型”新农业政策。其宗旨是保护农业生态环境，满足人们日益增加的对有机食品的需求。新农业政策的实施无疑为绿色食品营销奠定了社会实践基础。

（4）市场观念环境　随着国际上环境保护意识的增强，人们的思维方式、价值观念乃至消费心理和消费行为都发生了变化，人们对不污染环境的产业及产品的需求日益增长，甚至有些团体提出了“绿色消费主义”，为国际市场带来了绿色消费热。在国际消费市场上，绿色产品标志是取得消费者信任，有竞争优势的主要条件。据调查，84%的荷兰人、90%的德国人、89%的美国人在购物时会考虑消费品的环保标准，85%的瑞典人愿为环境清洁支付较高的价格，80%的加拿大人愿付出多于10%的钱购买对环境有利的产品，在日本对家庭主妇的调查时，91.6%的消费者对绿色食品（有机农产品）感兴趣，觉得有安全性的占88.3%。绿色、有机食品市场消费观念已基本形成。

（5）社会需求环境　近年来发达国家对有机食品的需求迅速增长，并以20%的年递增率增加。预计再过10年，其消费量将是现在的5倍，这种需求大有超过其本国生产和供应能力的趋势。目前，西欧是最大的有机食品需求市场，消费量最多的是奥地利、瑞士、英国和德国等，其供求矛盾已日趋明显，而其国内生产能力有限，在相当程度上只有依靠进口。由此可见，有机食品供求矛盾的出现，逐渐成为企业一项主动的生产和营销策略。生产者、经营者更明确地意识到开发有机食品可增加其利润和竞争力，将成为农产品国际商战中攻守皆宜的利器，成为影响农产品国际市场供求关系的重要因素，成为21世纪国际市场上一项更重要的促销手段，而获得了绿色标志的有机食品也就掌握了进入国际市场的通行证。

2. 绿色食品营销的国内环境

随着国际有机食品营销环境的变化，国内人均生活水平从温饱型向小康型转变，1990年国家提出发展绿色食品，并在十多年的发展进程中，形成了国内组织、法规、技术、社会实践及市场需求基础，使绿色食品营销的国内市场环境基本具备。

（1）组织基础　农业部成立了“绿色食品发展中心”和“中国绿色食品总公司”，并由该中心注册绿色食品标志，负责推行和管理此标志，同时制定了绿色食品标志管理办法及申请使用绿标的审核程序，并在 30 个省（市）建立了相应机构负责绿色食品的监督管理等，为国内绿色食品营销奠定了组织法律基础。

（2）法规、技术基础　我国已经制定并颁布了有关绿色食品方面的法规及规章制度，制定了绿色食品产品或产品原料的生态环境标准，绿色食品种植业、畜禽养殖业、水产养殖及加工的生产技术操作规程，以及最终产品的质量卫生标准等，形成了绿色食品营销的技术基础。

3. 社会实践及市场需求基础

中国国务院新闻办公室 2007 年 8 月 17 日发表的《中国的食品质量安全状况》白皮书表明，我国共有无公害农产品 28600 个，认定无公害农产品产地 24600 个，已开发的产品包括粮油、蔬菜、果品、饮料、畜禽蛋奶、水产酒类等，面积 2107 万公顷（$2.107\times10^7hm^2$）；有 5315 家企业使用绿色食品标志，产品 14340 个，实物总量 7200 万吨；经认证的有机食品标志使用企业达 600 家，产品总数 2647 个，实物总量 1956 万吨，认证面积 311 万公顷（$3.11\times10^6hm^2$）；有国家级农业标准化示范区 539 个，农业标准化示范县（场）100 多个，省级标准化示范区近 3500 个。我国绿色食品产业的发展，形成了绿色食品营销的社会实践。同时，随着人们生活水平的提高，在我国东部沿海等发达的大中城市，人们对自然、无污染的食品的渴望程度相当高，已经形成了一定的消费群体，即绿色食品的市场需求基础。

二、影响绿色食品消费的主要因素

消费者在购买和消费绿色食品时，主要受消费者个人因素、社会文化因素、相关群体因素、企业营销因素等诸多因素影响，绿色食品生产和营销企业应通过对这些因素的分析，把握消费行为的规律性，为营销决策提供依据。

1. 个人因素

主要包括消费者的年龄、性别、职业、个性、收入、对绿色食品知识的了解程度、家庭成员构成、家庭消费价值观等等。这里需要特别强调的是，家庭消费价值观对绿色食品消费有着重大影响，当家庭对某种商品或某个品牌的消费成为一种习惯现象时，它甚至会背离家庭的经济能力。因此，应该重视那些关心生态环境、对绿色产品和服务具有现实和潜在购买意愿和购买力的消费者及消费家庭。

2. 社会文化因素

文化是人类在社会历史发展过程中所创造的物质财富和精神财富的总和，反映了一个社会所共有的理念和传统。任何人都在一定的社会文化环境中生活，不同社会文化环境的人们，认识事物的方式、行为准则和文化价值观会大不相同，但每个社会都会有一些能被大众普遍接受的文化价值观，这些价值观指导着人们的消费行为。文化价值观是相对持久的，在家庭、学校和社会中得到传播，其对消费行为的影响也一代一代得以延续，同时，这些影响消费行为的社会文化又会随着时间的变化而发展。当前，随着经济的发展、社会整体福利水平的提高，人们对食品品质的要求越来越高，广大消费者的食品安全和环保意识日益增强。因此，我们应积极培植和弘扬绿色文化，引导绿色消费，通过宣传、教育、启发消费者，树立新型文明的消费观念，使其认识到绿色消费有利于生态保护，有利于自身健康，有利于后代的可持续发展，从而扩大绿色消费队伍，掀起绿色消费浪潮，推动绿色营销和绿色食品的发展。

3. 相关群体因素

相关群体是影响他人消费观、态度和行为形成的个人或集团，包括亲戚朋友、同学同事、邻居熟人等直接影响者，也包括其喜欢和崇拜的电影明星、运动健将、社会知名人物等间接影响者。相关群体具有规范和比较两大功能，其对消费者的影响表现为三种形式，即行为规范上的影响，信息方面的影响和价值表现上的影响。所以，绿色食品企业要重视相关群体对消费者购买行为的影响，在制定生产和营销策略时，要选择同目标市场关系密切、传递功能迅速的相关群体，有针对性的做好营销工作。

4. 企业营销因素

一个企业的产品能否得到市场的认可，被消费者接受，在一定程度上依赖于企业营销战略的运用。影响消费者的企业营销因素主要有：产品因素，包括产品特征、功能、产品的档次、包装、品牌、产地等；价格因素，包括定价策略、价格变动策略等；渠道因素，包括消费者购买的便利程度、是否符合购买习惯等；促销因素，包括广告媒介的选择、人员推销的使用、销售促进的方式以及公共关系的运用等。因此，绿色食品企业必须做好企业营销因素的协调工作，围绕目标市场，进行合理组合，形成有效的综合性的营销策略，提高整体营销效果。

三、绿色食品市场营销策略

1. 绿色食品的产品策略

绿色食品的产品策略是绿色食品整个营销策略的核心，是绿色食品生产企业顺利实施绿色营销的前提和制定其他营销策略的基础。

（1）大力开发和生产绿色食品　①要大力发展生态农业和有机农业，切实控制农药化肥的施用，开发生产无公害的绿色食品；②要利用边远山区山清水秀，未受污染的自然条件和丰富资源，开发绿色食品；③要实施品牌加绿标等于名牌的品牌决策，品牌加绿标可以树立企业的绿色形象，把自己塑造成环保模范，并与竞争对手区别开来，从而确保自己在市场中的竞争优势。

（2）开发绿色食品生产技术，营造绿色食品企业的创新体系　要加强绿色食品相关领域的研究和技术开发工作，促进产、学、研相结合，不断增强开发新产品、新技术、新工艺的能力，并尽快推出一批符合绿色食品生产要求的优质品种和与之配套的先进栽培技术、饲养技术、加工技术。在绿色食品的生产、加工、包装、贮运等过程推行清洁生产技术，形成一种食品天然化、生产无害化、生态环境完美化的可持续的绿色食品生产与发展模式。

（3）搞好绿色食品的产品分级、加工、包装工作　①要明确销售对象。从总体上讲，当前绿色食品的目标顾客是具有一定的购买能力，一定的文明程度和一定素质的消费者群体。作为绿色食品的生产者与经营者，必须认真分析研究这些目标顾客的消费需求特点和购买行为，在绿色食品的生产、加工、包装、销售等方面，要偏重满足这些人的需要，从而促进产品销售。②在进行绿色食品分类、包装、加工时，要进行清洁生产，防止无公害的绿色食品在这些环节中被污染。③要使用绿色产品标志，进行品牌化经营。目前绿色产品标志有两种：一是绿色标志，也叫环境标志或生态标志，由“中国环境标志产品认证委员会”认证授权使用；另一种是绿色食品标志，由中国绿色食品发展中心认证授权使用。④使用绿色包装以及恰当的包装策略。绿色包装，又称生态包装。它是指对生态环境和人体健康无害，能循环和再生利用，可持续发展的包装。绿色包装具备易回收，可循环重复利用；易降解，不产生环境污染；生产时节约能源与材料；焚烧不污染大气且可能再生等特点。

2. 绿色食品的销售渠道策略

设计选择绿色食品的分销渠道，首先要考虑如何使绿色食品能快速进入市场；其次要考虑绿色食品不能混同于普通农产品，体现出绿色食品的“绿色”来。

（1）“农户＋销售商”的形式　农户根据销售商的要求组织绿色食品生产，由销售商负责销售。例如，长沙家润多超市为了保证顾客能够买到新鲜、品种全、价格优的无公害蔬菜水果，拟建立自己的无公害蔬菜水果基地，这样使一些有条件的农户成为家润多蔬果基地的成员。

(2)“农户＋龙头加工企业”的形式　这种形式要求农户与绿色产品加工企业组成一体化经营组织，农户按绿色产品加工企业的要求，为其生产绿色产品的加工原材料。

(3) 独家分销或选择性分销形式　独家分销就是在一定地区只选择一家销售商来负责销售其绿色食品；选择性分销则是在一个地区选择少数几家销售商负责销售其绿色食品。选择性分销要求选择的零售商必须具有一定的实力、并有良好的销售形象。只有这样，绿色食品消费者群体才能经常光顾其销售网点，购买其称心如意的绿色食品。

(4) 直接分销形式　这种形式要求生产者自己设立绿色食品的专卖店或在大型商场设立经营专柜。如湖南唐人神集团实施“安全肉工程”，为规范服务、方便市民，在株洲市设立了徐家桥、钟鼓岭两个“唐人神安全肉品中心”专卖点，并打算在长沙、湘潭乃至武汉、北京开设专卖店。这样可以扩大生产单位的绿色食品的市场占有份额。

(5) 特许加盟连锁经营的分销形式　这种分销形式要求绿色食品的生产者允许他人使用其产品生产单位或企业的企业名称或产品品牌开设专卖店，销售生产者的绿色食品。一般地说，专卖店的资本全部由他人投资，但所有专卖店的名称必须统一按产品生产单位或企业的名称或产品品牌取名，统一装修风格，统一配送产品生产单位或企业的产品，统一价格，这种经营方式通常被称为特许加盟连锁经营。

此外，还可开展“B-to-B”和“B-to-C”电子商务，构建高效率的绿色食品营销网络，这既有利于减少中间环节，防止“二次污染”，也可降低成本，使销售价格更好地满足消费者的需要。

3. 绿色食品的定价策略

绿色食品的生产环境要求比较高，其生产过程所支出的成本也比普通产品要高，因此，绿色食品的价格相对较高是一种正常现象。此外，绿色食品的消费群体都是具有一定购买能力的消费者，他们对能够满足其营养、健康、文明等更高层次需要的绿色食品，能够且愿意支付较高价格。据有关资料显示，德国绿色食品价格比一般食品价格高50％～200％，而我国无公害蔬菜比普通蔬菜只高10％～50％，价格提升的空间较大。

一般地说，绿色食品的定价应考虑以下三个因素：①成本因素，即生产经营者为生产开发销售绿色食品所花费的成本；②市场因素，即目标市场的购买者的消费心理、购买行为、购买能力；③竞争因素，即根据市场竞争的激烈程度以及竞争对手的产品的价格水平定价。

在定价策略方面，一是价格的制定要能体现出薄利多销原则。薄利多销策略，一方面可以让更多的消费者消费得起绿色食品，以便占领更大的市场而获得更多收益；另一方面也可以阻止竞争对手的加入，避免过度的市场竞争。二是价格的制定也要体现出适销厚利原则。这一原则要求对那些资源和市场有限的绿色食品，不能搞薄利多销。有些消费者愿意支付高价格“买健康”、“买时尚”、“买自尊”，对这些消费者需要的绿色食品，可以采取适当的高定价政策，以获得丰厚的利润回报。三是应充分考虑人们求新、崇尚自然的心理，多采用心理定价策略，包括声望定价、习惯定价、招徕定价等策略，给企业带来经济效益。

4. 绿色食品的促销策略

促销起着诱导需求，创造需求的作用，开展适当的促销活动，能增加绿色食品的市场营销份额。绿色食品必须加大宣传力度，不能再死守“酒好不怕巷子深”的经营古训。在开展促销活动时要特别注意如下几点。

① 实现促销手段多样化，把所有的促销手段有机地结合起来，相互取长补短。比如，企业可以将人员推销、广告、营业推广和公共关系等促销手段结合起来使用，实现企业的促销目的。

② 注重促销手段组合的层次性和时间性，要明确以哪一种促销手段为主，哪一种为辅，在什么时间以什么样的促销方式为主。比如，在产品推广期，企业可通过举办绿色食品展销会、洽谈会等形式，扩大绿色食品与经销商和消费者的接触面；在成长期，可以通过广告方式传递绿色食品信息，提高产品知名度，树立企业和产品的绿色形象；在成熟期，可以通过变换广告形式和采用营业推广方式，增加产品的信誉度，维持消费者的消费偏好，促进企业绿色食品的销售。

③ 在广告宣传中，既要注意突出绿色食品的特点，又要注意产品的品牌宣传。要特别重视广告宣传的创意性，广告信息要有明确的主题，表现形式要有独特性。比如，可以通过制作 POP 绿色广告，宣传绿色产品，塑造企业的绿色形象，把绿色食品信息传递给广大消费者，拉近与消费者的距离，刺激消费需求。

④ 重视绿色公关。绿色公关是树立企业及产品绿色形象的重要传播渠道，可以帮助绿色食品生产或经营单位更直接、更广泛地将绿色食品信息和绿色信誉传送到促销无法达到的细分市场，获得较强的竞争优势。绿色公关的方式很多，可通过开展绿色食品讲座，散发绿色食品宣传册、环保教材及资料，以及通过有声音像材料等大众媒体进行，也可以通过诸如绿色赞助活动、博览会、展销会、贸洽会等形式进行绿色食品的推广和销售。

5. 绿色食品的品牌战略

在市场经济条件下，品牌就是价值，品牌是龙头企业发展壮大的一个关键因素，也是提高企业竞争力的主要手段。实践证明，只有企业走联营联合之路，打造一批能在国内、国外市场参与竞争的航空母舰，形成拳头产品，才能尽快走进国际市场，才能有一定的竞争能力，才能实现企业利润的最大化。但在构造绿色食品品牌时，应注意把握以下三条原则：①要坚持按市场竞争构造品牌的原则；②要坚持用质量标准体系构造品牌的原则；③要坚持用产业化经营的方式构造品牌的原则。

品牌不仅仅是企业创造出来的，而且是通过消费者不断认知并长久忠诚形成的。品牌战略的重要在于创新市场机制，关注消费者的反应，着眼消费者，不断地培养消费者的品牌价值观，并依据企业的经营战略来进行各项策略的拟订，并有效地组合成一个整体，透过品牌传达统一的品牌个性，不断的创新市场机制，来实现品牌持久的竞争优势，从而巩固市场的地位。

6. 灵活运用其他绿色营销策略

（1）灵活运用促销策略，要把环境支出计入成本　利用人们回归自然、崇尚自然的心理采用高价促销策略。

（2）运用产品包装策略　包装相当于食品的门面，它是产品呈现给消费者的第一印象。实行绿色营销策略，应对产品实行绿色包装，世界上发达国家确定了包装要符合“4R＋1D”的原则（4R＋1D 原则即：Reduce——减少包装材料使用量，反对过分包装；Reuse——提倡重复使用；Recycle——重视回收再生；Recover——利用包装废弃物获取能源料；Degradable——能降解腐化，有利于消除白色污染），而目前国内食品的绿色包装还处于薄弱环节，“4R＋1D”原则没有得到很好体现，包装的主要材料还是塑料，这和绿色产品所宣扬的环保观念是相悖的。在新型的环保材料没有出现之前，纸是最好的包装材料。可选择纸料等可降解材料、无毒性材料进行包装，或采用包装材料简单化、方便化策略。

（3）灵活利用公共关系宣传 如举办绿色食品论坛，举办以“环境保护”、“绿色健康生活”为主题的促销宣传活动，塑造企业形象，打造企业品牌。

另外还可以通过阳光营销、口碑营销、关系营销等技巧维持老顾客，吸引新顾客，提高市场占有率，实现食品企业的持续营销和发展。

第三节 绿色食品国际贸易

随着国际经济全球化发展和贸易的自由化趋势，食品安全问题已经越来越成为人类社会关注的焦点。在竞争日趋激烈的国际农产品市场，绿色食品的质量安全优势和品牌整体竞争优势日益显现了出来，受到了国际有机农业运动联盟、联合国经济和社会理事会、联合国粮农组织等国际组织的关注和肯定。在我国经济日益融入世界经济后，我国经济的“绿色化”进程进一步加快，中国绿色食品在国际社会上受到了普遍欢迎。从某种意义上说，WTO是以可持续发展为导向的经济形态。可持续发展是针对工业化造成的人与自然关系的严重失衡而提出来的崭新发展观。WTO准则强调经济发展与资源合理开发和环境有效保护的协调，所以，有人把WTO之下的国际经济和贸易称之为“绿色经济”、“绿色贸易”。而绿色经济和绿色贸易必将促使各国把环境问题与经济问题挂钩，加强环境资源立法，把经济建立在可持续发展的基础上。

绿色消费市场的兴起和扩大，使许多发展中国家认识到绿色产品对经济可持续发展的重要意义。绿色食品的贸易近年来发展非常迅猛，在欧洲几个国家相继发生口蹄疫和疯牛病后，人们对无污染、无公害的绿色食品日益青睐，并已成为国际贸易的主流。如今，有机食品成了人们追求的目标。1998年美、日、德等10国类似我国绿色食品的有机食品、生态食品、自然食品的贸易额达到10亿美元，而1999年的贸易额猛增到200亿美元。据有关专家预测，到2010年其世界市场的贸易额将达到1000亿美元。

我国绿色食品的发展，立足国情，借鉴国际通行做法，遵循“从土地到餐桌”的全程质量控制的技术路线，推行“以技术标准为基础、质量认证为形式、商品管理为手段”的发展模式。绿色食品标志作为中国的第一例证明商标，蕴含了保护生态环境、保障消费者安全的发展宗旨和理念，证明了绿色食品无污染、安全、优质、营养的特定品质，体现了绿色食品的制度优势、品牌优势和产品优势。绿色食品已成为提高我国农业的国际地位和农产品的国际竞争力的重要手段和途径。绿色食品的国际交流已初步打开局面，我国绿色食品发展中心已与国外近500个相关机构建立了联系，并与许多国家的政府部门、科研机构以及国际组织在质量标准、技术规范、认证管理等方面进行了深入的交流与合作，确立了绿色食品的国际地位，广泛吸引了外资，有力地促进了生产开发和国际贸易。中国绿色食品在国际上是一个非常有特色的特殊的品牌。通过绿色食品认证，出口企业有效地突破了一些国家在国际农产品贸易领域中设置的绿色贸易壁垒，使出口产品的市场竞争力有了明显的提高，推动了绿色食品出口贸易的发展。

一、制约我国绿色食品出口贸易的因素

在国内绿色食品生产日益社会化、市场化、国际化的背景下，中国绿色食品已经具备了扩大出口的技术条件，但是，由于出口经验、技术控制、认证标准等各方面与发达国家相比都存在许多不足，所以目前绿色食品的出口也凸显出一些问题，在一定程度上制约了出口贸易的发展。

1. 我国绿色食品的自身发展是制约出口的重要因素

自20世纪90年代以来，绿色食品和有机农业在我国得到了很好的发展，在农产品出口贸易中，相当一部分绿色食品已成功地进入了日本、美国、欧洲、中东等国家和地区的市场。据中国国务院新闻办公室2007年8月17日发表的《中国的食品质量安全状况》白皮书表明，近五年来，中国出口的绿色食品以年均40%以上的速度增长，已得到40多个贸易国的认可。无公害、绿色、有机等品牌农产品已成为出口农产品的主体，占到出口农产品的90%。安全优质的品牌农产品快速发展，优质品牌农产品市场占有率稳步提高。但从农产品国际贸易的总体水平看，我国的绿色食品出口贸易还有很大的发展空间。这与绿色食品的自身发展有很大关系。就目前来看，制约绿色食品和有机农业发展的自身因素主要有以下几个方面。

(1) 政府对绿色产业扶持不足　绿色食品的国际贸易虽然是市场行为，但其运行方式与成效在很大程度上仍取决于国家对绿色产业的态度和政策。相比较其他农产品的生产，绿色食品的生产需要更多的人力、物力和技术的投入，绿色食品生产者也需要承担更多的自然条件、技术和经济风险，特别是在初期的转换阶段绿色食品的经济效益低于非绿色食品，而当前我国绿色食品的发展并没有在贷款、物资等方面得到优惠。这些因素一定程度上限制了绿色食品的发展。

(2) 绿色食品出口的产品结构不合理　中国绿色食品生产总量和开发面积均不足全国农产品总产量和种植总面积的2%，且技术不够先进，生产规模小，产品品种单调、结构不合理。这主要表现在，绿色食品生产所需要的关键技术水平较低，如生物治虫、土壤改良等；同类产品品牌繁杂、著名品牌少等，因而出现了产品档次低、粗加工产品多、精深加工产品少，专用化、规格化、标准化生产水平不高的现象。例如绿色食品饮料类产量仅占全国普通饮料类产量的3.01%，绿色食品中粮油作物种植面积仅占全国粮油作物种植面积的0.61%，绿色蔬菜种植面积仅占全国蔬菜种植面积的1.59%。在绿色食品产品结构中，粮油类产品占28%，蔬菜类占17%，饮料类占15%，而消费者最为关心和市场需求较大的畜禽肉类产品、水产品所占比例极小。这样较少数量且结构不尽合理的绿色食品，使得企业及其产品难以形成进入国际市场的合力，影响绿色食品国际贸易的扩张规模。

(3) 绿色食品质量管理标准体系不完善　虽然已经参照国际有机食品认证标准制定了一套绿色食品生产标准和规范，但是，由于中国的绿色食品标准过于侧重产品本身的检验，而对产品的生产、加工、包装、运输及流通过程均未形成严格的技术标准和管理标准，与国际有机农产品的标准和管理体系有显著差距，所以中国A级绿色食品难以被欧美国家接受，出口渠道严重受阻。

(4) 贸易摩擦影响出口　由于我国绿色食品出口的特点是量大价低，在给进口国消费者带来实惠的同时，很容易冲击当地的相关产业，因而进口国常常以农残、有害生物等问题设置贸易壁垒限制进口，与我国产生贸易摩擦。双边或多边的贸易摩擦，影响双边或多边贸易关系，不利于我国外贸的稳定发展。

(5) 绿色食品出口企业监管体系不健全　中国绿色食品出口企业尚缺乏有效的行业协调和纪律约束机制，所以难以对国际绿色食品市场进行深度调研和总体把握，出口企业之间经常会出现信息不共享、盲目竞争、竞相压价获得订单的情况，这些行为在降低中国整体贸易得益、损害绿色食品产品形象的同时，对我国绿色食品出口造成了很消极的影响，也为进口国实施反倾销留下了空间。

2. 绿色贸易壁垒对我国绿色食品出口贸易的影响

绿色贸易壁垒作为一种非关税壁垒产生于20世纪80年代后期，90年代开始兴起，最典型的是1991年美国禁止进口墨西哥的金枪鱼及其制品，其理由是为了保护海豚的生存。日本、欧洲等发达国家也纷纷效仿，绿色贸易壁垒开始流行。绿色贸易壁垒的兴起有其深刻的背景，其实质上是发达国家借环境保护之名，依赖其技术和环保水平，通过立法手段，制定严格的强制性的技术、环境标准，以行其贸易保护之实，将发展中国家的一些商品拒之门外。绿色壁垒的出现是发达国家贸易保护主义抬头的又一新的表现形式。它不同于传统的贸易壁垒，与传统的非关税壁垒相比，绿色贸易壁垒具有名义上的合理性、形式上的合法性、保护内容的广泛性、保护方式的隐蔽性和实施效果的歧视性等特征，已成为发达国家对付发展中国家出口贸易的重要手段。

作为最大的发展中国家，我国绿色食品出口受到国外“绿色壁垒”限制的影响也是最大的。发达国家和新兴的工业化国家都在不断强化农业环保技术标准及进口农产品质量标准，而中国生产的绿色食品只有大约10%属于AA级的绿色食品生产标准，可以与国际有机食品的标准接轨，可以方便的参与国际市场竞争，而其余90%的A级绿色食品由于达不到进口国苛刻的技术条件和安全性指标要求，目前还难以领取出口国际市场的“绿色护照”，出口受到了各国“绿色壁垒”的限制。

(1) 绿色贸易壁垒的概念　绿色贸易壁垒（Green trade barrier）通常亦称“环境壁垒”或“生态壁垒”，是指进口国政府以保护生态环境、自然资源和人类健康为由，以限制进口保护贸易为目的，通过颁布复杂多样的环保法规、条例，建立严格的环境技术标准和产品包装要求，建立繁琐的检验认证和审批制度，以及征收环境进口税方式对进口产品设置的贸易障碍，是对进出口贸易产生影响的一种非关税的技术性贸易壁垒。

(2) 绿色贸易壁垒的形成因素及特点

① 绿色贸易壁垒形成的因素。绿色壁垒的产生有其深刻的政治、经济和环境因素的原因。农产品由于其特殊性成为绿色壁垒实施的重点对象，归纳起来农产品贸易中绿色壁垒的成因有以下几个方面。

a. 各国农业保护政策的产物。农业作为一个弱质产业在各国都是保护对象。虽然近些年来农产品贸易自由化的呼声不断，但是各国对农业的保护政策仍然是有增无减。随着各国纷纷加入WTO，在WTO协议中要求各成员国之间在国际贸易中削减关税使得关税壁垒在农产品国际贸易中受到限制，而技术贸易壁垒中的绿色壁垒由于其外在的合理性和内在的可操作性成为除“劳工标准”和“反倾销条例”外，最为盛行的贸易保护的手段。

b. 环境保护日益受到国际社会的关注。随着经济的发展和人类社会的进步，环境污染也越来越严重，国际组织和各国政府都积极推动环境立法。从1972年斯德哥尔摩的“人类环境宣言”到1992年的《里约热内卢环境与发展宣言》，国际上就保护环境制定了大量的原则和制度，国际贸易过程中的环境问题越来越受到人们的关注。环境保护意识在农产品贸易中表现为农产品的卫生标准及生产环境标准，由于各国经济发展水平的不同以及环保意识的强弱不等，因而制定出的标准的高低也不同，出口国的标准低于进口国的标准，就会产生农产品的绿色贸易壁垒。

c. 消费观念的演进。随着医学等相关科技的发展和生活水平的提高，人们越来越关注食品安全问题，并且对食品的消费观念正在按照温饱型—营养型—保健型—环保型演进。全世界形成一股“绿色消费浪潮”，谁拥有绿色标志谁就拥有市场。各国纷纷制定严格的标准来争取市场份额，在客观上对不符合标准的农产品出口造成障碍，形成绿色壁垒。

② 绿色贸易壁垒的特点。

a. 名义上的合理性。绿色贸易壁垒的产生是以保护生态环境、自然资源和人类健康为依据的，关注生态可持续发展，更符合大众消费者的需求，更容易获得进口国政府的支持，也更顺应全球范围内环境保护的需要。

b. 形式上的合法性。绿色贸易壁垒是以国际公约、国际双边或多边协定和国内法律、法规等为实施的依据和基础，无论是在国际和国家层面，还是团体、企业和消费者层面，均得到认可和接受，具有明确的法律依据。

c. 保护内容的广泛性。凡是与生态环境、自然资源和人类健康有关的产品都将是绿色贸易壁垒所要保护的对象。不但包括初级产品，而且涉及所有的中间产品和工业制成品；不仅涉及资源环境，而且涉及动植物与人类健康；不仅包括商品生产、销售，而且涉及生产方法与过程；不仅涉及法律法规，而且涉及产品标准；不仅涉及产品内在品质，而且涉及产品的外观包装等。

d. 保护方式的隐蔽性。西方发达国家设置的绿色贸易壁垒，抓住了人们保护自身健康和生存环境的心理，扯起了保护健康和人类环境的大旗，“名正言顺”地实行贸易保护。通过灵活多变的管理办法、监测内容和实施标准等，使出口方往往难以预见具体的内容及其变化，因此，绿色壁垒比其他非关税壁垒更容易回避贸易对方的指责。而且各种检验标准极为复杂，往往使出口国尤其是发展中国家难以及时应对而蒙受损失。

e. 实施效果的歧视性。由于历史等客观原因，发达国家与发展中国家之间的科技和经济发展水平呈现极大的不平衡性。而发达国家往往无视发展中国家的实际情况，凭借其自身先进的技术、雄厚的资本提出过高标准，渐渐把发展的不平衡导入国际贸易领域，引致更多的不平衡。

（3）我国绿色食品对外贸易突破绿色壁垒的主要措施　面对竞争激烈的国际农产品贸易市场，如何推动我国农业高效持续发展，促进我国农产品的国际贸易，已成为政府、农业科技工作者及农业生产经营主体共同关注的焦点，如何突破绿色壁垒是发展绿色食品对外贸易的一个关键所在。

① 及时跟踪发达国家农产品质量安全标准，提高国际采标率，建立和健全绿色产品的管理标准和生产技术标准，建立与国际接轨的国家质量标准体系，围绕着这个标准体系安排出口产品生产、加工、包装和贮运环节。要对我国现行的技术法规，技术标准和合格评定程序进行全面清理，以国际标准和认证制度为基准，制定、补充、修订和完善我国的技术法规、标准和合格评定程序，加强检疫检验制度和工作，强化环保法规，推动电子商务的发展，从而有效地突破技术性贸易壁垒，进一步为扩大出口创造条件。

② 加强绿色食品对外贸易的国际合作与交流，利用国际合作机制，积极加强国际合作。积极组织绿色食品企业出国开展形式多样的产品促销和商贸洽谈活动，不断提高绿色食品品牌的国际影响力和竞争力，拓展国际贸易渠道。WTO认为，贸易限制和禁止不是解决贸易争端的唯一和最有效的方法，最好的办法是国际合作。鉴于我国目前经济技术发展水平较低，因而在国际合作中，我们应该着力于引进国外先进的环保技术，利用外资发展绿色食品行业，调整和优化我国产业结构和产品结构，积极实施“走出去”战略，在消费国就地生产、加工农产品，避开绿色贸易壁垒。

③ 我国绿色产品企业要练好内功，健全农产品质量监控体系。我们要把农产品质量搞上去，应组建专门的食品和动物健康保护机构，积极推进农业标准化工作，完善我国农产品标准体系，加快农产品检测与国际标准接轨的步伐。作为绿色食品企业，要解决绿色食品对外贸易的技术壁垒，进入国际市场，一要达到产品质量 ISO 9001 国际标准认证，二要取得国际 ISO 14000 环境管理体系的认证，三要符合国际安全食品的认证。这些基础的条件绿色

食品企业必须要做到。

④ 政府要给予绿色食品对外贸易的政策支持。绿色食品在我国对外贸易中具有特殊的地位和重要的作用，政府应该在对外贸易各个环节予以政策支持。美国、日本和欧盟限制国外产品的进口，但对于本国产品的出口，千方百计地用各种手段来支持，所以美国现在出口农产品在国际上占的份额接近40%。目前我国绿色食品出口贸易也应该学习美国、日本和欧盟的出口贸易支持政策。支持政策主要有两方面，一是制定国外的市场开发计划，另外一个就是要制定出口信用担保计划。做绿色食品的企业多是中小企业，资金非常困难，而且企业的信誉度方面也是非常有限，没有信用担保，这些企业实现出口创汇非常困难。所以，尝试建立“绿色银行”或“绿色基金”，为绿色产品和绿色产业的开发与出口提供专项贷款担保，来提高绿色产业在出口产业结构中的比重。

⑤ 大力发展行业协会，提高农业经济实体的生产组织化程度，走规模化、集团化的路子，进行企业化的运作和管理，提高农产品的生产效率和抗绿色贸易壁垒风险的能力。我国农村自20世纪70年代末实行土地承包责任制以来，农产品生产一直处于分散单干状态，每个农民对农产品的生产基本上由自己随意决定。这种千家万户的小生产状态使得农产品的质量难以控制，农产品标准的实施无法彻底执行。因此，提高我国农业生产的组织化程度势在必行。可以借鉴德国、法国、奥地利、土耳其等国及我国台湾的“业必归会”的经验，在农产品出口相对集中地区，组织农民成立专业合作社，组织企业成立行业协会，并赋予其一定的行业管理职能。此外，要建立中国绿色食品对外贸易机构，系统收集国外农产品质量安全领域的法律、政策、技术、管理、市场等方面的信息，带领绿色食品的中小企业组成联合舰队，形成一个整体走向国际，积极开展对外贸易，提高我国绿色产业在国际市场上的竞争力。

二、绿色食品国际贸易的程序和方法

1. 绿色食品国际贸易的一般程序

(1) 签约前的政策咨询　包括出口国配额制度，进口国配额或许可证制度，货物是否来自限制的国家和地区，输出国和输入国家间的双边协议，国外通关所需手续，如植物检疫证书、卫生证书、熏蒸证书、放射证书、产地证等。

(2) 订立合同开具信用证　由贸易双方协商签订合同（成交确认书），开具信用证，在合同中描述产品属性、产品价格、结算方式、运输方式、交货日期、保险、检验及通关用的证书等。

(3) 生产加工　加工出口的绿色食品，要求在当地检验检疫部门进行登记或注册的加工厂，根据合同或信用证的有关条款，按照输入国的有关法律（食品卫生法、动植物检疫法）进行加工生产，经厂检合格后出厂。

绿色食品加工企业必须追求无可挑剔的产品质量，这在质量管理上要求企业应获得ISO 9000系列质量认证，或推行GMP（良好作业规范）和HACCP（危害分析与关键控制点）的质量保证体系，从原料生产到消费者餐桌都得实行全面的质量管理，以使绿色食品有可靠的质量保证。

(4) 出口企业验收　出口企业对加工厂生产的产品质量按照合同和信用证等有关规定进行验收，合格后报检。

(5) 检验检疫　检验检疫是该批货物经过的第一道国门。出口企业按照规定，持外贸合同、信用证、发票、工厂检验合格单、商品验收单、包装性能结果单等手续进行报检。检验检疫部门按照《中华人民共和国进出口商品检验法》、《中华人民共和国进出境动植物检疫法》及其《中华人民共和国进出境动植物检疫法实施条例》的有关规定，根据我国与输入国的双边协议、合同的有关条款，对该批货物进行检验检疫，合格后办理换证凭单或通关单，然后报关。

（6）报关 出口企业办完报检手续后，持通关单、产地证、合同或信用证、装箱单、发票等办理报关手续。这是该批货物经过的第二道国门。

（7）船运 将办理完有关手续的商品，委托船运公司装集装箱集港，经港口检验检疫部门查验后装船出运。

（8）国外检疫 国外动植物检疫的主管部门一般是中央农业行政主管部门，其检疫职责分明，检疫范围明确，没有多部门的交叉、重复现象。有些农业发达国家的口岸动物检疫与植物检疫机关是合并在一起的，如美国、澳大利亚、新西兰、加拿大、荷兰等等。输入国的检疫机关根据本国的有关法律（动植物检疫法）查验有关单证，对该批货物实施检疫。

（9）食品安全检查 食品安全检查是根据输入国制定的各方面的技术法规和标准，查验该批货物是否符合输入国制定的《食品卫生法》及有关法规的规定；是否来自认可的加工厂；食品是否安全，比如农残、重金属、微生物、生物毒素是否超标；是否具有放射性；食品标签是否合格等检查。这些职能各国的主管部门也不相同，美国由 FDA（美国食品药品监督管理局）执行，日本由医药局食品保健部执行，口岸检疫所具体办理。欧盟由欧盟委员会食品兽医办公室负责对外谈判，各国口岸部门联合预警，也有的国家与海关联合执行。国外的检疫和食品安全检查是输入国家的官方行为，如被对方检查出问题，对方一般采取检疫处理、退货、销毁等手段处理该批货物。其中最多的是退货。

（10）国外检验 国外的检验有部分国家是官方行为，也有部分是民间的中介行为，如公证等形式，他们检验政府强制检验项目以外的检验项目，如数量、重量、品质、规格、性能等。

（11）通关 交纳关税后，提货出港。

（12）买方验收 买方根据合同或信用证条款对货物进行验收，合格后结算，出现规格不符、短重、混有异物情况，由贸易双方协商解决，或提出索赔或做退货处理。

通过上述由买到卖的过程可以看出，国际贸易与国内贸易的区别在于，每一票货物，不管数量多少，不管货值多少，都有输出国和输入国政府的强制参与，一旦货物被对方官方检出问题，除本批货物受到损失外，还有可能导致对输出国采取更严厉的措施，甚至封关，乃至形成两国的贸易争端。

2. 欧盟和美国的食品进口程序

随着有机产品数量和发展区域的扩大，有机食品等有机产品出口已成为中国农产品国际贸易的重要组成部分。中国有机产品的出口主要有美国、欧盟和日本三大市场，各进口国和地区的要求不尽相同。有机产品进入三大市场的途径有以下三种形式。①政府间达成互认协议，承认出口国认证结果。②进口国主管部门对进口的产品进行审核并单独许可进口。③获得进口国主管部门认可的认证机构认证，或由进口国主管部门认可的国外认证机构认证的产品。目前中国出口有机产品主要通过后两种途径。下面以欧盟国家和美国为例说明有机食品进口所需要的程序和手续。

（1）欧盟有机食品的进口程序 目前，欧盟各个成员国之间实行了正式的有机产品进口许可证制度，成员国之间有机食品的进出口不需要额外的认证或检查。但非欧盟国家有机食品出口到欧盟国家必须完成一定的手续。现行的进口程序第一步应向欧盟成员国的管理机构申请进口许可。出口者应意识到只有批准的产品才可以进入欧盟市场，他们应确保他们的客户提前办理了适当的手续。每一项出货交易手续材料都应送交检查机构，检查机构将给进口商颁发进口的产品和数量的交易证明。交易证明的完整性要接受检查。

根据欧盟于 1991 年 7 月 22 日开始实施的 No. 2092/91 农产品有机生产法规的有关规定，欧盟从非成员国进口有机产品主要有两种方式。

① 从授权批准的第三国进口。根据欧盟法规第 11 章第 1～5 款的规定，非欧盟成员国（第三国）可依下列步骤使其产品在欧盟境内按有机产品出售。

a. 某一国家或某一国家的认证代理机构，可通过其在布鲁塞尔的官方代表向欧盟委员会申请，将该国列入有机产品出口认可国家的欧盟第三国名单；

b. 提出申请的国家必须确认该国已建立运行良好的标准系统和监控程序（法规或规定），必须保证其生产、加工标准和系统监控与欧盟法规所要求的相吻合；

c. 所有最重要、最新和最完整信息必须列明，如生产商、产品类别、种植面积（位置、范围）、未经加工和加工产品数量等。当地政府可以协助生产商、加工商和出口商起草上述文件；

d. 欧盟委员会审核该申请，并可能要求提供附加资料；

e. 欧盟委员会投票表决是否批准该申请，如同意便在欧盟官方杂志上予以公告；

f. 根据欧盟上述法规的有关规定，现已获准进入的第三国包括阿根廷、澳大利亚、匈牙利、以色列和瑞士；

g. 第三国的出口商出口其产品时，需填写欧盟进口证书。每一批有机产品都必须附有欧盟证书。欧盟贸易证书的样本如表 9-2 所示。

表 9-2 欧盟贸易证书的样本

<table>
<tr><td>1. 颁发证书的机构</td><td colspan="2">2. EEC2092/91 标准 EC 1788/2001 条款 11(1)[ ]；条款 11(6)[X]</td></tr>
<tr><td>3. 证书的参考编号</td><td colspan="2">4. 进口商的编号</td></tr>
<tr><td>5. 产品出口商(名称、地址)</td><td colspan="2">6. 监督检查机构(名称、地址)</td></tr>
<tr><td rowspan="2">7. 产品生产或加工者(地址、名称)</td><td colspan="2">8. 离岸国</td></tr>
<tr><td colspan="2">9. 抵岸国</td></tr>
<tr><td>10. 欧盟内的第一收货人(名称、地址)</td><td colspan="2">11. 进口商(名称、地址)</td></tr>
<tr><td>12. 标记和数量。容器数量，编号，种类。
产品商标名称</td><td>13. 产品的国家编号</td><td>14. 毛重/kg
净重/kg</td></tr>
<tr><td colspan="3">15. 证书颁发机关的说明：说明产品是按照有关标准生产加工的，并受此表第 6 项中机构的监督</td></tr>
<tr><td colspan="3">16. 欧盟成员国对认证机构认可的说明：说明产品是按照有关标准生产加工的，并受此表第 6 项中机构的监督</td></tr>
<tr><td colspan="3">17. 产品抵岸时的海关确认</td></tr>
</table>

② 从非授权批准的第三国进口。对于从未列入第三国名单的其他非欧盟成员国进口有机产品，根据欧盟法规第六章第六款要求需单独许可。目前，最常用的方法是允许欧盟成员国授权一家进口商从在第三国名单之外的国家进口有机产品。进口商必须向本国提供足够的证据以证明该产品：a. 按照与欧盟同等的标准生产；b. 接受了与欧盟同等标准的检查；c. 检查程序是长期有效地实施的。各成员国或其所辖各州对此的执行可能有些不同。

进口的步骤如下。

a. 产品检查。检查和认证机构可以为当地机构或欧盟机构或其他国家机构。

b. 进口商登记。即对欧盟的某一进口商进行检查。检查后，进口商即被列入所在国管理机构的进口商清单中。

c. 进口商向所在国监督管理机关申请。申请时需提交的信息包括，产品认证机构的信息，包括标准及操作程序；认证机关的说明，说明其标准是长期有效的；签发证书人的姓名和地址；产品成分和配料说明。

d. 进口商批准

e. 颁发欧盟进口证书。从 2002 年 11 月 1 日起，欧盟规定有机贸易证书应随船由出口商发送给进口商，以确保产品的追踪性。

（2）美国进口有机食品的法律要求和程序　2002 年 10 月 21 日《美国国家有机食品法》正式生效后，所有的有机食品都必须经过美国农业部认可的认证机构的认证后才能出口到美国。这些认证机构能对有机生产和加工者进行审核，以确定其产品是否符合美国有机标准的要求。美国的有机食品法中列出了认证机构成为被批准认可的认证机构所必须达到的要求、应该遵循的程序以及如何确保认可的地位。依照法规，美国农业部将对进口有机食品的认证过程进行查核，以确保产品符合美国有机法案的要求。

食品类产品要能进入美国市场，首先产品的生产工厂要达标，另外食品中有害的化学品或污染物要低于最高限额，且外包装标签符合规定的要求等。在此情况下，美国对食品进口的规定主要有以下内容。

① 获知到货。进口商或代理商在货物到达港口五个工作日之内向入境口岸海关递交申报单和填写进口文件，海关在 FDA（美国食品药品监督管理局）管辖范围及时通知当地的 FDA。

② 抽样检验。FDA 审核进口商的入境申报单后，根据食品的性质、FDA 当年的监测重点、该种食品以往的记录等等，确定是否要进行实物检查、码头检查或抽样检查。FDA 获取实物样本，并将样本送 FDA 所属实验室进行检验分析。FDA 最常见的检测项目为农药残留量、杂质、微生物、毒素、包装和标签等。

③ 结果认定。FDA 经分析确认样本符合要求，即向美国海关和进口商签发“放行通知”（FD717）；FDA 分析认定样本“似乎违反 FDA 法以及其他相关法规”，则 FDA 向美国海关和进口商签发“扣留和听证通知”（FD777），该通知要说明违法原由和性质，给进口商十个工作日陈述可以接收该货物的理由。这个听证是进口商为该批进口食品进行辩护和/或提供证据使其合法入关的唯一机会。

④ 举行听证。FDA 对该产品是否可以接收举行听证会，这是进口商陈述事务的机会，仅限于提供有关的证据。当产品不合格时，FDA 向进口商签发“拒绝入境通知”（FD772），并附上“抽样通知”和“扣留和听证通知”的复印件以及货物处理方式的通知。

⑤ 重新测评。根据进口商提供的证据，FDA 将再次扩大采样量，重新检测评估，若样品确实是合法的，便签发“放行通知”，并随附“原扣留现放行”的解释材料送交海关和进口商。反之，则维持原有决定，按违法样品处理。

⑥ 改善申请。如果 FDA 认定样品“不合格”，进口商可以递交改善或采取其他措施授权（FDA FD766）的申请书，否则，FDA 将签发“拒绝接收通知”。

⑦ 改后判定。进口商完成所有改善程序，通知 FDA 货物可以检查或抽样了。FDA 采集经改善处理之食品样本以决定其是否符合标准。FDA 审核进口商提出的改善程序，对于清算损失的赔偿须订立契约。FDA 进行后继检查、采样，以决定其是否符合改进授权条款。FDA 分析认为样本合格，向进口商和美国海关发出“放行通知”；FDA 认定样本仍然不合格，要求作销毁或退回处理。FDA 监管收费在 FAD790 表中估算，副本送美国海关负责收

取总费用，包括海关人员所需的费用。

根据以上所述美国的食品进口程序，我国食品出口商和美国的进口商要想做到加快商品入境，应做好的工作有：①在货物起运之前确定待进口之产品是合法的；②请私人实验室检验待进口食品样品并核定对加工厂的分析，虽然这些分析不是最后结果，但是可能显示该加工厂具备生产满意和合法产品的能力；③货运合同之前，熟悉 FDA 之法律要求；④请求负责食品入境口岸的 FDA 地区办公室协助；⑤熟悉本文所述之食品进口程序。

总之，我国农产品要进入美国市场，要求做好各种充分的准备，要求向地方或国家检验检疫局进出口贸易部门进行咨询，要及时了解 FDA 对产品的法规和进口程序，可委托进口商聘请 FDA 专业律师操作 FDA 登记注册，以使产品能顺利进入美国市场。

3. 绿色食品国际贸易的方法

在农产品贸易发生重大变化的今天，有机食品以其绿色的消费观念吸引着广大消费者。国外市场具有很大的开发潜力，且出口价格通常要高于传统产品价格和我国国内市场销售价格，因此国内众多企业也开始考虑生产和出口此类产品。目前，有机产品市场主要分布在经济高度发达的国家和地区，如欧洲、美国、加拿大、日本等。要做好有机食品的国际贸易，要确保满足几个条件。

(1) 要考虑利用企业资源转向生产有机产品的可能性和可行性　由于有机产品需要一个向有机农业、生产和加工转换的时期，因此通常立即不会带来高产出和高利润。另外企业本身是否具有发展和出口有机食品的潜力，如企业的组织和管理情况，是否有足够的市场技术与营销经验，基地的建设以及加工用的厂房和生产设备是否能满足外国顾客对质量和产品纯度的要求，以及公司的财政状况等等都要充分考虑。

(2) 要保证有机食品的质量符合欧盟或美国、日本等发达国家的有机生产的相应法规标准　发达国家在有机生产标准中，对转换期、种子来源、平行生产以及加工等都有严格的要求；对于产品的污染和混合，以及可追踪性等也有详细规定；标签上要有足够的信息以便明确地辨别加工商和出口商的信息；货物批号必须是标签的一部分以确定产品的来源；出口商应在包裹上说明检查机构等。

(3) 要对每种有机农产品的海外市场进行详细的调查，从而确立占领国外有机食品市场份额　如在欧洲，有机产品在德国、荷兰、英国、丹麦、瑞典和比利时的销售份额较大，西班牙、法国、意大利等国的有机产品贸易相对要少一些，但也在不断增长。对某国进行市场分析时，在对一般经济指标，如国民生产总值、失业率、通货膨胀等掌握的基础上，对人口统计数据、城市化程度、受高等教育的人口比例、总体健康状况、有健康意识的市场比例、人均收入及收入分配、适当年龄段比例的人数、消费者喜好、动机等等都需要充分调研。

对主要进口的有机农产品也应进行调查和分析。一般国外市场主要进口农产品的原材料，进口后再进行加工与包装。进口其他国家的有机食品原材料通常属于以下五个范围：①当地不能生产的农产品，比如茶叶、咖啡、可可、香料、香精、热带水果和蔬菜；②反季节的水果和蔬菜；③在当地不能大批量生产，不能满足消费需求的产品；④该产品的出口国已建立良好的信誉，比如法国的奶酪；⑤特殊的产品，例如调味品和草药，是美国和欧洲公司加工有机食品时所需的辅料。另外一些非食品产品如棉、丝绸、麻等制成的“天然服装”，其市场需求正在逐渐增长，还有既可以做食品也可用于洗涤剂或其他产品生产的植物油，另外用于香味疗法、家用香灯、房屋香剂的香油、柑橘油、柠檬草等产品亦越来越受到欢迎。

(4) 要保证有机农产品的质量和建立企业信誉，从而赢得和保持长期客户　出口商应致力于生产和交付进口商同意的产品质量，这是确保在日益激烈的市场进行长期成功贸易的唯一出路。有机农产品出口到国外市场，无论在运输和销售过程中都应符合标准。供应商通常应采取一定措施以防有机食品与传统产品混淆。贸易商通常支持知名品牌，他们确信知名品牌会给他们带来市场的领先地位。品牌可包括有机协会的标志，以及市场声誉良好的知名独立认证机构的标志等。

为赢得消费者，国内企业在进行有机农产品出口时应根据不同国家和地区的品味偏好和饮食习惯来选择出口农产品的种类。另外，还要考虑企业有机农产品的可供应性、送货能力和依赖性，这是保持顾客的根本准则。出口商必须明确在各个时期所能运送的产品数量，这对于传统食品贸易来说显得尤为重要。在包装上，有机行业需要更加专业的包装设计，必须有利于环保，并注重信息性与视觉上的吸引力，以满足消费者的需求。

(5) 要考虑价格、销售渠道和营销策略　一般情况下，新兴市场国家面临接受既定价格的现实。在这种情况下，出口商必须在市场价格上做工作，以获取利润。市场上的新产品只有在其价格水平不超过可比产品时才会有好的机会，如果市场价格与生产者的成本不符，则需分析如何缩减开支或使之更加合理化。

生产商通常将产品直接销售给进口商，进口商也时常扮演生产商/批发商的角色，将产品转售给加工商。如果进口商不具备批发商条件的话，接下来就由批发商转给零售商。若想出口有机食品到美国市场，需要和加工机构进行联系，他们购买各种有机原材料，包括甜昧剂、草药、香精、香料、矿物油、核桃以及新鲜或干燥处理后的蔬菜或水果，这将为许多有机原材料提供可迅速拓展的市场领域。生产和配送机构可以通过进口直接获得所需产品，也可进口该产品的有机原材料。在世界各地，至少有 70 家原材料供应商销售原材料给美国的有机加工机构。

在出口过程中还要考虑一些营销策略以促进产品的销售。一般情况下，出口商必须将其报价给进口商和最终用户，营销措施必须满足他们的希望与需求。许多生产商向零售商提供展示品、广告画等，在报纸、电台上做广告，注重包装设计日趋流行。营销的侧重范围很广，包括注重产品质量、设计、定价、后勤、贮存管理等。

(6) 建立良好的商业形象

① 有说服力、富含信息和设计良好的文字材料最有可能就产品质量问题说服商业伙伴。有关生产的数据、可供应量、运货时间、既定价格、产品规格均应包括在内。

② 所有目标和宣传册应清楚地标识产品是按有关国家的有机农业法规生产的，并指出认证机构。

③ 交易会是生产商向顾客展示产品的好机会。许多组织给新兴国家的公司参加欧洲交易会提供优惠条件。

④ 在与潜在的伙伴打交道时，公司应该表现出专业化并留下良好的商业组织印象，这可通过统一的公司形象、使用完备一致的公司标志来达到。

如果有客户对公司产品感兴趣，应提供如产品名称、交货数量、可能的交货期、价格、付款、交货条件、样品详细描述等信息。有机农产品的成功出口还取决于组织良好的后勤。有机农产品由于不用化学和合成的材料，不如传统产品的保质期长，因而必须选择合适而可靠的运输伙伴，并且事先计划，必须确保装运期和其他最后期限得到执行。后勤工作重点考虑的因素包括充足的储存、质量良好的包装和充足运输能力等。

三、绿色食品国际贸易现状及前景

目前，全球有机农业的发展势头喜人，约有 130 多个国家在进行有机农业生产，有机农业生产和贸易的份额约占 1%。

到20世纪90年代末，欧、美、日已成为世界上主要的生态标志型农产品消费市场；而发展中国家出口拉动型的有机农业增长迅速，国内市场也随经济发展在逐步形成。从发展规模来看，国民环保意识较强的欧洲、日本、美国等有机食品生产和消费发展较快。据统计，2002年，全球有机市场的销售额已超过230亿美元；2005年达到了约330亿美元；到2007年，全球有机市场销售额已超过400亿美元。2003年，欧洲和北美两个市场占全球有机食品消费总额的97%，其余的3%也基本集中在日本和澳大利亚。此后，该比例虽略有变动，但有机食品消费仍集中在发达国家，且在相当程度上要从发展中国家进口。在日本之外的亚洲国家和地区，有机食品的国内市场还非常小，仅在生活水平较高的大中城市出现，绝大部分有机产品与常规产品的差价在10%～50%，高的可达3～4倍，甚至10倍。

由于市场推动和人们认识的提高，有机农产品生产和加工发展迅速，有机生产的土地面积持续增加。国际有机农业运动联盟（IFOAM）的相关报告显示，全世界用于有机农业用途的总面积达 $3.04\times10^7hm^2$ 的土地，排名在前三位的国家分别是澳大利亚 $1.233\times10^7hm^2$，中国 $2.3\times10^6hm^2$，阿根廷 $2.2\times10^6hm^2$。有些国家如瑞典、瑞士、奥地利和芬兰的有机土地面积接近甚至超过其耕地面积的10%。从有机农地占农业用地面积的比例来看，欧洲国家普遍较高。有机食品正以年销售率增长快、有机农产品生产面积迅速扩大的趋势，呈现在人们面前。有机农产品越来越受到消费者、经营者、生产者的青睐。

1. 世界主要国家和地区有机食品市场需求情况

（1）欧洲　欧洲有机食品的生产处于世界领先地位，同时也是世界上最大的有机食品消费市场之一。由于人们对保护环境和注重健康的意识增强，在过去的几年里，欧盟各国的有机食品市场得到快速发展。据原国家环境保护总局有机食品发展中心报告，欧洲有机产品销售额在2005年已达142亿欧元，增长率约10%～15%。欧洲市场销售的有机食品大部分依赖进口，德国、荷兰、英国每年进口的有机食品分别占有机食品消费总量的60%、60%和70%，价格一般比常规食品高20%～50%，有些高1倍以上。

2005年的统计数据表明，德国为欧洲最大的有机产品消费市场（该年有机产品销售额为39亿欧元），其市场销售额仅次于美国（111亿欧元），位居世界第二。意大利在2005年超过英国，成为世界第三大有机产品消费国（24亿欧元），并保持不断增长的势头。而瑞士的人均消费额被认为是欧洲甚至世界第一，其人均年有机食品消费支出达到103欧元。西班牙、英国及许多中东欧国家近几年的有机生产增长势头迅猛，平均增长率超过了10%。而那些较早发展有机农业的国家，其有机市场销售额在前几年的迅速增长之后，增速趋缓。

欧洲有机食品的营销市场比较发达，大多数国家的有机食品营销渠道有普通超市、有机食品专卖店、直接销售和其他销售等4种。在普通食品超市中销售的有机食品所占比例较大。在欧洲，德国、丹麦、奥地利、瑞士等国的有机产品畅销率最高，相当数量的消费者对有机产品的忠诚度较高，偶尔尝试有机产品的新人数量也不断增加。

（2）北美洲　作为健康食品，有机食品越来越受美国消费者的欢迎。1990年，美国有机食品销售额达10亿美元，1996年上升到33亿美元，2000年达78亿美元；2007年销售额达200亿美元，占美国食品销售额的2%。1990年以来，美国有机食品销售额每年以将近20%的速度增长。从2000年有机食品销售额的产品种类构成看，居前5位的分别是新鲜水果和蔬菜（约占30%）、非奶类饮料、面包和谷类、包装食品、奶制品。

美国有机食品有三个销售渠道：天然食品商店、常规超级市场及农产品直销市场。2000年以前，大部分有机食品通过天然食品商店销售，其次是直销市场。到了2000年，常规超级市场中有机食品的销售份额为全美的49%，超过天然食品商店的销售份额（占48%），直销市场仅占3%。

美国是有机谷物的重要出口国，主要出口市场为欧盟和日本，同时美国也是重要的加工食品的进口国。有机农产品主要有谷物、水果、蔬菜、坚果、香料、奶制品、葡萄酒、糖浆、番茄酱、油及麦片等，25%～40%的有机农产品来源于进口，其中50%来自墨西哥。

（3）亚洲　亚洲有机食品的开发在总体上还处于起步阶段，但各国之间发展不平衡。目前，日本是亚洲最大的有机食品进口国，进口产品包括谷物、咖啡、酒、蜂蜜、干果、牛肉、鸡和香蕉等。进口蔬菜种类有山野菜、快餐豆、蚕豆、白菜、玉米、绿花椰菜、黄花椰菜、菠菜、葱、洋葱、甘薯、人参、胡萝卜、马铃薯、萝卜及生姜等。有机食品的年增长率达30%～40%，2003年有机零售额接近4.5亿美元。韩国有机食品的年销售额为1.2亿美元，年增长率30%以上。另外，中国的香港、澳门、台湾等地区也有较大的潜在市场。

（4）大洋洲　澳大利亚对有机食品的市场需求正与日俱增，主要有两个原因：一是消费者对有机食品的认识得以提高；二是政府认识到了有机农业的价值，加大了扶持的力度。1999年，澳大利亚有机产品销售额为8050万美元，消费者对有机食品的需求量以每年10%～15%的速度增长。

2. 世界主要国家和地区有机食品生产供给情况

（1）欧洲　欧洲各国有机农业迅速发展，有机种植面积不断扩大。据有关机构研究结果表明，1986～1999年间，欧洲有机农业种植面积已从12万公顷（$1.2\times10^5hm^2$）增至297万公顷（$2.97\times10^6hm^2$）。其中，英国增长率为43.7%；意大利增长率为43.3%；西班牙、葡萄牙、希腊、丹麦、比利时和法国等国家的有机农业种植面积增长率均在50%～150%之间。2000年，欧洲主要国家有机农业种植面积已达370万公顷（$3.7\times10^6hm^2$），有机农场已有近10万家。

欧洲国家大力发展有机农业为有机食品的贸易奠定了基础。欧洲国家内部贸易关系密切，特别是奶制品、蔬菜、水果和肉类。由于气候差异，北部欧洲国家需从南部欧洲国家进口橙子、谷物、橄榄、黄豆、大米和蔬菜等。法国、西班牙、意大利、葡萄牙和荷兰有机食品的出口大于进口，而德国、英国和丹麦都有较大的贸易逆差，进口需求很大。以英国为例，其有机食品销售额中60%～70%依赖进口，德国约为50%。

在日益强劲发展的有机食品市场，对新鲜有机食品的需求是该市场发展壮大的主要动力，但有很多种食品，特别是干燥食品，往往是欧洲国家不生产或不加工的，所以只能从世界各地进口，包括从发展中国家进口。欧洲有机贸易商正与若干北美和非洲国家的公司密切合作，不断寻求潜在的有机产品货源，主要包括咖啡、茶叶、谷物、坚果、干果、香料和食糖。非欧洲供货国主要包括北美、以色列、埃及、土耳其、摩洛哥、巴西和阿根廷等。从中国进口较多的产品主要包括：豆类、谷物、茶叶、速冻水果和蔬菜等。

（2）北美洲　20世纪90年代中期，加拿大受欧盟、美国、日本等有机农业快速发展的影响，开始以每年20%～30%的速度增长。2000年，加拿大有机农业产值6亿加元，占农业产值的1.5%。目前，全加拿大拥有有机农场2500个左右，加工企业150家左右，有机农业认证中心46家。据加拿大有机农业组织预计，2010～2015年，加拿大有机农业产值将占农业产值的10%以上。

美国有机食品生产发展迅速，其主体是大大小小的家庭农场，采取自负盈亏方式经营。据统计，1992年，全美从事有机食品生产的面积是37.9万公顷（$3.79\times10^5hm^2$）；2006年，美国有机农业生产面积达160万公顷（$1.6\times10^6hm^2$），比2001年增加了60%以上。

（3）亚洲　在亚洲，日本、韩国在20世纪70年代即开始发展有机农业，特别是日本的有机农业发展十分迅速。日本的有关有机农业协会早在1993年就推出了有关有机农业生产的标准，并在自治体和农业协会等团体兴起有机农业生产和消费活动，促进了有机农业的发展。目前，日本从事有机农业生产的农户占全国农户总数的30%以上，很多产品都出口到欧美主要国家。泰国、印尼、菲律宾等国也都发展了自己的有机农业，并有产品出口，但规模不大。

（4）大洋洲 2003年时，澳大利亚有机农业的生产面积约为790万公顷（$7.9\times10^6 hm^2$），占其农业生产面积的1.7%。此数据至2006年时，已增加至近1233万公顷（$1.233\times10^7 hm^2$），约占全国农业用地44510万公顷（$4.451\times10^8 hm^2$）的2.77%。虽然澳大利亚是全球面积最大的有机农产品生产国，但其有机农产品市场还非常小，大部分的有机农产品出口到国外，特别是水果如苹果。澳大利亚的出口市场是日本和欧盟，出口产品包括苹果、酒、蜂蜜、果汁和香蕉等，约有1800家农户从事有机产品的生产。

新西兰的有机农业较发达，生产覆盖范围很广，是大洋洲另一个重要的有机产品生产国，有机产品主要包括谷物、肉和肉制品、水果、蔬菜和蜂蜜等，产品同时供国内市场消费和出口，从事有机农业的耕种面积达$1100hm^2$（公顷）。

从上述材料看出，世界有机食品发展非常迅速，市场主要集中在欧洲、美国和日本，供应国主要集中在澳大利亚、意大利、美国、阿根廷、西班牙、法国、奥地利、加拿大等国，无论生产和需求都有快速扩大的趋势，但供给量远远小于需求量。

3. 中国绿色食品国际贸易前景展望

1990年浙江绿茶对荷兰的出口是中国绿色食品第一次走出国门。而自1993年中国绿色食品发展中心加入国际有机农业运动联盟（IFOAM）后，中国绿色食品与国际相关行业组织有了交流与合作的基础，加上中国政府不断出台了一系列加强对外交流合作、扩大国际市场影响力的措施，更为其出口的全面快速发展奠定了良好的外部环境。1998～2001年，全国绿色食品产品出口年均增长29%；2002～2004年，出口额的年均增幅超过了56%，此间国产绿色食品的出口率也超过了12%。中国出口的绿色产品质量安全，产品品质均已与国外有机产品相差无几，市场销售价格尽管高于普通的同类农产品，但却显著低于各国有机食品的销售价格，中国绿色食品在国际市场上具备非常显著的价格竞争优势。目前中国生产的各类绿色食品几乎都已实现对外出口，出口市场遍及日、韩、俄、美、加拿大、欧盟等国和地区。从近年的发展看，中国绿色食品主要出口市场的产品需求特征也表现出一定差异：美国市场对既可食用又可药用的山珍、杂粮等产品的需求相对较多；而欧盟各国则较多进口各类小杂粮（如红小豆、黑米、小米）以及坚果（如松子、核桃）；日本市场的需求则更为多样，对中国的杂粮、坚果、山野菜、蜂蜜等各类绿色产品都有进口。

据德国有关专家预测，国际有机食品市场的年增长率可达到20%～50%，有些国家甚至达到50%以上。英国最大的有机贸易商预测，有机食品市场到2010年将达到1000亿美元，年均递增27.8%。联合国国际贸易中心（ITC）预测，有机食品的销售额年增长率将在5%～40%。从上面的预测来看，国际市场有机食品需求潜力很大，发展潜力大的另一个主要因素是国际有机食品消费水平很低。据国际有机农业运动联盟的调查统计，主要消费国仅占各国食品消费的3%以下。迅速增长的需求与其所在国家生产和供应能力之间存在一定的差距，有机食品发展空间很大，特别是欧洲的德国、瑞典、丹麦、瑞士、英国、奥地利以及亚洲的日本、韩国等。这种供求矛盾日趋明显，只有依靠进口来解决。其中，德国约50%的有机食品来自于进口；英国60%～70%依赖进口。主要进口品种为蜂蜜、咖啡、茶叶、谷物、坚果、干果、油籽、香料、食糖、豆类、速冻水果和蔬菜等。

有机食品的生产贸易在国际市场上发展，具有巨大的营销潜力和广阔的发展前景，同时也为我国发展有机食品和进行国际市场营销创造了大好机遇和良好的国际市场环境，我国应抓住机遇，扩大绿色食品出口。具体可以在以下两个方面做好工作。

（1）采取有效措施，努力夯实中国绿色食品的产业基础　具体包括：①制定可行的发展规划，推动绿色食品生产的发展；②完善各种技术体系建设；③加强绿色食品标志的使用和管理，严肃标志使用审批；④加大产品开发力度；⑤加强生产部门与科技、教育部门的合作，加大产品开发力度。

（2）加强绿色食品出口营销，实施出口品牌化、名牌化战略　从长远发展来看，应采取以下措施促进中国绿色食品出口的健康发展：①扩大中国绿色食品的国际知名度。②培育一批具有国际影响的中国绿色食品品牌。③强化生产、出口企业的组织与管理。

思　考　题

1. 我国绿色食品的贸易形式有哪些？
2. 影响绿色食品市场营销的主要因素有哪些？
3. 国内市场可以采取哪些绿色食品营销策略？
4. 什么是绿色贸易壁垒？我国绿色食品对外贸易突破绿色壁垒的主要措施有哪些？
5. 绿色食品国际贸易的一般程序有哪些？

第十章　有机食品的认证与管理

学习目标

1. 掌握有机食品的概念及认证程序。
2. 掌握有机食品生产和加工的技术要点。
3. 明确有机食品和我国其他食品的区别。
4. 了解有机食品标志图形及含义。

第一节　有机食品概述

20世纪70年代以来，越来越多的人注意到，工业化的推进和现代农业的发展为人类创造了大量物质财富的同时，也给人类带来了诸多问题，如在生产中大量使用化肥、农药等农用化学品，使环境和食品受到不同程度的污染，自然生态系统遭到破坏，土地生产能力持续下降，严重影响了人类自身的生存和发展。农业是对自然依赖性和影响力最大的产业，未来经济和社会必须走可持续发展道路。尽管各国实现社会、经济可持续发展的方式不同，但节约资源，保护资源环境，实施清洁生产，提高食物质量，利于人体健康，实现经济效益、社会效益和生态效益的目标是一致的。

有机食品是当今食品市场的发展趋势之一。消费者选择有机食品的基本原则是它的健康性与安全性，面对诸如目前有争议的遗传工程食品安全性，以及疯牛病事件、二噁英污染食品事件等的出现，食品安全问题已引起消费者的高度重视。

一、有机食品的概念

有机食品是指来自有机农业生产体系，根据有机农业生产要求和相应标准生产加工，并且通过合法的、独立的有机食品认证机构认证的农副产品及其加工品。包括一切可以食用的农副产品，如粮食、蔬菜、水果、奶制品、畜禽产品、蜂蜜、水产品、调料等。有机食品在不同的语言中有不同的名称，国外最普遍的叫法是Organic food（有机食品），也有生态食品、自然食品之称。

根据原国家环境保护总局有机食品发展中心（OFDC）对“有机农业”的定义，有机农业是指遵照有机农业生产标准，在生产中不使用化学合成的农药、肥料、生长调节剂、饲料添加剂等物质，也不采用基因工程技术及其产物以及离子辐射技术，而是采用一系列遵循自然规律和生态学原理，能够协调种植业和养殖业平衡的可持续发展的农业技术，维持持续稳定的农业生产的一种农业生产体系。这些技术包括选用抗性作物品种，建立包括豆科植物在内的作物轮作体系，利用秸秆还田、施用绿肥和动物粪便等措施培肥土壤，保持养分循环，采取物理和生物措施防治病虫草害，采用合理的耕种措施，保护环境，防止水土流失，保持生产体系及周围环境的基因多样性。

要充分了解有机食品的概念和分析有机生产与常规生产的异同，还要辨清以下几个概念。

1. 有机产品

有机产品是指按照有机认证标准生产并获得认证的各类产品，除有机食品外还包括有机纺织品、皮革、化妆品、林产品、家具等，以及生物农药、有机肥料等农业生产资料。

有机产品特别注重产品的自然加工过程及管理，其生产原则如下。

① 鼓励微生物、动物和植物间的循环。

② 采取可持续发展的生产方式，保护和保持不可再生能源和资源。

③ 采用适当的种植技术，广泛合理地使用肥料和植物下脚料，通过加强管理来提高土壤的肥力，以此降低对人工合成化合物的需要；禁止使用农用化学物，不施用人工合成的肥料、杀虫剂和除草剂等。

④ 畜禽产品在养殖过程中不使用人工合成饲料和药物，动物管理的方式应符合动物习性和动物健康的要求，给予动物良好的待遇。

⑤ 生产加工过程中不使用人工合成的化学添加剂。

2. 常规食品

常规食品是指未获得有机认证或有机转换认证的生产体系中所生产出的初级及加工食品。

3. 天然产品

天然产品是指收获于具有明确物理边界环境中、未受任何人工影响的自然生长的生物产品。

4. 转基因食品

转基因食品是指利用DNA重组技术将供体基因植入受体生物（包括植物、动物、微生物等）后生产的食品原料、成品及食品添加剂等。

5. 有机转换期

有机转换期是指从开始有机管理至获得有机认证之间的时段。

二、有机农业的发展

有机农业在二战以前就开始在西方一些国家实施，起初只是由个别生产者针对局部市场需求而自发地生产某种产品，而后逐步由这些生产者自发组合成区域性的社团组织或协会等民间团体，自行制定规则或标准指导生产和加工，并相应产生一些专业民间认证管理机构。20世纪70年代的石油危机，以及与之相关的农业和生态环境问题，促使人们对现代农业进行反思，探索新的出路。国际有机农业运动联盟成立之前，一些印有有机食品标志的产品就开始在国际市场上销售。

进入20世纪80年代之后，国际有机农业进入增长期，其标志是有机产品贸易机构的成立，颁布有机农业法律，政府与民间机构共同推动有机农业的发展。法国、美国、丹麦、日本、澳大利亚、捷克等国，纷纷设立政府管理有机农业的机构，制定有关生产、加工、认证标准以及管理条例，或进行立法。1990年，在德国成立了“生物行业商品交易会”——最大的有机产品贸易机构，美国联邦政府也在此时颁布了《有机食品生产条例》。1999年，国际有机农业运动联盟（IFOAM）与联合国粮农组织（FAO）共同制定了《有机农产品生产、加工、标识和销售准则》，对促进有机农业的国际标准化生产产生了积极的意义。目前，美国已成为全球最大的有机食品市场，欧洲、日本有机食品销售也一路攀升，市场前景持续看好。预计，今后几年许多国家的增长率将达到20%～50%。2006年，仅欧美市场就已超过1000亿美元。随着人们环保意识、健康意识的增强及有机食品贸易的迅速发展，有机食品将成为21世纪最有发展潜力和前景的产业之一。

我国有机食品的发展始于20世纪90年代，有机食品的检查和认证由国外的认证机构来完成。1994年，南京环境科学研究所农村环保室在充分借鉴国外有机食品标准和管理体系的基础上，成立了有机食品发展中心，开始在我国从事有机食品的检查和认证。由于我国幅员辽阔，南北气候差异较大，在很多山区和边远地区很少使用或不使用化肥和农药，有生产有机食品的潜在优势，而且我国生态农业发展迅速，特别是绿色食品和无公害食品为有机食品的开发奠定了一定的基础。据统计，1995年我国通过认证的有机食品生产基地有4.5万公顷（$4.5\times10^4hm^2$），1999年达到6.7万公顷（$6.7\times10^4hm^2$），截至2005年全国有机认证耕地面积超过53.3万公顷（$5.33\times10^5hm^2$）。我国有机食品有着巨大的国际市场和潜在的国内市场。国际上对我国有机产品的需求逐年增加，越来越多的外商想进口我国的有机大豆、稻米、花生、蔬菜、茶叶、果品、蜂蜜、药材、有机丝绸、有机棉花等产品。国内有机食品消费也呈上升趋势，在北京、上海、广州和南京等市场已经有有机食品销售。2004年有机食品企业和产品比2003年分别增长了1.2倍和1.4倍。除供国内市场外，大部分有机食品分销往日本、美国、加拿大及欧洲市场，有机食品出口额约为2.5亿美元，年出口增长率都在30%以上。

据介绍，在国内，有机农产品的价格比普通农产品要高30%左右，农民可以从较高的农产品价格和较低的现金投入两方面获得收益。另外，我国已加入WTO，农产品进入国际贸易市场受关税和配额的调控作用将越来越少，许多国家因此提高了食品的安全卫生标准，这为有机食品出口创造了机遇。

目前，联合国粮农组织（FAO）和世界卫生组织（WHO）把有机农业看做是提高食品安全性和生物多样性、促进可持续发展的一条可实践的途径，并将有机农业列为16项多学科行动重点领域之一，不少政府和科研机构都把有机农业和有机食品作为重点研究项目。

三、有机食品的标志及其含义

有机食品标志采用人手和叶片为创意元素，可以感觉到两种景象：其一是一只手向上持着一片绿叶，寓意人类对自然和生命的渴望；其二是两只手一上一下握在一起，将绿叶拟人化为自然的手，寓意人类的生存离不开大自然的呵护，人与自然需要和谐美好的生存关系。有机食品概念的提出正是这种理念的实际应用。人类的食物从自然中获取，人类的活动应尊重自然的规律，这样才能创造一个良好的可持续的发展空间。

在我国，有机食品标志是由原国家环境保护总局有机食品发展中心在国家工商总局进行注册的。有机食品的标志在不同国家和不同认证机构是不同的，仅国际有机农业运动联盟（IFOAM）的成员就拥有300多个，中国农业科学院茶叶研究所则制定了有机茶的专用标识。

四、有机食品和其他食品的差别

1. 有机食品与其他食品的主要区别

① 有机食品在其生产和加工过程中绝对禁止使用化学农药、化学肥料、激素等人工合成物质，而其他优质食品则允许有限制地使用这些物质。有机食品的标准比绿色食品的标准要高。

② 有机食品的生产和加工标准化管理比其他食品严格得多，在有机食品生产过程中，必须发展能够替代常规农业生产和食品加工的技术和方法，建立严格的生产、质量控制和管理体系。

③ 与其他食品相比，有机食品在整个生产加工和销售过程中更强调环境的安全性，突出人类、自然和社会的持续协调发展。

另外，产品名称的使用地域性不同。目前世界上有100多个国家生产有机食品，“有机食品”一词世界各国都使用。“绿色食品”一词为我国所独有，尤其在国际贸易上差别很大，有机食品市场在国内外都有，而绿色食品则是基本供应国内市场。

2. 有机食品与我国其他食品的标准与认证方面的差异

（1）生产标准　我国的有机食品生产标准是根据国际有机农业运动联盟（IFOAM）基本标准，欧盟 EEC 2092/91，以及联合国 Codex 有机食品指南等标准制定的，以较高的标准进行指导生产和认证。无公害食品等是按照国家相关标准进行生产的，标准相对较低。绿色食品是按照农业部绿色食品生产标准进行生产和认证，低于有机食品标准，但高于无公害食品标准。具体区别见表 10-1。

表 10-1　有机食品与我国其他食品在生产标准上的区别

项　目	有机食品	绿色食品	常规食品
生产环境	未受污染	未受污染	无严格要求
化学物质的使用	禁止使用农药、化肥等	有限制使用	允许使用
基因工程技术及其衍生物	禁止使用	未作严格规定	允许使用
辐射处理技术的应用	禁止使用	未作严格规定	允许使用
有机转换过渡期的规定	一般为 2～3 年过渡期	不需要转换期	无转换期
允许使用的物质	强调使用农场内自产的物质，限制使用农场外物质	未作严格规定	无限制
允许使用物质的使用量规定	根据需求使用，不许污染环境	未作严格规定	无限制
生产方法	开发和应用对环境无害的方法	无特殊规定	无特殊规定
畜禽养殖	根据畜禽的自然生活习性和土地的载畜量饲养	未作严格规定	无限制
环境安全	最大可能保护作物、畜禽、自然动植物的多样性，使水土流失等生态破坏减少到最小限度	未作严格规定	无限制

注：引自赵晨霞．安全食品标准与认证．中国环境科学出版社，2007。

（2）认证检查　以有机农业方式生产的安全、优质、环保的有机食品和其他有机产品，越来越受到各国消费者的欢迎。为推动和加快我国有机产业的发展，保证有机产品的生产和加工质量，满足国内外市场对有机产品日益增长的需求，减少和防止农药、化肥等农用化学物质和农业废弃物对环境的污染，促进社会、经济和环境的持续发展，应大力发展有机食品。

有机食品的认证检查是有机食品认证的基础性工作，有机食品认证强调的是田间检验为主，实验室检验为辅；绿色食品检验以实验室为主，田间检验为辅；无公害农产品检验主要是实验室检验。与普通产品质量的监督管理相比，有机食品的认证检查主要有以下三个特征。

① 普通产品的质量评价通常是通过对最终产品的检验来实现的，不考虑或很少考虑生产加工的过程，而有机食品的质量评价不仅仅要对最终产品进行检验，更重要的是检查产品在生产、加工、贮藏和运输过程中是否可能受到污染。

② 普通产品在种植和加工过程中，通常只考虑农用化学品和化学助剂对人体健康产生的影响和经济效益，很少考虑其对环境造成的污染危害或生态影响，而有机食品在种植和加工过程中绝对禁止使用任何农用化学品和所有人工合成的制剂，不仅保护了农田生态环境，

而且丰富了生物的多样性，使得环境、生物和人类三者能够和谐共处。

③ 消费者从市场上购买的有机食品如果发现有质量问题，可以通过有机食品的质量跟踪记录档案，追查到全过程的某个环节，这是普通食品所不可能具备的。

通过上述比较，可以更加充分地了解有机农业的内涵——有机农业是将现代农业科技与自然传统农业的生产方式相结合，融入现代市场，是对人类健康最有魅力的产业之一。

第二节　有机食品生产和加工技术规范

以生态友好和环境友好技术为主要特征的有机农业，已经被很多国家作为解决食品安全、生物多样性、进行可持续发展等一系列问题的一条可实践途径。以有机农业方式生产的安全、优质、环保的有机食品和其他有机产品，越来越受到各国消费者的欢迎。为了推动农村环境保护事业的发展，减少和防止农药、化肥等农用化学品对环境的污染，提高我国有机农业的生产水平，促进有机食品的开发，保证有机食品生产和加工的质量，向社会提供纯天然、无污染、高品位的食品，满足国际市场和国内市场的需求，中国认证机构国家认可委员会（CNAB）根据联合国食品法典委员会（CAC）《有机食品生产、加工、标识及销售指南》和国际有机农业运动联盟（IFOAM）有机生产和加工的基本规范，并参照欧共体有机农业生产规定（EEC NO. 2092/91），以及其他国家（德国、瑞典、英国、美国、澳大利亚、新西兰、日本等）有机农业协会和组织的标准和规定，结合我国食品行业标准和具体情况，制定了《有机产品生产和加工认证规范》。

一、有机农产品生产的条件及有机农业生产面临的问题

1. 有机农产品生产的基本条件

① 生产基地在最近 2～3 年内未使用过农药、化肥等禁用物质。

② 种子与种苗，未经基因工程技术改造过也未经禁用物质处理过。

③ 生产基地无水土流失及其他环境问题。

④ 生产单位需制定长期的培肥地力、植物保护、轮作和畜禽养殖计划。

⑤ 产品收获、贮存运输过程中未受化学物质的污染。

⑥ 有机生产体系与非有机生产体系间应有有效隔离。

⑦ 有机生产的全过程必须有完整的记录档案。

2. 我国有机农业生产面临的问题

① 有机食品在我国还是新生事物，生产者和消费者的优质意识需要不断发展和完善。

② 有机生产法规标准众多，世界有机产品的生产还远远不能满足消费者的需要，根据欧盟、美国、日本等的规定，进入这些国家和地区的农产品必须符合其各自的有机产品法规、生产标准和认证管理体系。

③ 生产组织能力薄弱，应在有条件的地区有步骤、有计划地进行，防止一哄而上，盲目发展。

④ 生产技术不够完善，表现在有机生产资料少，有机生产技术匮乏。

二、有机食品生产的关键技术

1. 有机农业生产的环境要求

① 选择符合国家大气环境质量一级标准的地区进行有机农业生产。

② 有机农业生产用水水质应符合有关标准要求，如农田灌溉用水、渔业用水、畜禽饮用水及食品加工用水等。

③ 在土壤耕性良好、无污染、符合标准的地区进行有机农业生产。

④ 避免在废水污染源和固体废弃物周围进行有机农业生产，如废水排放口、污水处理池、排污渠、重金属含量高的污灌区和被污染的河流、湖泊、水库，以及靠近冶炼废渣、化工废渣、废化学药品、废溶剂、炉渣、粉煤炭、污泥、废油及其他工业废料、生活垃圾等的地区。

⑤ 严禁未经处理的工业废水、废渣、城市生活垃圾和污水等废弃物进入有机农业生产用地，采取严格措施防止可能来自系统外的污染。

2. 农作物生产的技术要求

① 栽培的种子和种苗必须来自认证的有机农业生产系统，包括球茎类、鳞茎类、植物材料、无性繁殖材料等。选择品种时应注意保持品种遗传基质的多样性，不使用由基因工程获得的品种。栽培品种应当适合当地土壤及气候条件，对病虫害有较强的抵抗力。

② 禁止使用来自基因工程技术的微生物种类。

③ 严禁使用化学物质处理种子。在必须进行种子处理的情况下，可使用各种植物或动物制剂、微生物活化剂、细菌接种和菌根等来处理种子。

④ 严禁使用人工合成的化学肥料、污水、污泥和未经堆制的腐败性废弃物。

⑤ 提倡多种植豆科作物和饲料作物。在有机农业生产系统内实行轮作，轮作的作物品种应多样化。

⑥ 主要使用本系统生产的、经过1～6个月充分腐熟的有机肥料，包括没有污染的绿肥和作物残体、泥炭、蒿秆、海草和其他类似物质以及经过堆积处理的食物和林业副产品。经过高温堆肥等方法处理后，没有虫害、寄生虫和传染病的人粪尿和畜禽粪便可作为有机肥料使用。也可以使用系统外未受污染的有机肥料，但应有计划地逐步减少使用的数量。

⑦ 供人们食用的蔬菜不允许使用未经处理的人畜粪尿。

⑧ 允许使用未经化学处理的矿物肥料。使用矿物肥料，特别是含氮的肥料时，不能影响作物的生长环境以及营养、味道和抵抗力。

⑨ 禁止使用硝酸盐、磷酸盐、氯化物等营养物质以及会导致土壤重金属积累的矿渣和磷矿石。

⑩允许使用动物生产的产品，如生长调节剂、辅助剂、湿润剂、矿物悬浮液等。

⑪ 允许使用农用石灰、天然磷酸盐和其他缓溶性矿粉。

⑫允许使用硫酸钾、铝酸钠和含有硫酸盐的痕量元素矿物盐。在使用前应先把这些物质配制成溶液，并用微量的喷雾器均匀喷洒。

⑬ 严禁使用人工合成的化学农药和化学类、石油类以及氨基酸类除草剂和增效剂，提倡使用生物防治技术及生物农药，包括植物、微生物农药。

⑭ 允许使用石灰、波尔多液、硫黄、杀（霉）菌、隐球菌、皂类物质、植物制剂、醋和其他天然物质来防治作物病虫害。但含硫或铜的物质以及鱼藤酮、除菌菊和硅藻土必须按相关标准使用。

⑮ 允许使用皂类物质、植物性杀虫剂和微生物杀虫剂，以及外激素和物理捕虫设施防治虫害。

⑯ 提倡用平衡施肥管理、地面覆盖，结合采用限制杂草生长发育的栽培技术，如轮作、绿肥、休闲等措施，以及机械、电力、热除草和微生物除草剂等方法，来控制和清除杂草。可以使用塑料薄膜覆盖的方法除草，但要避免把农膜残留在土壤中。

3. 畜禽生产的技术要求

① 选择适合当地条件、生长健壮的畜禽作为有机畜禽生产系统的主要品种。在繁殖过程中应尽可能减少品种遗传的损失，保持遗传的多样性。

② 可以购买不处于妊娠最后三分之一时期内的母畜。但是，购买的母畜只有在按照有机标准饲养一年后，才能作为有机牲畜出售。可从任何地方购买刚出壳的幼禽。

③ 给动物提供充分的活动空间、新鲜空气、充足的阳光和清洁的水源，并根据牲畜的生活习性和需求进行圈养和放养。

④ 不在消毒处理区内饲养牲畜，不使用有潜在毒性的材料和有毒的木材防腐剂。牲畜的饲养环境应清洁、卫生。

⑤ 对于饲养绵羊、山羊和猪等大牲畜时，应给它们提供天然的垫料。有条件的地区，对需要放牧的动物应经常放牧。

⑥ 严禁使用基因工程方法育种。禁止给牲畜预防接种，包括为了促使抗体物质的产生而采取的接种措施。通常不允许用人工授精方法繁殖后代。需要治疗的牲畜应与畜群隔离。

⑦ 不干涉畜禽的繁殖行为，不允许有割禽畜的尾巴、拔牙、去嘴、烧翅膀等损害动物的行为。

⑧ 屠宰场应符合国家食品卫生的要求和食品加工的规定，有条件的地方，最好分别屠宰已颁证和未颁证的牲畜，屠宰后分别挂放或存放，宰杀的有机牲畜应标记清楚，并与未颁证的肉类分开。

⑨ 在不可预见的严重自然、人为灾害情况下，允许反刍动物消耗一部分非有机无污染的饲料，但其饲料量不能超过该动物每年所需饲料干重的10%。

⑩ 禁止使用人工合成的生长激素、生长调节剂和合成的饲料添加剂。

⑪ 人工草场应实行轮作、轮放，天然牧场避免过度放牧。

三、有机食品加工需要的条件

1. 加工要求

① 原料必须是已获得有机认证的产品或获得认证的野生天然产品。

② 已获得有机认证的原料在终产品中所占有的比例不少于95%，不包含水和食盐。

③ 只使用天然的调料、色素和香料等辅助原料，禁止使用人工合成的添加剂。

④ 在生产、加工、贮藏和运输过程中应避免化学物质的污染以及与非有机产品混放。

⑤ 加工过程必须具有完整生产和销售的档案记录，包括相应的票据。

2. 厂址设置及各部分卫生保障情况

① 厂址应远离居民区，加工厂周围不得有垃圾堆、粪场、露天厕所和传染病医院。

② 与重工业区之间有足够的护林带。

③ 应远离污染源、传染源的上风向。

④ 应设置“三废”（废气、废水、废渣）净化装置。

3. 各部分设施卫生保障情况

有机加工应制定正式的卫生管理计划，该计划要符合国家或地方卫生管理法规，并应提供相应的卫生保障措施，从以下几个方面着手。

① 内部设施（加工、包装和库区）。

② 外部设施（垃圾堆放场、旧设备存放地、停车场等）。

③ 职工的卫生（餐厅、工间休息场所和厕所）。

④ 加工和包装设备（防止酵母菌、霉菌和细菌污染）。

4. 有机食品加工设备要求

有机食品的生产加工应当配备有专用的加工设备。如果有条件，加工厂应该尽量设立有机加工专用车间或生产线，这是确保加工过程完整性的有力保障，同时，也可以减少管理的复杂性和检查的难度。

① 加工者应认真地在加工、清洁、清洗、包装、仓储和运输等过程中采用严格的隔离措施。

② 将有机与常规或有机转换产品的原料、半成品和成品区分开来，并严格地做好记录，做到可以随时接受认证机构的检查和审核。如果管理不善，发生产品混合等情况，则有可能给有机认证带来影响。

③ 如果要使用加工过常规产品或转换产品的设备加工有机产品，则应先用少量有机原料在设备中进行“冲顶”加工，将残存在设备里的前期加工物质随同冲顶加工的产品一起清理出去，然后将这少量的有机原料加工出来的冲顶产品作为常规或转换产品处理，此后再清理好设备，才能正式开始有机产品的加工。

④ 对冲顶加工的运作全过程（加工、包装、仓储、运输）及冲顶加工产品的处置（包括销售）必须要详细记录，检查员在检查时必须能得到并审核这些记录和销售单据。

四、有机食品加工的关键技术

有机食品的加工包括谷物食品、淀粉及其制品、果蔬制品、肉食制品、蛋制品、水产制品、乳及乳制品、食用油脂、食糖、糖制品及糕点、畜产品加工、其他土产品加工等。有机食品加工必须执行国家食品卫生法和食品加工标准。

① 有机食品加工中的原料必需来自颁证的有机生产系统，它们在终产品中所占的比例不得少于95%，原料的质量和等级划分执行国家食品质量标准。

② 有机食品加工过程中允许使用发酵有机体、维生素、调料、增稠剂、天然色素和香料等辅助原料和添加剂。

③ 用作有机食品加工的水质应符合相关规定。

④ 用氢氧化钾作为番茄等食品去皮过程中的加工辅助剂时，必须保证从原材料到终产品的pH值不变和加工后的废水不污染环境。

⑤ 加工过程中必须严格区分颁证、未颁证以及普通的原料，防止有机原料和普通原料混杂在一起。

⑥ 来源不同的同种原料应采用相同的加工方法，如果有机原料在市场上无法购得，允许使用部分（不超过50%）普通的原料，所有的普通成分在出售时必须在产品包装上清楚地加以说明。

⑦ 原料加工过程中，严禁使用辐射和石油馏出物。

⑧ 保持有机食品加工外部设施（库房、废物堆放场、老设备存放场、地面景观和停车场等）和内部设施（加工、包装和库房等）的环境清洁，加工厂及其附属设施须远离有毒、有害场所。采取生物和物理措施去除苍蝇、老鼠、蟑螂和其他有害昆虫及其孳生条件。

⑨ 必须严格按照国家食品卫生法的规定，使用符合卫生标准的加工工艺、方法、设备和用具等。

⑩ 有机食品不得接触有毒、不洁物品，加工设备的布局和加工工艺流程应当合理，防止生食品与熟食品、有机原料与成品交叉污染。

⑪ 加工中所使用的物品必须标明其用途和使用方法，必须认真清洗所有用过的设施和材料，不允许有机食品中有清洁剂的残留。

⑫ 有机食品加工单位必须在取得有机食品发展中心和授权机构同意后才能进行有机食

品的加工。

⑬ 有机食品加工厂内使用的机械设备或工具等必须用无污染的材料制造。

⑭ 有机食品加工车间必须经常清洗与消毒，所有消毒剂必须是无污染的天然产品，可以根据相关规定使用杀虫剂，但必须有计划采取排除害虫和改善卫生条件的措施来逐步减少杀虫剂的使用量。

⑮ 必须对加工有机食品的工作人员定期进行身体检查，不允许有传染病的人上岗。

⑯ 有机食品加工过程中，不使用会改变原料分子结构，或会发生化学变化的处理方法，禁止使用酸或碱水解。

⑰ 允许在加工设备周围使用机械、电、外激素、气味以及粘合的捕害工具，允许使用物理栅栏、硅藻土、声和光等的器具作为驱赶害虫的设施或物质。

⑱ 不允许使用任何人工合成的食品添加剂和维生素，可以使用天然的香料、防腐剂、抗氧化剂、发色剂、漂白剂、酸味剂、凝固剂、疏松剂、增稠剂、消泡剂、甜味剂、着色剂等。

⑲ 允许使用二氧化碳和氮气作为熏蒸剂和包装填充剂，允许对有机食品进行冷冻、加热和真空处理。

⑳ 提倡使用机械和物理的方法除鼠。允许使用维生素 D 为基本有效成分的杀鼠剂，和液体或块状的以抗凝血剂为主的杀鼠剂。

㉑ 加工有机食品的周围地区禁用汽化杀虫剂、有机磷、氯代烃类或氨基甲酸酯类杀虫剂。

㉒ 使用熏蒸剂必须符合相关的规定，不允许使用溴代甲烷、磷化氢等物质作为熏蒸剂来熏蒸。

㉓ 在防治无效或允许使用的物质短缺等特殊情况下，可以使用其他注册登记的物质。

㉔ 禁止用未列入允许使用药品表上的任何杀鼠剂，包括在鼠类出没地方撒药粉和粉状制剂。

㉕ 禁止用铅含量超过 5% 的铅铝焊条，铅含量少于 5% 的焊条只有 pH 值在 6.7～7.3 才可以使用。

㉖ 严格按照国家食品卫生法的要求选择有机食品包装材料，所有包装必须不受杀菌剂、防腐剂、熏蒸剂、杀虫剂等污染物的污染。

㉗ 所有用于包装的材料必须是食品级包装材料，包装应简便、实用，提倡使用可以回收和再利用的包装材料，在产品或外包装上的印刷油墨以及商标黏着剂都应该是无毒的、并且不能与食品接触。

第三节　有机食品认证

一、有机食品认证机构

1. 国际有机农业运动联盟

国际有机农业运动联盟（IFOAM）于 1972 年 11 月 5 日在法国成立，成立初期只有英国、瑞典、南非、法国和美国 5 个国家的 5 个单位的代表。目前，IFOAM 组织已成为当今世界上最广泛、最权威、最庞大的一个拥有来自 115 个国家 570 多个集体会员的国际有机农业组织。

IFOAM 的基本标准不能直接用于认证，但它为世界范围内的认证计划提供了一个制定自己国家或地区标准的框架。这些国家或地区的认证标准要结合当地条件，可以比基本标准更严格。同时，IFOAM 的基本标准也构成了美国有机食品颁证机构（WOAM）授权体系运作的基础，WOAM 授权体系根据 IFOAM 的授权标准和基本标准对各认证体系进行评估和授权。当带有有机农业标签的产品在市场上出售时，农民和加工者必须按照国家或地区体系所制定的标准操作，并得到国家或地区的认证。这就需要一个定期的检查和认证，这种认证体系将有助于确保有机产品的可信度以及建立消费者的信心。

2. 中国有机食品发展中心

我国有机食品检查、认证的机构包括原国家环境保护总局有机食品发展中心（OFDC）、中绿华夏有机食品认证中心（COFCC），其主要职能包括以下几个方面。

① 受理有机食品的颁证申请。

② 颁发有机食品证书。

③ 监督、管理有机食品标志的使用，包括从国外进口有机食品的管理。

④ 解释《有机产品认证标准》和有关的管理规定。

⑤ 开展有机食品认证的信息交流和国际合作。

按照农业部的要求，中国绿色食品发展中心于 2002 年组建“中绿华夏有机食品认证中心”（COFCC）。中绿华夏有机食品认证中心是国家认证认可监督管理委员会批准设立的国内第一家有机食品认证机构，并在工商行政主管部门依法注册。不少国外认证机构的国内代理处，如果没有国家认监委的批准和工商局注册的登记，严格地讲是违法机构。为了更有序、更快地发展我国的有机食品认证工作，更有力地拓展国际市场，中绿华夏有机食品认证中心将进一步加强与有关国家的有机食品认证机构的合作，并正在申请国际有机农业运动联盟认可。届时，企业的选择会更多、更便捷，市场也会更规范，对我国有机食品的发展也更加有利。

COFCC 作为在国家工商总局依法注册，具有独立法人资格的第三方，成为中国国家认证机构认证认可监督管理委员会（CNCA）批准登记的中国第一家有机食品认证机构，之后，COFCC 还获得了中国国家认证机构认可委员会（CNAB）根据 ISO65 要求进行的严格的评审认可。

欧盟（原欧共体）于 1991 年制定了《欧共体有机农业条例（2092/91）》；日本于 2000 年制定了《日本有机农产品和加工食品标准》；美国于 2001 年也制定了《美国有机农业条例》；联合国食品法典委员会（CAC）也制定了《有机食品生产、加工、标识和市场导则》。形成了由政府协调各协会、认证机构，并通过政府制定标准条例、法规，将有机食品的认证、管理纳入政府管理渠道。

二、有机食品认证条件及程序

1. 有机食品认证条件

有机食品的原料来自于生态良好的有机农业生产体系，在生产和加工中不使用化学农药、化肥，化学防腐剂等合成物质，不采用离子辐射处理，也不用基因工程生物及其产物。

有机食品应满足以下四大条件。

（1）有机原料　原料必需来自于已经建立或正在建立的有机农业生产体系，或是采用有机方式采集的野生天然产品。

（2）有机过程　产品在整个生产过程中必须严格遵循有机食品的加工、包装、贮藏、运输等要求。禁止使用基因工程技术及该技术的产物及其衍生物，禁止使用化学合成的农药、化肥、激素、抗生素、食品添加剂等。

(3) 有机跟踪　生产者在有机食品的生产和流通过程中，必须有完善的跟踪审查体系和完整的生产和销售的档案记录。

(4) 有机认证　必须通过独立的、合法的有机认证机构的认证审查。

有机农业生产体系的建立需要有一定的有机转换过程，其生产技术包括选用抗性作物品种，建立包括豆科植物在内的作物轮作体系，利用秸秆还田、施用绿肥和动物粪便等措施培肥土壤保持养分循环，采取物理的和生物的措施防治病虫草害，采用合理的耕种措施，保护环境防止水土流失，保持生产体系及周围环境的生物和基因多样性等。有机农业生产还应遵循以下基本原则。

① 遵循自然规律和生态学原理。

② 依靠体系自身力量保持土壤肥力。

③ 循环利用有机生产体系内的物质。

④ 保护生态环境，多样性种植和养殖。

⑤ 充分利用生态系统的自然调节机制。

⑥ 根据土地的承载能力饲养畜禽。

2. 有机食品认证程序

有机食品的认证，主要是认证组织通过派遣检查员对有机食品的生产基地、加工场所和销售过程中的每一个环节进行全面检查和审核，以及必要的样品分析完成之后，对符合认证标准的产品颁发证明的过程。未经过有机认证的食品，不能称为有机食品，也不得使用有机食品标志。只有获得认证的食品方可粘贴认证机构的有机食品标志。有机食品的认证一般程序为。

(1) 申请

① 申请者向中心（认证中心）提出正式申请，填写申请表和交纳申请费；

② 申请者填写有机食品认证申请书，领取检查合同、有机食品认证调查表、有机食品认证的基本要求、有机认证书面资料清单、申请者承诺书等文件；

③申请者按《有机食品认证技术准则》要求建立：质量管理体系；生产过程控制体系；追踪体系。

(2) 认证中心核定费用预算并制定初步的检查计划　认证中心根据申请者提供的项目情况，估算检查时间，一般需要 2 次检查：生产过程一次、加工过程一次，并据此估算认证费用和制定初步检查计划。

(3) 签订认证检查合同

① 申请者与认证中心签订认证检查合同，一式三份；

② 交纳估算认证费用的 50%；

③ 填写有关情况调查表并准备相关材料；

④ 指定内部检查员（生产、加工各 1 人）；

⑤ 所有材料均使用文件、电子文档各一份，寄或 E-mail 给分中心。

(4) 初审

① 分中心对申请者材料进行初审；

② 对申请者进行综合审查；

③ 分中心将初审意见反馈认证中心；

④ 分中心将申请者提交的电子文档 E-mail 至认证中心。

(5) 实地检查评估

① 认证中心确认申请者交纳颁证所需的各项费用；

② 派出经认证中心认可的检查员；

③ 检查员从分中心取得申请者相关资料，依据《有机食品认证技术准则》，对申请者的质量管理体系、生产过程控制体系、追踪体系以及产地、生产、加工、仓储、运输、贸易等进行实地检查评估，必要时需对土壤、产品取样检测。

（6）编写检查报告

① 检查员完成检查后，按认证中心要求编写检查报告；

② 该报告在检查完成2周内将文档、电子文本交认证中心；

③ 分中心将申请者文本资料交认证中心。

（7）综合审查评估意见　认证中心根据申请者提供的调查表、相关材料和检查员的检查报告进行综合审查评估，编制颁证评估表，提出评估意见提交颁证委员会审议。

（8）颁证委员会决议　颁证委员会定期召开颁证委员会工作会议，对申请者的基本情况调查表、检查员的检查报告和认证中心的评估意见等材料进行全面审查，做出是否颁发有机证书的决定。通常得出以下几种不同的认证结果。

① 同意颁证。申请人的产品若全部符合有机食品认证标准的要求，可发给《有机食品原料生产证书》或《有机食品加工证书》，以及《有机食品贸易证书》，在此情况下，申请人申请认证的产品可以作为有机食品销售。

② 有条件颁证。在此情况下，申请人的某些生产条件或管理措施需要改进，只有在申请人的生产条件或管理措施满足认证标准要求，并经认可委员会确认后，才能获得相关的证书。

③ 有机转换颁证。申请人的生产基地因为在一年前使用了禁用的物质，或者生产管理措施尚未完全建立，而其他方面基本符合要求，并且申请人计划以后完全按照有机食品的标准进行生产和管理，则可颁发《有机转换基地证书》。从有机转换基地收获的产品，按照有机方式加工，可作为“有机转换产品”进行销售。

④ 拒绝颁证。申请人的某些生产环节或管理措施不符合有机食品的生产标准，不能通过有机食品认证。在此情况下，认可委员会将告知申请人不能颁证的原因。

（9）颁发证书　根据颁证委员会决议，向符合条件的申请者颁发证书。申请者交纳认证费剩余部分，认证中心向获证申请者颁发证书；获有条件颁证，申请者要按认证中心提出的意见进行改进做出书面承诺。

（10）有机食品标志的许可使用　根据证书和《有机食品标志使用管理规则》的要求，签订《有机食品标志使用许可合同》，并办理有机食品商标的使用手续。

按照国际惯例，有机食品标志认证一次有效许可期限为一年。一年期满后可申请“保持认证”，通过检查、审核合格后方可继续使用有机食品标志。

思 考 题

1. 什么是有机食品？什么是有机农业？
2. 有机食品应具备哪些条件？
3. 有机食品标志的含义是什么？
4. 简述有机食品生产的技术要点。
5. 有机食品加工的关键技术有哪些？
6. 有机食品认证应具备哪些条件？
7. 简述有机食品的认证程序。

参 考 文 献

[1] 刘连馥．绿色食品导论．北京：企业管理出版社，1998.
[2] 赵晨霞．安全食品标准与认证．北京：中国环境科学出版社，2007.
[3] 艾志录，鲁茂林．食品标准与法规．南京：东南大学出版社，2006.
[4] 孟凡乔，乔玉辉，李花粉．绿色食品．北京：中国农业大学出版社，2003.
[5] 程序．可持续农业导论．北京：中国农业出版社，1997.
[6] 朱立新．中国野菜开发与药用．北京：金盾出版社，1996.
[7] 迟建福．黑龙江省绿色食品开发与实践．哈尔滨：东北农业大学出版社，2001.
[8] 钱和．HACCP 原理与实施．北京：中国轻工业出版社，2003.
[9] 路明．现代生态农业．北京：中国农业出版社，2002.
[10] 欧阳喜辉．食品质量安全认证指南．北京：中国轻工业出版社，2003.
[11] 赵清爽，张希良，朱佳宁．绿色食品发展战略研究开发与市场营销．北京：中国致公出版社，2002.
[12] 贺普霄，贺克勇．饲料与绿色食品．北京：中国轻工业出版社，2004.
[13] 中国标准出版社第一编辑室．绿色食品标准汇编．北京：中国标准出版社，2003.
[14] 杜通平．绿色食品发展与研究．成都：西南财经大学出版社，2006.
[15] 鞠剑峰．绿色食品生产基础．哈尔滨：黑龙江人民出版社，2007.
[16] 李建伟．安全优质蔬菜生产与采后处理．北京：中国农业出版社，2005.
[17] 柯卫东等．绿色食品水生蔬菜标准化生产技术．北京：中国农业出版社，2003.
[18] 李玉等．庄稼医生实用手册．北京：中国农业出版社，1997.
[19] 韩应堂．无公害农产品规范化管理与生产标准实施手册．长春：吉林摄影出版社，2003.
[20] 郭忠广．绿色食品生技术手册．济南：山东科学技术出版社，2003.
[21] 王喜萍．食品分析．北京：中国农业出版社，2006.
[22] 张希良，王志国，马加林．绿色食品管理与生产手册．哈尔滨：黑龙江省科技出版社，2003.
[23] 徐坤等．绿色食品蔬菜生产技术全编．北京：中国农业出版社，2002.
[24] 高祥照等．肥料实用手册．北京：中国农业出版社，2002.
[25] 卞有生．生态农业技术．北京：中国环境科学出版社，1992.
[26] 曹斌．食品质量管理．北京：中国环境科学出版社，2006.
[27] 江汉湖．食品安全性与质量控制．北京：中国轻工业出版社，2004.
[28] 臧大存．食品质量与安全．北京：中国农业出版社，2005.
[29] 何计国．食品卫生学．北京：中国农业大学出版社，2003.